U0156082

电动力学教程

赵海军　萧佑国　著

中国原子能出版社

图书在版编目(CIP)数据

电动力学教程 / 赵海军，萧佑国著. --北京：中国原子能出版社，2022.4

ISBN 978-7-5221-1931-1

Ⅰ. ①电… Ⅱ. ①赵… ②萧… Ⅲ. ①电动力学一教材 Ⅳ. ①O442

中国版本图书馆 CIP 数据核字(2022)第 062734 号

内容简介

本书包括电磁的普遍规律、静电场、静磁场、电磁波的传播、电磁波的辐射和狭义相对论六个部分内容。要求学生学过普通物理学的电磁部分和高等数学的微积分和线性代数部分。教材舍去了大部分非主干内容。舍弃掉的部分可以组织成电动力学高等课程。这样做的目的是为了更好的适应学生自主学习，适应教师线上教学。保留部分自成一体系。教材适合大多数的物理学专业和一般的工科专业的本科学生使用。本书配备了一些习题，这些习题包括填空题、选择题、问答题和计算题等各种题型，方便教师编撰试卷。

电动力学教程

出版发行　中国原子能出版社(北京市海淀区阜成路 43 号　100048)
责任编辑　张　琳
责任校对　冯莲凤
印　　刷　北京亚吉飞数码科技有限公司
经　　销　全国新华书店
开　　本　710 mm×1000 mm　1/16
印　　张　14.375
字　　数　228 千字
版　　次　2023 年 3 月第 1 版　2023 年 3 月第 1 次印刷
书　　号　ISBN 978-7-5221-1931-1　　定　价　92.00 元

网址：http://www.aep.com.cn　　E-mail:atomep123@126.com
发行电话:010－68452845

序　言

本教材依据2021年山西师范大学《电动力学56课时教学大纲》以作者在山西师范大学物理与信息工程学院讲授电动力学所用讲义基础改编而成。

教材主要面向师范类物理系少课时电动力学教学的需要。不损害课程完整性的内容都没有在本教材中讨论。所以建议使用者能将该教材内容全部课堂讲授。一些较为前沿的内容本书没有涉及，建议在《高阶电动力学》中讲授。本教材努力将数学推导讲得很细，希望能减轻学生这方面的负担。

习题在电动力学教学中的重要性并不很大。即使这样，教材还是收集了一些历年的期末考试题和一些兄弟院校的研究生入学考试题目作为习题。注意到近年来对试题的形式的丰富性的要求与日俱增，本教材的习题也设置了填空、选择、讨论、简答和计算证明等各种形式。希望这些习题能对使用本书的教师有所帮助。

本教材受到了中国电动力学研究会项目（电动力学学生自主学习型多媒体课件建设项目编号 DDLX2018-03）、山西教育科学规划项目（电动力学线上课程对学生主动学习能力培养的研究项目编号 GH-19204）和山西师范大学教研项目（电动力学优质课程 项目编号：2017YZKC-35）的资助，作者在此表示感谢。

赵海军

2022年5月

目　录

第一章　电磁的普遍规律 …… 1
第一节　库仑定律 …… 1
第二节　高斯定理 …… 3
第三节　高斯定理的推导 …… 5
第四节　静电场的旋度 …… 8
第五节　电流与磁场 …… 9
第六节　磁场的散度和旋度 …… 11
第七节　麦克斯韦方程组 …… 14
第八节　介质中的电场 …… 17
第九节　介质中的磁场 …… 20
第十节　电磁场边值关系 …… 24
第十一节　电磁场的能量和能流 …… 28

第二章　静电场 …… 33
第一节　静电场的标势 …… 33
第二节　静电场的微分方程和边值关系,静电场能量 …… 38
第三节　唯一性定理 …… 42
第四节　分离变量法 …… 46
第五节　接地导体球置于均匀外电场中 …… 50
第六节　镜像法 …… 55
第七节　格林函数 …… 61
第八节　电多极矩法和电偶极矩 …… 70
第九节　电四极矩 …… 74

第三章　静磁场 …… 81
第一节　矢势 …… 81

第二节　矢势满足的微分方程…………………………………… 83
第三节　磁多极矩……………………………………………… 88
第四节　磁标势………………………………………………… 92
第五节　静磁场能量,电荷体系在外电场中的能量,小区域电流在外磁场中的能量…………………………………… 94

第四章　电磁波的传播 ……………………………………… 100
第一节　波动方程和亥姆霍兹方程 ………………………… 100
第二节　平面电磁波能量能流 ……………………………… 103
第三节　电磁波在介质界面上的反射和折射 ……………… 106
第四节　有导体存在时的电磁波传播 ……………………… 113
第五节　波导管 ……………………………………………… 122

第五章　电磁波的辐射 ……………………………………… 127
第一节　电磁场的势,达朗贝尔方程………………………… 127
第二节　平面波的势 ………………………………………… 130
第三节　推迟势 ……………………………………………… 131
第四节　电偶极辐射 ………………………………………… 135
第五节　天线辐射 …………………………………………… 140

第六章　狭义相对论 ………………………………………… 143
第一节　伽利略变换 ………………………………………… 143
第二节　洛伦兹变换 ………………………………………… 147
第三节　由间隔不变性导出洛伦兹变换 …………………… 151
第四节　狭义相对论的时空理论 …………………………… 154
第五节　四维形式 …………………………………………… 160
第六节　电动力学的四维协变形式 ………………………… 164
第七节　电磁场的变换关系 ………………………………… 170
第八节　相对论力学 ………………………………………… 175

习题部分 ……………………………………………………… 181

答案部分 ……………………………………………………… 202

附录 A　常用的矢量分析公式 ……………………………… 213

第一章　电磁的普遍规律

这一章将总结普通物理电磁学的基本内容，建立电磁场方程的微分形式，掌握麦克斯韦方程组、电磁场能量守恒定律及边值关系。

第一节　库仑定律

1785 年从实验总结而来，描述真空中静止点电荷对另一静止点电荷的作用力。具体表达我们依赖坐标系，用点电荷相对于坐标原点的位移来表示点电荷位置，位于 $\boldsymbol{x}$ 处的点电荷 Q 受到位于 $\boldsymbol{x}'$ 处的 Q' 的作用力 $\boldsymbol{F}_{Q'Q}$ 可以用公式表达为

$$\begin{aligned}\boldsymbol{F}_{Q'Q}&=\frac{1}{4\pi\varepsilon_0}\frac{QQ'}{|\boldsymbol{x}-\boldsymbol{x}'|^3}(\boldsymbol{x}-\boldsymbol{x}')\\&=\frac{Q}{4\pi\varepsilon_0}\frac{Q'}{r^3}\boldsymbol{r}\end{aligned}\tag{1.1}$$

其中，$\boldsymbol{r}=\boldsymbol{x}-\boldsymbol{x}'$ 表示 Q 相对于 Q' 的位移，$r=|\boldsymbol{x}-\boldsymbol{x}'|$ 为 Q 相对于 Q' 的距离。可以看出，点电荷间的作用力大小与 r 是平方反比的，方向沿着两点电荷连线方向。如果我们把方向沿着两点连线的力称为纵向力，那么方向垂直于两点连线的力可以称为横向力。横向力有两个独立方向可以选择，而不同位置两点只能给定一个方向，所以两个点模型之间的作用只能是纵向力。

如果一个点电荷 Q 位于 $\boldsymbol{x}$，同时受到多个点电荷 $Q_1,Q_2,Q_3,\cdots,Q_n$ 的作用，这些电荷分别位于 $\boldsymbol{x}_1,\boldsymbol{x}_2,\boldsymbol{x}_3,\cdots,\boldsymbol{x}_n$，实验表明：$Q$ 所受到的合力为各个点电荷单独作用时的力的矢量和，即静电力满足叠加原理

$$
\begin{aligned}
\boldsymbol{F} &= \boldsymbol{F}_1 + \boldsymbol{F}_2 + \cdots + \boldsymbol{F}_n \\
&= \frac{Q}{4\pi\varepsilon_0}\left(Q_1 \frac{\boldsymbol{x}-\boldsymbol{x}_1}{|\boldsymbol{x}-\boldsymbol{x}_1|^3} + Q_2 \frac{\boldsymbol{x}-\boldsymbol{x}_2}{|\boldsymbol{x}-\boldsymbol{x}_2|^3} + \cdots + Q_n \frac{\boldsymbol{x}-\boldsymbol{x}_n}{|\boldsymbol{x}-\boldsymbol{x}_n|^3}\right) \\
&= \frac{Q_0}{4\pi\varepsilon_0}\sum_{i=1}^{n} Q_i \frac{\boldsymbol{x}-\boldsymbol{x}_i}{|\boldsymbol{x}-\boldsymbol{x}_i|^3} = \frac{Q_0}{4\pi\varepsilon_0}\sum_{i=1}^{n} Q_i \frac{\boldsymbol{r}_i}{r_i^3}
\end{aligned} \tag{1.2}
$$

其中$\boldsymbol{r}_i=\boldsymbol{x}-\boldsymbol{x}_i$ 表示 Q 相对于 Q_i 的位移，或者说是 Q_i 到 Q 的距离矢量。考虑一个位于 $\boldsymbol{x}$ 处的点电荷 Q 受到体电荷密度为 $\rho(\boldsymbol{x}')$ 的连续分布电荷的作用。可以将位于 $\boldsymbol{x}$ 处的小体元 $\mathrm{d}V'$ 视为点电荷，电量为 $\rho(\boldsymbol{x}')\mathrm{d}V'$。利用以上的点电荷作用公式和叠加原理得

$$
\boldsymbol{F} = \frac{Q}{4\pi\varepsilon_0}\int_V \rho(\boldsymbol{x}') \frac{\boldsymbol{x}-\boldsymbol{x}'}{|\boldsymbol{x}-\boldsymbol{x}'|^3}\mathrm{d}V' = \frac{Q}{4\pi\varepsilon_0}\int_V \rho(\boldsymbol{x}') \frac{\boldsymbol{r}}{r^3}\mathrm{d}V' \tag{1.3}
$$

式(1.3)与式(1.2)有相同的形式，只是那里的求和变成了这里的积分。

库仑定律只是给出两个静止点电荷之间的相互作用力的大小和方向，并未说明这种作用力的物理本质，历史上对其有两种不同的解释，即“超距”作用和“近距”作用。

我们把相互接触物体之间的作用叫做近距作用。非接触物体之间也存在着作用力，对于其间为真空的非接触物体之间的力是怎样作用的，历史上曾经有过长期的超距作用与近距作用两种观点的争论。超距作用观点认为，非接触物体之间的相互作用是超越空间的、瞬时的，没有也不需要任何媒介物的传递，也不需要传递时间。近距作用观点则认为，一切作用力都需要媒介物传递，也都需要传递时间。

在牛顿之前已经存在这两种观点。当时，大多数科学家倾向于近距作用的观点。虽然从表面上看起来，牛顿的万有引力定律似乎支持超距作用的观点，但牛顿本人并不赞成对万有引力的超距作用解释，他认为这种思想荒唐之极。18 世纪初，法国的笛卡儿主义者们是反对超距作用的，但他们有些过头，他们甚至否认引力的平方反比律。这就引起了一些牛顿追随者站起来捍卫牛顿的学说，这些人中的佼佼者矫枉过正，把牛顿的万有引力定律看作是超距作用的典范，接下来的时间里他们大获全胜，在整个 18 世纪和 19 世纪大半部分，超距作用观点在物理学中占据着统治地位。直到法拉第和麦克斯韦提出了力线与场，建立了近距作用的电磁场理论并得到实验证实之后，这种状况才有了根本的改变。爱因斯坦的狭义相对论最终宣告一切超距作用的失败。

第二节　高斯定理

按照“近距”作用观点，一个电荷受到的力应只与电荷本身以及电荷所处位置的有关。这样，位于 $\boldsymbol{x}$ 处的点电荷 Q 受力可以形式上写成描述电荷本身性质的 Q 和描述环境的性质的 $\boldsymbol{E}(\boldsymbol{x})$ 两部分

$$\boldsymbol{F}=Q\boldsymbol{E}(\boldsymbol{x}) \tag{1.4}$$

点电荷模型下，电荷本身属性也不足以提供受力方向的信息，所以受力方向由描述环境的量 $\boldsymbol{E}(\boldsymbol{x})$ 来决定。$\boldsymbol{E}(\boldsymbol{x})$ 是矢量，是关于空间的函数。这时候我们物理上可以这样解释：在电荷周围的空间，存在着一种特殊的物质称为电场。电场的基本属性是对置于其中的电荷具有作用力，称为电场力。电场力与电荷电量的比值与电场本身的性质有关，可以用它来描述电场，称为电场强度，即 $\boldsymbol{E}(\boldsymbol{x})$。

由库仑定律，可得到位于 $\boldsymbol{x}'$ 处的一个静止点电荷 Q' 在 $\boldsymbol{x}'$ 处激发的电场强度。由式(1.1)可知

$$\boldsymbol{F}_{Q'Q}=\frac{1}{4\pi\varepsilon_0}\frac{QQ'}{|\boldsymbol{x}-\boldsymbol{x}'|^3}(\boldsymbol{x}-\boldsymbol{x}')$$

$$\Rightarrow\boldsymbol{E}=\frac{\boldsymbol{F}_{Q'Q}}{Q}=\frac{Q'}{4\pi\varepsilon_0}\frac{(\boldsymbol{x}-\boldsymbol{x}')}{|\boldsymbol{x}-\boldsymbol{x}'|^3}=\frac{Q'}{4\pi\varepsilon_0}\frac{\boldsymbol{r}}{r^3} \tag{1.5}$$

这时可以认为 $\boldsymbol{x}$ 处的电场强度是由 $\boldsymbol{x}'$ 处的点电荷 Q' 激发的，所以有文献称 Q' 为场源，那么 $\boldsymbol{x}'$ 可以称为源点，$\boldsymbol{x}$ 可以称为场点。

若有多个点电荷 $Q_1, Q_2, Q_3, \cdots, Q_n$，这些电荷分别位于 $\boldsymbol{x}_1, \boldsymbol{x}_2, \boldsymbol{x}_3, \cdots, \boldsymbol{x}_n$，由式(1.2)可知，在 $\boldsymbol{x}$ 处电场强度为

$$\boldsymbol{E}=\frac{1}{4\pi\varepsilon_0}\sum_{i=1}^{n}Q_i\frac{\boldsymbol{x}-\boldsymbol{x}_i}{|\boldsymbol{x}-\boldsymbol{x}_i|^3}=\frac{1}{4\pi\varepsilon_0}\sum_{i=1}^{n}Q_i\frac{\boldsymbol{r}_i}{r_i^3} \tag{1.6}$$

若电荷连续分布于 V 内，其密度为 $\rho(\boldsymbol{x}')$，则由上式可知

$$\boldsymbol{E}(\boldsymbol{x})=\frac{1}{4\pi\varepsilon_0}\int\rho(\boldsymbol{x}')\frac{\boldsymbol{x}-\boldsymbol{x}'}{|\boldsymbol{x}-\boldsymbol{x}'|^3}\mathrm{d}V'=\frac{1}{4\pi\varepsilon_0}\int\rho(x')\frac{\boldsymbol{r}}{r^3}\mathrm{d}V' \tag{1.7}$$

积分范围为 V。要想知道某点的总的电场，需要将所有的电荷在这一点的电场贡献都计及，那么积分应为所有电荷分布的区域或者全空

间区域。

若电荷为面或线分布，密度为 $\sigma(\boldsymbol{x}')$ 或 $\eta(\boldsymbol{x}')$，则有

$$\boldsymbol{E}(\boldsymbol{x})=\int\frac{\sigma(\boldsymbol{x}')\boldsymbol{r}\mathrm{d}S'}{4\pi\varepsilon_0 r^3} \tag{1.8}$$

或

$$\boldsymbol{E}(\boldsymbol{x})=\int\frac{\lambda(\boldsymbol{x}')\boldsymbol{r}\mathrm{d}l'}{4\pi\varepsilon_0 r^3} \tag{1.9}$$

静电场有一个很重要的性质，称为高斯定理

$$\oint_S\boldsymbol{E}\cdot\mathrm{d}\boldsymbol{S}=\frac{1}{\varepsilon_0}\sum Q_i=\frac{1}{\varepsilon_0}\int_V\rho\,\mathrm{d}V \tag{1.10}$$

其中，$\oint_S\boldsymbol{E}\cdot\mathrm{d}\boldsymbol{S}$ 表示 $\boldsymbol{E}$ 在封闭曲面 S 上的通量；$\sum Q_i$ 为封闭曲面 S 所包围的区域内的所有电荷的代数和，也可以写作 $\int_V\rho\,\mathrm{d}V$，积分区域 V 为 S 所包围的体积。

利用积分变换公式（有些数学书上称为高斯散度定理）

$$\oint_S\boldsymbol{E}\cdot\mathrm{d}\boldsymbol{S}=\int_V\nabla\cdot\boldsymbol{E}\,\mathrm{d}V \tag{1.11}$$

可得

$$\int_V\nabla\cdot\boldsymbol{E}\,\mathrm{d}V=\frac{1}{\varepsilon_0}\int_V\rho\,\mathrm{d}V \tag{1.12}$$

上述关系式对任意的 V 都成立，所以有

$$\nabla\cdot\boldsymbol{E}=\frac{\rho}{\varepsilon_0} \tag{1.13}$$

上式为高斯定理的微分形式，其中 $\nabla\cdot\boldsymbol{E}$ 为 $\boldsymbol{E}$ 的散度。

高斯定理是从库仑定律出发，结合叠加原理推得的。当然从上面的描述中很难得出这样的结论，接下来的几节将会给出详细的推导过程。高斯定理是描述静电场基本性质的定理。虽然库仑定律只适用于静电场，但实验表明，高斯定理是普遍适用的。积分形式的高斯定理从整体上描述场与电荷的关系；微分形式的高斯定理描述了场与电荷的局域关系，因而是更为精细的描述。当我们使用积分形式的高斯定理时，一个封闭曲面包含着的有限大的区域不可避免地要出现在叙述中；当我们使用微分形式时，可以只关注某个点，比如，我们可以说某处的电场的散度就等于那一点的电荷密度（当然有个比例系数 $1/\varepsilon_0$）。如果某处的电场只与那一点的电荷密度有关问题就变得简单了，但是这不可能。从库

仑定律可知，某处的电场与全空间的电荷密度有关。这里需要说明一点，任意某处的电场与全空间的电荷密度有关，而任意某处的电场的散度只与那一处的电荷密度有关。无论电荷做怎样的分布，积分形式的高斯定理都可适用，而微分形式的高斯定理在电荷分布发生跃变的地方不适用。

第三节　高斯定理的推导

先来了解微分算子∇，一般将它读作 nabla。它可以被看作是矢量，在计算时要考虑它的矢量性和微分性。直角坐标系下它可以表达为

$$\nabla=\boldsymbol{e}_x\frac{\partial}{\partial x}+\boldsymbol{e}_y\frac{\partial}{\partial y}+\boldsymbol{e}_z\frac{\partial}{\partial z} \tag{1.14}$$

或者

$$\nabla=\boldsymbol{i}\frac{\partial}{\partial x}+\boldsymbol{j}\frac{\partial}{\partial y}+\boldsymbol{k}\frac{\partial}{\partial z} \tag{1.15}$$

接下来介绍几个常用的算例：

(1) $\nabla r=\frac{\boldsymbol{r}}{r}$

$$\begin{aligned}\nabla r&=\left(\boldsymbol{i}\frac{\partial}{\partial x}+\boldsymbol{j}\frac{\partial}{\partial y}+\boldsymbol{k}\frac{\partial}{\partial z}\right)\sqrt{(x-x')^2+(y-y')^2+(z-z')^2}\\&=\boldsymbol{i}\,\frac{1}{2}[(x-x')2+(y-y')2+(z-z')2]-1/22(x-x')\\&\quad+\boldsymbol{j}\,\frac{1}{2}[(x-x')2+(y-y')2+(z-z')2]-1/22(y-y')\\&\quad+\boldsymbol{k}\,\frac{1}{2}[(x-x')2+(y-y')2+(z-z')2]-1/22(z-z')\\&=\boldsymbol{i}\,\frac{1}{2}\frac{1}{r}2(x-x')+\boldsymbol{j}\,\frac{1}{2}\frac{1}{r}2(y-y')+\boldsymbol{k}\,\frac{1}{2}\frac{1}{r}2(z-z')\\&=\frac{1}{r}[\boldsymbol{i}(x-x')+\boldsymbol{j}(y-y')+\boldsymbol{k}(z-z')]=\frac{\boldsymbol{r}}{r}\end{aligned}$$

(2)$\nabla \frac{1}{r} = -\frac{\boldsymbol{r}}{r^3}$

这里将要用到一个公式$\nabla f(u) = \frac{\partial}{\partial u} f(u) \nabla u$。

$$\nabla \frac{1}{r} = \nabla (r^{-1}) = \frac{\mathrm{d}r^{-1}}{\mathrm{d}r} \nabla r = -\frac{1}{r^2} \nabla r = -\frac{\boldsymbol{r}}{r^3}$$

(3)$\nabla \frac{1}{r^n} = -n \frac{\boldsymbol{r}}{r^{n+2}}$

$$\nabla \frac{1}{r^n} = \nabla (r^{-n}) = -n \frac{1}{r^{n+1}} \nabla r = -n \frac{\boldsymbol{r}}{r^{n+2}}$$

(4)$\nabla \cdot \boldsymbol{r} = 3$

$$\nabla \cdot \boldsymbol{r} = \left(\hat{i} \frac{\partial}{\partial x} + \hat{j} \frac{\partial}{\partial y} + \hat{k} \frac{\partial}{\partial z} \right) \cdot (\hat{i} x + \hat{j} y + \hat{k} z) = 1 + 1 + 1 = 3$$

(5)$\nabla \cdot \frac{\boldsymbol{r}}{r^3} = 0, (r \neq 0)$

$$\nabla \cdot \frac{\boldsymbol{r}}{r^3} = \nabla \cdot \left(\frac{1}{r^3} \boldsymbol{r} \right) = \frac{1}{r^3} \nabla \cdot \boldsymbol{r} + \left(\nabla \frac{1}{r^3} \right) \cdot \boldsymbol{r} = \frac{3}{r^3} - \frac{3\boldsymbol{r} \cdot \boldsymbol{r}}{r^5} = 0$$

(6)$\nabla \cdot \frac{\boldsymbol{x} - \boldsymbol{x}'}{|\boldsymbol{x} - \boldsymbol{x}'|^3} = 4\pi \delta (\boldsymbol{x} - \boldsymbol{x}')$

这一等式证明过程较为复杂，我们先介绍等式右边的$\delta(\boldsymbol{x} - \boldsymbol{x}')$。

$\delta(x)$的定义为

$$\delta(x) = \begin{cases} 0, x \neq 0 \\ \infty, x = 0 \end{cases} \tag{1.16}$$

且同时满足

$$\int \delta(x) \mathrm{d}x = \begin{cases} 0, 0 \text{ 在积分范围内} \\ 1, 0 \text{ 不在积分范围内} \end{cases} \tag{1.17}$$

这样定义的 δ 函数有性质

$$\int f(x) \delta(x) \mathrm{d}x = f(0), (0 \text{ 在积分范围内})$$

三维 δ 函数的定义[1](胡嗣柱，数理方法，高教)

$$\int_{\infty} f(\boldsymbol{x}) \delta(\boldsymbol{x} - \boldsymbol{x}') \mathrm{d}V = f(\boldsymbol{x}') \tag{1.18}$$

这一定义类比于

$$\delta(\boldsymbol{x}-\boldsymbol{x}')=\begin{cases}0, \boldsymbol{x}\neq\boldsymbol{x}'\\ \infty, \boldsymbol{x}=\boldsymbol{x}'\end{cases} \tag{1.19}$$

且同时满足

$$\int_V \delta(\boldsymbol{x}-\boldsymbol{x}')\mathrm{d}V=\begin{cases}1, \boldsymbol{x}' \text{ 在 } V \text{ 内}\\ 0, \boldsymbol{x}' \text{ 不在 } V \text{ 内}\end{cases} \tag{1.20}$$

现在考虑 $\int_\infty f(\boldsymbol{x})\ \frac{1}{4\pi}\ \nabla\cdot \frac{\boldsymbol{x}-\boldsymbol{x}'}{|\boldsymbol{x}-\boldsymbol{x}'|^3}\mathrm{d}V$ 如果它等于 $f(\boldsymbol{x}')$，根据式(1.18)中三维 δ 函数的定义，$\nabla\cdot \frac{\boldsymbol{x}-\boldsymbol{x}'}{|\boldsymbol{x}-\boldsymbol{x}'|^3}=4\pi\delta(\boldsymbol{x}-\boldsymbol{x}')$ 就可以得证。

当 $\boldsymbol{x}\neq\boldsymbol{x}'$，$\nabla\cdot \frac{\boldsymbol{x}-\boldsymbol{x}'}{|\boldsymbol{x}-\boldsymbol{x}'|^3}=0$，从而积分只在 $\boldsymbol{x}=\boldsymbol{x}'$ 处有值。这一点上 $f(\boldsymbol{x}')$ 是一个常数，可以从积分号中拿出，从而有

$$\int_\infty f(\boldsymbol{x})\ \frac{1}{4\pi}\ \nabla\cdot \frac{\boldsymbol{x}-\boldsymbol{x}'}{|\boldsymbol{x}-\boldsymbol{x}'|^3}\mathrm{d}V=f(\boldsymbol{x}')\ \frac{1}{4\pi}\int_\infty \nabla\cdot \frac{\boldsymbol{x}-\boldsymbol{x}'}{|\boldsymbol{x}-\boldsymbol{x}'|^3}\mathrm{d}V$$

上式中的体积分可以化为面积分

$$\int_\infty \nabla\cdot \frac{\boldsymbol{x}-\boldsymbol{x}'}{|\boldsymbol{x}-\boldsymbol{x}'|^3}\mathrm{d}V=\oint_S \frac{\boldsymbol{x}-\boldsymbol{x}'}{|\boldsymbol{x}-\boldsymbol{x}'|^3}\cdot \mathrm{d}\boldsymbol{S}$$

积分面只要包住 $\boldsymbol{x}'$ 点即可，可以将它认为是以 $\boldsymbol{x}'$ 为圆心的球面。如图 1-3-1 所示，在整个积分面上 $\mathrm{d}\boldsymbol{S}$ 与 $\boldsymbol{x}-\boldsymbol{x}'$ 的方向都一致，从而积分内的 $(\boldsymbol{x}-\boldsymbol{x}')\cdot\mathrm{d}\boldsymbol{S}$ 即为 $|\boldsymbol{x}-\boldsymbol{x}'|\mathrm{d}\boldsymbol{S}$，且在整个球面上 $|\boldsymbol{x}-\boldsymbol{x}'|$ 为一定值，即球的半径 R，所以有

$$\oint_S \frac{\boldsymbol{x}-\boldsymbol{x}'}{|\boldsymbol{x}-\boldsymbol{x}'|^3}\cdot \mathrm{d}\boldsymbol{S}=\frac{1}{R^2}\oint_S \mathrm{d}\boldsymbol{S}=4\pi \tag{1.21}$$

证明完毕。

现在可以由库仑定律推导高斯定理了：

$$\begin{aligned}\nabla\cdot \boldsymbol{E}(\boldsymbol{x})&=\nabla\cdot \frac{1}{4\pi\varepsilon_0}\int\rho(\boldsymbol{x}')\ \frac{\boldsymbol{x}-\boldsymbol{x}'}{|\boldsymbol{x}-\boldsymbol{x}'|^3}\mathrm{d}V'\\ &=\frac{1}{4\pi\varepsilon_0}\int\rho(\boldsymbol{x}')\ \nabla\cdot \frac{\boldsymbol{x}-\boldsymbol{x}'}{|\boldsymbol{x}-\boldsymbol{x}'|^3}\mathrm{d}V'\\ &=\frac{1}{4\pi\varepsilon_0}\int\rho(\boldsymbol{x}')4\pi\delta(\boldsymbol{x}-\boldsymbol{x}')\mathrm{d}V'\\ &=\frac{1}{\varepsilon_0}\rho(\boldsymbol{x})\end{aligned}$$

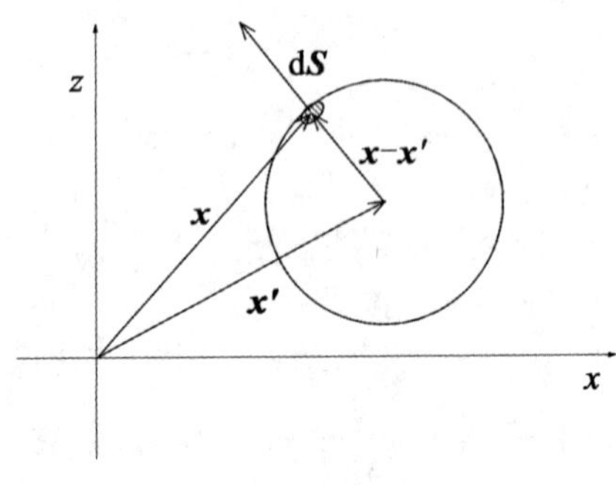

图 1-3-1

第四节　静电场的旋度

电场是一个矢量场，研究一个矢量场，一般同时研究它的散度和旋度，为此我们来研究静电场的环流性质。考虑 $\boldsymbol{E}$ 对一个闭合回路 L 的环量 $\oint_L \boldsymbol{E}\cdot \mathrm{d}\boldsymbol{l}$。根据电磁学的知识，静电场对任一闭合回路的环流为零，即

$$\oint_L \boldsymbol{E}\cdot \mathrm{d}\boldsymbol{l}=0 \tag{1.22}$$

由积分变换公式（有些数学书上称为斯托克斯公式）

$$\oint_L \boldsymbol{E}\cdot \mathrm{d}\boldsymbol{l}=\int_S (\nabla\times \boldsymbol{E})\cdot \mathrm{d}\boldsymbol{S} \tag{1.23}$$

可得

$$\nabla\times\boldsymbol{E}=0 \tag{1.24}$$

微分算符叉乘到一个矢量上意味着求该矢量的旋度，在直角坐标系中的表达式为

$$\nabla\times\boldsymbol{E}=\begin{vmatrix} \boldsymbol{e}_x & \boldsymbol{e}_y & \boldsymbol{e}_z \\ \dfrac{\partial}{\partial x} & \dfrac{\partial}{\partial y} & \dfrac{\partial}{\partial z} \\ E_x & E_y & E_z \end{vmatrix}$$
$$=\left(\frac{\partial E_z}{\partial y}-\frac{\partial E_y}{\partial z}\right)\boldsymbol{e}_x+\left(\frac{\partial E_z}{\partial y}-\frac{\partial E_y}{\partial z}\right)\boldsymbol{e}_y+\left(\frac{\partial E_y}{\partial x}-\frac{\partial E_x}{\partial y}\right)\boldsymbol{e}_z \tag{1.25}$$

静电场旋度为零这一定理当然也可以由库仑定律导出：

$$\nabla\times\boldsymbol{E}(\boldsymbol{x})=\nabla\times\frac{1}{4\pi\varepsilon_0}\int\rho(\boldsymbol{x}')\frac{\boldsymbol{x}-\boldsymbol{x}'}{|\boldsymbol{x}-\boldsymbol{x}'|^3}\mathrm{d}V'$$
$$=\frac{1}{4\pi\varepsilon_0}\int\rho(\boldsymbol{x}')\nabla\times\frac{\boldsymbol{x}-\boldsymbol{x}'}{|\boldsymbol{x}-\boldsymbol{x}'|^3}\mathrm{d}V'$$

其中

$$\nabla\times\frac{\boldsymbol{x}-\boldsymbol{x}'}{|\boldsymbol{x}-\boldsymbol{x}'|^3}=\nabla\times(r^{-3}\boldsymbol{r})=r^{-3}\nabla\times\boldsymbol{r}+\nabla r^{-3}\times\boldsymbol{r}$$
$$=r^{-3}\nabla\times\boldsymbol{r}-3r^{-4}\nabla r\times\boldsymbol{r}$$
$$=r^{-3}\nabla\times\boldsymbol{r}-\frac{3}{r^5}\boldsymbol{r}\times\boldsymbol{r}=0$$

所以$\nabla\times\boldsymbol{E}(\boldsymbol{x})=0$。

到目前为止，我们讨论了静电场的散度和旋度。我们不能说确定了一个矢量场的散度和旋度就确定了这一矢量场。但是对于电场或接下来介绍的磁场，我们所讨论的所有信息来自它们的散度和旋度。而我们也只是从这两个方面来讨论。在磁场的相关讨论结束后，我们将会进一步介绍这个问题。

第五节　电流与磁场

电流密度矢量(矢量场)定义为

$$\boldsymbol{J}(\boldsymbol{x},t)=\lim_{\Delta S\to 0}\frac{\Delta I}{\Delta S}\boldsymbol{J}_0=\lim_{\Delta S\to 0\,\Delta t\to 0}\frac{\Delta Q}{\Delta S\,\Delta t}\boldsymbol{J}_0\tag{1.26}$$

大小为单位时间垂直通过单位面积的电量，方向$\boldsymbol{J}_0$为正电荷运动方向。若空间某点的电荷密度为ρ，且电荷具有相同的漂移速度$\boldsymbol{v}$，则

$$\boldsymbol{J}=\rho\boldsymbol{v}\tag{1.27}$$

这个表达式可以形式上由定义式得到

$$\rho\boldsymbol{v}=\frac{\mathrm{d}Q}{\mathrm{d}V}\frac{\mathrm{d}\boldsymbol{l}}{\mathrm{d}t}=\frac{\mathrm{d}Q}{\mathrm{d}\boldsymbol{S}\cdot\mathrm{d}\boldsymbol{l}}\frac{\mathrm{d}l}{\mathrm{d}t}=\frac{\mathrm{d}Q}{\mathrm{d}t\,\mathrm{d}S}\boldsymbol{J}_0=\boldsymbol{J}$$

上式中$\boldsymbol{J}_0$的方向与运动方向$\mathrm{d}\boldsymbol{l}$一致，$\mathrm{d}\boldsymbol{S}$法线方向与$\mathrm{d}\boldsymbol{l}$一致。若电荷的漂移速度不同，则应对各种速度的粒子求和，即

$$\boldsymbol{J}=\sum_{i}\rho_{i}\,\boldsymbol{v}_{i} \tag{1.28}$$

根据电流密度矢量定义，通过任一曲面的电流可以写为

$$I=\int_{S}\boldsymbol{J}\cdot\mathrm{d}\boldsymbol{S} \tag{1.29}$$

考虑一个由封闭曲面 S 围成的体 V 中电量的增加，可以表达为

$$\frac{\mathrm{d}Q}{\mathrm{d}t}=\frac{\mathrm{d}}{\mathrm{d}t}\int_{V}\rho\,\mathrm{d}V=\int_{V}\frac{\partial\rho}{\partial t}\mathrm{d}V \tag{1.30}$$

由 S 曲面流入的电量为 $-\oint_{S}\boldsymbol{J}\cdot\mathrm{d}\boldsymbol{S}$，电荷守恒要求这两者相等。从而可以得到电荷守恒定律的公式

$$\oint_{S}\boldsymbol{J}\cdot\mathrm{d}\boldsymbol{S}=-\int_{V}\frac{\partial\rho}{\partial t}\mathrm{d}V \tag{1.31}$$

对应的微分形式为

$$\nabla\cdot\boldsymbol{J}=-\frac{\partial\rho}{\partial t} \tag{1.32}$$

对于全空间，$\oint_{S}\boldsymbol{J}\cdot\mathrm{d}\boldsymbol{S}=0$，所以 $\frac{\mathrm{d}}{\mathrm{d}t}\int_{V}\rho\,\mathrm{d}V=0$，表示全空间的电荷守恒。在稳恒的情况下，物理量不随时间变化，所以

$$\nabla\cdot\boldsymbol{J}=0 \tag{1.33}$$

说明稳恒电流是无源的，电流线是闭合曲线。

实验表明，两个电流之间有作用力，为方便描述这种作用，这里引入了电流元概念。定义电流元 $\boldsymbol{J}\mathrm{d}V$ 或 $I\mathrm{d}\boldsymbol{l}$，它们分别对应体电流和线电流。它们之间的关系形式上满足，$\boldsymbol{J}\mathrm{d}V=\boldsymbol{J}(\mathrm{d}\boldsymbol{S}\cdot\mathrm{d}\boldsymbol{l})=I\mathrm{d}\boldsymbol{l}$，这里第二步要求 $\boldsymbol{J}$ 与 $\mathrm{d}\boldsymbol{l}$ 的方向一致，这是明显的，线电流电流密度方向沿着线的延展方向。我们可以把一个有限大的带电体通过连续的体积收缩到一个点而得到点电荷，但是对于电流元显然不能通过这样的手段得到，所以电流元直接表达的公式有时候不符合物理规律，而对含有电流元的公式在实际的电流分布区域积分后，这一公式就满足物理规律了。

和电荷间相互作用一样，局域作用要求这种作用力也需要物质媒介来传递，称为磁场。电流在其周围空间激发磁场，另一电流处于其中时，就要受到磁场的作用力，对电流具有作用力是磁场的基本属性。实验表明，一个电流元 $I\mathrm{d}\boldsymbol{l}$ 在磁场中所受到的力为

$$\mathrm{d}\boldsymbol{F}=I\mathrm{d}\boldsymbol{l}\times\boldsymbol{B} \tag{1.34}$$

其中，$\boldsymbol{B}$ 称为磁感应强度，是描述磁场性质的基本物理量。场源 $\boldsymbol{J}(\boldsymbol{x}')\mathrm{d}V'$在 $\boldsymbol{x}$ 处产生的磁感应强度为

$$\mathrm{d}\boldsymbol{B}=\frac{\mu_0}{4\pi}\frac{\boldsymbol{J}(\boldsymbol{x}')\times\boldsymbol{r}}{r^3}\mathrm{d}V' \tag{1.35}$$

对电流分布区域积分可以得到电流激发磁场的基本实验定律毕奥—沙伐尔定律

$$\boldsymbol{B}=\frac{\mu_0}{4\pi}\int_V\frac{\boldsymbol{J}(\boldsymbol{x}')\times\boldsymbol{r}}{r^3}\mathrm{d}V' \tag{1.36}$$

若电流集中在细导线上，我们要使用线电流元表达

$$\boldsymbol{B}=\frac{\mu_0}{4\pi}\oint_L\frac{I\,\mathrm{d}\boldsymbol{l}\times\boldsymbol{r}}{r^3} \tag{1.37}$$

对匀速运动的点电荷 q，当它的速度远小于光速($v\ll c$)时，有

$$\boldsymbol{B}=\frac{\mu_0}{4\pi}\frac{q\boldsymbol{v}\times\boldsymbol{r}}{r^3} \tag{1.38}$$

如静电场中我们所做，下一节我们讨论磁场的散度和旋度。

第六节　磁场的散度和旋度

从毕奥—沙伐尔定律 $\boldsymbol{B}=\frac{\mu_0}{4\pi}\int_V\frac{\boldsymbol{J}(\boldsymbol{x}')\times\boldsymbol{r}}{r^3}\mathrm{d}V'$ 出发，利用 $\frac{\boldsymbol{r}}{r^3}=-\nabla\frac{1}{r}$，我们有 $\boldsymbol{B}=-\frac{\mu_0}{4\pi}\int_V\boldsymbol{J}(\boldsymbol{x}')\times\nabla\frac{1}{r}\mathrm{d}V'$。上式积分中的部分 $\boldsymbol{J}(\boldsymbol{x}')\times\nabla\frac{1}{r}=-\nabla\times\left[\boldsymbol{J}(\boldsymbol{x}')\frac{1}{r}\right]$。这样磁感应强度可以写为 $\boldsymbol{B}=\frac{\mu_0}{4\pi}\nabla\times\int_V\frac{\boldsymbol{J}(\boldsymbol{x}')}{r}\mathrm{d}V'$。定义磁矢势

$$\boldsymbol{A}=\frac{\mu_0}{4\pi}\int_V\frac{\boldsymbol{J}(\boldsymbol{x}')}{r}\mathrm{d}V' \tag{1.39}$$

从而 $\boldsymbol{B}=\nabla\times\boldsymbol{A}$。这样我们发现磁场可以写成一个矢量场的旋度，而我们知道旋度场的散度恒等于零，即$\nabla\cdot(\nabla\times\boldsymbol{A})=0$，从而

$$\nabla\cdot\boldsymbol{B}=0 \tag{1.40}$$

再来看磁场的旋度

$$\nabla\times\boldsymbol{B}=\nabla\times(\nabla\times\boldsymbol{A})=\nabla(\nabla\cdot\boldsymbol{A})-\nabla^2\boldsymbol{A} \tag{1.41}$$

其中∇^2称为拉普拉斯算符，它在直角坐标系中的表达式为$\frac{\partial^2}{\partial x^2}+\frac{\partial^2}{\partial y^2}+\frac{\partial^2}{\partial z^2}$。当$\nabla^2$作用到标量场上时可以认为是先求出标量场的梯度的散度，$\nabla^2\varphi=\nabla\cdot(\nabla\varphi)$。当$\nabla^2$作用到矢量场时却没有这样的简单结论，从式(1.41)可知

$$\nabla^2 \boldsymbol{A}=\nabla(\nabla\cdot\boldsymbol{A})-\nabla\times(\nabla\times\boldsymbol{A}) \tag{1.42}$$

考虑式(1.41)中的$\nabla\cdot\boldsymbol{A}$，它可以写为

$$\nabla\cdot\boldsymbol{A}=\frac{\mu_0}{4\pi}\int_V \nabla\cdot\left[\boldsymbol{J}(x')\frac{1}{r}\right]\mathrm{d}V'=\frac{\mu_0}{4\pi}\int_V \boldsymbol{J}(x')\cdot\nabla\frac{1}{r}\mathrm{d}V' \tag{1.43}$$

引入∇'，它与∇的区别只是它是对$\boldsymbol{x}'$作用，直角坐标系中可以表达为

$$\nabla'=\boldsymbol{e}_x\frac{\partial}{\partial x'}+\boldsymbol{e}_y\frac{\partial}{\partial y'}+\boldsymbol{e}_z\frac{\partial}{\partial z'} \tag{1.44}$$

$\nabla f(r,\boldsymbol{r})$与$\nabla' f(r,\boldsymbol{r})$的区别只是一个负号，因为$\boldsymbol{x}$和$\boldsymbol{x}'$在$r$或$\boldsymbol{r}$中相伴出现，只是$\boldsymbol{x}'$前面的系数是负号而$\boldsymbol{x}$前面的系数是正号。所以式(1.43)可以写为

$$\nabla\cdot\boldsymbol{A}=-\frac{\mu_0}{4\pi}\int_V \boldsymbol{J}(x')\cdot\nabla'\frac{1}{r}\mathrm{d}V' \tag{1.45}$$

利用$\nabla'\left[\boldsymbol{J}(\boldsymbol{x}')\cdot\frac{1}{r}\right]=\boldsymbol{J}(\boldsymbol{x}')\cdot\nabla'\frac{1}{r}+\frac{1}{r}\nabla'\cdot\boldsymbol{J}(\boldsymbol{x}')$，上式可以写为

$$\nabla\cdot\boldsymbol{A}=-\frac{\mu_0}{4\pi}\int_V \nabla'\left[\boldsymbol{J}(\boldsymbol{x}')\cdot\frac{1}{r}\right]\mathrm{d}V'+\frac{\mu_0}{4\pi}\int_V \frac{1}{r}\nabla'\cdot\boldsymbol{J}(\boldsymbol{x}')\mathrm{d}V' \tag{1.46}$$

等号右边第一式可以化为面积分$-\frac{\mu_0}{4\pi}\oint_S\left[\frac{\boldsymbol{J}(\boldsymbol{x}')}{r}\right]\cdot\mathrm{d}\boldsymbol{S}$，而$V'$区域包括了所有电流，从而$\boldsymbol{J}(\boldsymbol{x})$在面$S$上为零。等号右边第二式由稳恒电流知$\nabla'\cdot\boldsymbol{J}(\boldsymbol{x}')=0$，从而$\nabla\cdot\boldsymbol{A}=0$。

再看$\nabla^2\boldsymbol{A}$

$$\begin{aligned}\nabla^2\boldsymbol{A}&=\frac{\mu_0}{4\pi}\int_V \nabla^2\left[\frac{\boldsymbol{J}(\boldsymbol{x}')}{r}\right]\mathrm{d}V'\\&=\frac{\mu_0}{4\pi}\int_V \boldsymbol{J}(\boldsymbol{x}')\nabla^2\frac{1}{r}\mathrm{d}V'\\&=-\frac{\mu_0}{4\pi}\int_V \boldsymbol{J}(\boldsymbol{x}')\nabla\cdot\frac{\boldsymbol{r}}{r^3}\mathrm{d}V'\end{aligned}$$

其中用到公式$\nabla^2\varphi=\nabla\cdot(\nabla\varphi)$，即$\nabla^2\dfrac{1}{r}=\nabla\cdot\left(\nabla\dfrac{1}{r}\right)=-\nabla\cdot\dfrac{\boldsymbol{r}}{r^3}$。再使用$\nabla\cdot\dfrac{\boldsymbol{x}-\boldsymbol{x}'}{|\boldsymbol{x}-\boldsymbol{x}'|^3}=4\pi\delta(\boldsymbol{x}-\boldsymbol{x}')$，上式可以写为

$$\begin{aligned}\nabla^2\boldsymbol{A}&=-\frac{\mu_0}{4\pi}\int_V\boldsymbol{J}(\boldsymbol{x}')4\pi\delta(\boldsymbol{x}-\boldsymbol{x}')\,\mathrm{d}V'\\&=-\mu_0\boldsymbol{J}(\boldsymbol{x})\end{aligned}$$

这样我们就得到

$$\nabla\times\boldsymbol{B}=\mu_0 J \tag{1.47}$$

如同我们在静电场时候谈到的，我们需要讨论一个矢量场的确定问题。

亥姆霍兹定理：区域V内，一个矢量场的散度、旋度和该矢量场在边界上的切向或法向分量值唯一确定该矢量场。如果我们讨论的电荷和电流都是局域分布，电场和磁场在无穷远的值为零，那么只要知道了它们的旋度和散度即可完全确定电场和磁场。亥姆霍兹定理的证明如下。

证明：

区域V内有两点$\boldsymbol{x}$和$\boldsymbol{x}'$，距离为$r=|\boldsymbol{x}-\boldsymbol{x}'|$。由三维函数$\delta$有

$$\boldsymbol{F}(\boldsymbol{x})=\int_V\boldsymbol{F}(\boldsymbol{x}')\delta(\boldsymbol{x}-\boldsymbol{x}')\mathrm{d}V' \tag{1.48}$$

利用

$$\nabla^2\frac{1}{r}=-4\pi\delta(\boldsymbol{x}-\boldsymbol{x}') \tag{1.49}$$

有

$$\boldsymbol{F}(\boldsymbol{x})=\frac{-1}{4\pi}\nabla^2\int_V\boldsymbol{F}(\boldsymbol{x}')\frac{1}{|\boldsymbol{x}-\boldsymbol{x}'|}\mathrm{d}V' \tag{1.50}$$

再利用$\nabla^2\boldsymbol{A}=\nabla(\nabla\cdot\boldsymbol{A})-\nabla\times(\nabla\times\boldsymbol{A})$，有

$$\begin{aligned}\boldsymbol{F}(\boldsymbol{x})=&\frac{-1}{4\pi}\nabla\left(\nabla\cdot\int_V\boldsymbol{F}(\boldsymbol{x}')\frac{1}{|\boldsymbol{x}-\boldsymbol{x}'|}\mathrm{d}V'\right)+\frac{1}{4\pi}\nabla\\&\times\left(\nabla\times\int_V\boldsymbol{F}(\boldsymbol{x}')\frac{1}{|\boldsymbol{x}-\boldsymbol{x}'|}\mathrm{d}V'\right)\end{aligned} \tag{1.51}$$

考虑其中的

$$\begin{aligned}\nabla\cdot\int_V\boldsymbol{F}(\boldsymbol{x}')\frac{1}{|\boldsymbol{x}-\boldsymbol{x}'|}\mathrm{d}V'&=\int_V\nabla\cdot\boldsymbol{F}(\boldsymbol{x}')\frac{1}{|\boldsymbol{x}-\boldsymbol{x}'|}\mathrm{d}V'\\&=\int_V\boldsymbol{F}(\boldsymbol{x}')\cdot\nabla\frac{1}{|\boldsymbol{x}-\boldsymbol{x}'|}\mathrm{d}V'\end{aligned} \tag{1.52}$$

将上式中的∇替换为它的伴∇′,并进一步推导

$$
\begin{aligned}
&\int_V \boldsymbol{F}(\boldsymbol{x}')\cdot\nabla\frac{1}{|\boldsymbol{x}-\boldsymbol{x}'|}\mathrm{d}V' \\
&=-\int_V \boldsymbol{F}(\boldsymbol{x}')\cdot\nabla'\frac{1}{|\boldsymbol{x}-\boldsymbol{x}'|}\mathrm{d}V' \\
&=-\int_V \nabla'\cdot\left(\boldsymbol{F}(\boldsymbol{x}')\frac{1}{|\boldsymbol{x}-\boldsymbol{x}'|}\right)\mathrm{d}V'+\int_V \frac{1}{|\boldsymbol{x}-\boldsymbol{x}'|}\nabla'\cdot\boldsymbol{F}(\boldsymbol{x}')\mathrm{d}V' \\
&=\int_V \frac{1}{|\boldsymbol{x}-\boldsymbol{x}'|}\nabla'\cdot\boldsymbol{F}(\boldsymbol{x}')\mathrm{d}V'-\oint_S \frac{\boldsymbol{F}(\boldsymbol{x}')}{|\boldsymbol{x}-\boldsymbol{x}'|}\cdot\mathrm{d}\boldsymbol{S}'
\end{aligned}
\tag{1.53}
$$

类似的推导可以得到

$$
\begin{aligned}
&\nabla\times\int_V \boldsymbol{F}(\boldsymbol{x}')\frac{1}{|\boldsymbol{x}-\boldsymbol{x}'|}\mathrm{d}V' \\
&=\int_V \frac{1}{|\boldsymbol{x}-\boldsymbol{x}'|}\nabla'\times\boldsymbol{F}(\boldsymbol{x}')\mathrm{d}V'-\oint_S \mathrm{d}\boldsymbol{S}'\times\frac{\boldsymbol{F}(\boldsymbol{x}')}{|\boldsymbol{x}-\boldsymbol{x}'|}
\end{aligned}
\tag{1.54}
$$

其中,面积分的面为区域 V 的表面。

将上两式代回到式(1.51),有

$$
\begin{aligned}
\boldsymbol{F}(\boldsymbol{x})=&-\nabla\left(\int_V \frac{1}{4\pi|\boldsymbol{x}-\boldsymbol{x}'|}\nabla'\cdot\boldsymbol{F}(\boldsymbol{x}')\mathrm{d}V'-\oint_S \frac{\boldsymbol{F}(\boldsymbol{x}')}{4\pi|\boldsymbol{x}-\boldsymbol{x}'|}\cdot\mathrm{d}\boldsymbol{S}'\right) \\
&+\nabla\times\left(\int_V \frac{1}{4\pi|\boldsymbol{x}-\boldsymbol{x}'|}\nabla'\times\boldsymbol{F}(\boldsymbol{x}')\mathrm{d}V'-\oint_S \mathrm{d}\boldsymbol{S}'\times\frac{\boldsymbol{F}(\boldsymbol{x}')}{4\pi|\boldsymbol{x}-\boldsymbol{x}'|}\right)
\end{aligned}
\tag{1.55}
$$

由上式,只要知道了区域 V 内的 $\boldsymbol{F}(\boldsymbol{x})$ 的散度和它在边界上的法向分量值以及区域 V 内的 $\boldsymbol{F}(\boldsymbol{x})$ 的旋度和它在边界上的切向分量值,$\boldsymbol{F}(\boldsymbol{x})$ 就可以确定。亥姆霍兹定理证毕。由上式我们可以也看到,区域 V 内的矢量场可以表示为一个标量场的梯度与一个矢量场的散度之和。

第七节　麦克斯韦方程组

以上几节介绍了静电场和稳恒磁场的基本规律,下面将讨论随时间变化电磁场的基本规律。

法拉第于 1831 年分析了大量的实验结果,总结出电磁感应定律

$$\varepsilon = -\frac{\mathrm{d}\varphi}{\mathrm{d}t} = -\frac{\mathrm{d}}{\mathrm{d}t}\int_S \boldsymbol{B} \cdot \mathrm{d}\boldsymbol{S} \tag{1.56}$$

式中，ε 是某一闭合回路上感应电动势，φ 为该回路围成的面上的磁通量，负号表示感应电动势会阻碍回路中磁通量的变化，即著名的楞次定律意义所在。电源电动势一般由对应的非静电力场来提供，$\varepsilon = \oint_L \boldsymbol{K} \cdot \mathrm{d}\boldsymbol{l}$，可以认为感应电动势 ε 形式上也对应某一非静电力场。麦克斯韦称该非静电力场为涡旋电场，涡旋电场有旋度而无散度(即大家所说的涡旋电场假设)。涡旋电场对于电荷的作用和静电场一样，静电场有散度无旋度，所以我们可以使用和静电场同一个符号 $\boldsymbol{E}$ 来标记它们的强度量。这样可以把电磁感应定律写成

$$\oint_L \boldsymbol{E} \cdot \mathrm{d}\boldsymbol{l} = -\frac{\mathrm{d}}{\mathrm{d}t}\int_S \boldsymbol{B} \cdot \mathrm{d}\boldsymbol{S} = -\int_S \frac{\partial \boldsymbol{B}}{\partial t} \cdot \mathrm{d}\boldsymbol{S} \tag{1.57}$$

式中，第二个等号我们要求回路 L 是一个固定回路，由积分变换公式可得

$$\nabla \times \boldsymbol{E} = -\frac{\partial \boldsymbol{B}}{\partial t} \tag{1.58}$$

上式便是电磁感应定律的微分形式。可以看到感应电场或者说涡旋电场的旋度为 $-\partial \boldsymbol{B}/\partial t$。如果不存在随时间变化的磁场，感应电场旋度为零。感应电场无散度则意味着电场的散度即为静电场的散度

$$\nabla \cdot \boldsymbol{E}(\boldsymbol{x}) = \frac{1}{\varepsilon_0}\rho(\boldsymbol{x}) \tag{1.59}$$

恒定电流闭合，有 $\nabla \cdot \boldsymbol{J} = 0$。但变化电流不一定闭合，即 $\nabla \cdot \boldsymbol{J} = -\frac{\partial \rho}{\partial t} \neq 0$。$\nabla \times \boldsymbol{B} = \mu_0 \boldsymbol{J}$ 两边求散度，有一个数学公式 $\nabla \cdot (\nabla \times \boldsymbol{B}) \equiv 0$，从而要求 $\nabla \cdot \boldsymbol{J} = 0$ 才能使 $\nabla \times \boldsymbol{B} = \mu_0 \boldsymbol{J}$ 成立，而一般情况下 $\nabla \cdot \boldsymbol{J} \neq 0$，从而 $\nabla \times \boldsymbol{B} = \mu_0 \boldsymbol{J}$ 应该修改。麦克斯韦假设存在一个位移电流 $\boldsymbol{J}_D$，使得

$$\nabla \cdot (\boldsymbol{J} + \boldsymbol{J}_D) = 0 \tag{1.60}$$

从而有

$$\nabla \times \boldsymbol{B} = \mu_0 (\boldsymbol{J} + \boldsymbol{J}_D) \tag{1.61}$$

由 $\nabla \cdot \boldsymbol{J} + \frac{\partial \rho}{\partial t} = 0$ 和 $\frac{\rho}{\varepsilon_0} = \nabla \cdot \boldsymbol{E}$ 有 $\nabla \cdot \boldsymbol{J} + \varepsilon_0 \frac{\partial}{\partial t} \nabla \cdot \boldsymbol{E} = 0$，即

$$\nabla \cdot \left(\boldsymbol{J} + \varepsilon_0 \frac{\partial}{\partial t}\boldsymbol{E}\right) = 0 \tag{1.62}$$

和式(1.60)比较,有

$$\boldsymbol{J}_D=\varepsilon_0\frac{\partial}{\partial t}\boldsymbol{E} \tag{1.63}$$

则

$$\nabla\times\boldsymbol{B}=\mu_0\left(\boldsymbol{J}+\varepsilon_0\frac{\partial}{\partial t}\boldsymbol{E}\right) \tag{1.64}$$

位移电流假设的实质意味着变化的电场可以激发磁场。这些假设的正确性为后来电磁波所证实。

把电场磁场的散度、旋度一般公式放在一起

$$\begin{gathered}\nabla\times\boldsymbol{E}=-\frac{\partial\boldsymbol{B}}{\partial t}\\ \nabla\cdot\boldsymbol{E}=\frac{\rho}{\varepsilon_0}\\ \nabla\times\boldsymbol{B}=\mu_0\boldsymbol{J}+\mu_0\varepsilon_0\frac{\partial\boldsymbol{E}}{\partial t}\\ \nabla\cdot\boldsymbol{B}=0\end{gathered} \tag{1.65}$$

上面的四式即我们所称为的麦克斯韦方程组。如果不随时间变化,我们可以看到电场和磁场相互独立。如果电流和电荷为零,电场和磁场的散度都为零,旋度则可以写为

$$\begin{gathered}\nabla\times\boldsymbol{E}=-\frac{\partial\boldsymbol{B}}{\partial t}\\ \nabla\times\boldsymbol{B}=\mu_0\varepsilon_0\frac{\partial\boldsymbol{E}}{\partial t}\end{gathered} \tag{1.66}$$

可以看到上式有很好的对称性,其中第一个式子中出现的负号容易让人联想到哈密顿正则方程中的负号。我们也可以看到独立于电流电荷,场依然可以存在,电场和磁场可以相互激发。

麦克斯韦方程组反映电荷电流与电磁场的一般规律,其中包括电磁场内部作用和电荷电流激发场。电磁场对电荷和电流也有作用力。静止的点电荷 Q 受到电场的作用力为 $\boldsymbol{F}=Q\boldsymbol{E}$,稳恒电流元 $\boldsymbol{J}\mathrm{d}V$ 受到磁场的作用力为 $\mathrm{d}\boldsymbol{F}=\boldsymbol{J}\times\boldsymbol{B}\mathrm{d}V$,作用在以速度 $\boldsymbol{v}$ 运动的电荷 Q 上的力为 $\boldsymbol{F}'=Q\boldsymbol{v}\times\boldsymbol{B}$。

若电荷连续分布,其密度为 ρ,则电荷体系单位体积所受力密度为

$$\boldsymbol{f}=\rho\boldsymbol{E}+\boldsymbol{J}\times\boldsymbol{B} \tag{1.67}$$

上式称为洛伦兹力密度公式。电量为 e,速度为 $\boldsymbol{v}$ 的带电粒子在电磁场

中受到的力为

$$\boldsymbol{F}=e\boldsymbol{E}+e\boldsymbol{v}\times\boldsymbol{B} \tag{1.68}$$

称为洛伦兹力公式。它对任意运动的带电粒子都适用。

第八节　介质中的电场

介质受电场的影响，在其内部或表面出现极化电荷，我们把这种现象称为介质的极化。引入极化强度矢量 $\boldsymbol{P}$ 来描述极化。类似于电场与电荷密度的关系 $\varepsilon_0\nabla\cdot\boldsymbol{E}=\rho$，令极化强度矢量与极化电荷之间有简单关系

$$\rho_p=-\nabla\cdot\boldsymbol{P} \tag{1.69}$$

电场使介质极化产生束缚电荷，束缚电荷的电场我们给它起了个名字叫退极化场。现在电场即为外场加束缚电荷电场。场不区分电荷是自由还是束缚。所以 $\nabla\cdot\boldsymbol{E}=\rho/\varepsilon_0$ 中的 ρ 应为自由电荷和束缚电荷两者之和 $\rho_f+\rho_p$，于是有

$$\nabla\cdot\boldsymbol{E}=\frac{\rho_f+\rho_p}{\varepsilon_0} \tag{1.70}$$

由 $\rho_p=-\nabla\cdot\boldsymbol{P}$ 和上式，得 $\nabla\cdot\boldsymbol{E}=\dfrac{\rho_f-\nabla\cdot\boldsymbol{P}}{\varepsilon_0}$，即

$$\nabla\cdot(\varepsilon_0\boldsymbol{E}+\boldsymbol{P})=\rho_f \tag{1.71}$$

$\varepsilon_0\boldsymbol{E}+\boldsymbol{P}$ 的散度只与自由电荷有关，便是好的物理量，定义 $\varepsilon_0\boldsymbol{E}+\boldsymbol{P}=\boldsymbol{D}$ 为电位移矢量，即有

$$\nabla\cdot\boldsymbol{D}=\rho_f \tag{1.72}$$

上式我们称为介质中的高斯定理。

有的介质满足关系：$\boldsymbol{P}=\chi_e\varepsilon_0\boldsymbol{E}$，$\chi_e$ 称为极化率，是无量纲纯数。这种介质称为均匀各向同性线性介质。以后我们只讨论这种介质。这种介质使得 $\boldsymbol{E}$ 和 $\boldsymbol{D}$ 之间也是简单上的线性同向关系了：

$$\boldsymbol{D}=\varepsilon_0\boldsymbol{E}+\chi_e\varepsilon_0\boldsymbol{E}=\varepsilon_0(1+\chi_e)\boldsymbol{E}$$

引入 ε_r（相对电容率），$\varepsilon_r=1+\chi_e$：

$$\boldsymbol{D}=\varepsilon_0\varepsilon_r\boldsymbol{E}$$

再引入 ε（绝对电容率），$\varepsilon=\varepsilon_r\varepsilon_0$，有

$$\boldsymbol{D}=\varepsilon\boldsymbol{E} \tag{1.73}$$

同时也有

$$\boldsymbol{P}=\chi_e\varepsilon_0\boldsymbol{E}=(\varepsilon_r-1)\varepsilon_0\boldsymbol{E}=(\varepsilon-\varepsilon_0)\boldsymbol{E} \tag{1.74}$$

引入 $\boldsymbol{D}$ 的意义:知道了 ρ_f 即可 $\rho_f\to\boldsymbol{D}\to\boldsymbol{E}\to\boldsymbol{P}\to\boldsymbol{Q}_{\boldsymbol{P}}$。

可以把式(1.69)当作极化强度矢量的定义而不做深究。但是几乎所有的教科书都会提到这样做的微观层面的解释。这里将其介绍给大家。

介质是由大量分子、原子组成的,他们的内部有带正电的原子核和绕核运动的带负电的电子。从电磁学观点来看,介质就是一个带电粒子系统,其内部存在着不规则而又迅速变化的微观电磁场。这种微观电磁场不可能计算,也没必要计算。我们这里研究的电磁场称为宏观电磁场,就是说我们所讨论的物理量是在一个包含大数目分子的物理小体积内的平均值,这个物理量称为宏观物理量。包含大数目分子的物理小体积这个是可以实现的,与我们这里要讨论的介质尺度比较,分子实在是太小了。

这里的分子可以看作两类,一类是无极分子,另一类是有极分子。无极分子正负电荷中心重合,有极分子正负电荷中心不重合。如果把一个无极分子放到电场中,无极分子的正负电荷受力方向相反,在这个力的作用下正负电荷被拉开一定的距离,产生了分子电偶极矩,这个我们称为位移极化。有极分子本身有分子偶极矩,在外电场作用下受到力矩会有一定的转动,这个我们称为取向极化。在外电场影响下,分子的电响应可以用分子偶极矩 $\boldsymbol{p}$ 描述。如果分子正负电荷为 q,正电荷中心相对于负电荷中心的小位移为 $\boldsymbol{l}$,分子偶极矩 $\boldsymbol{p}=q\boldsymbol{l}$。

这里简单地认为自然界存在两种不同的电介质,一类是由无极分子组成;另一类是由有极分子组成。无极分子电矩为零,有极分子由于无规则的热运动,在物理小体积内的平均电偶极矩为零。无外场作用时,这两种介质都对外呈现电中性。

当有外场时,无极分子的正、负电中心被拉开;有极分子的电偶极矩具有转向外场方向的趋势,于是大量分子电偶极矩的平均值不再为零,出现了宏观电偶极矩分布,因而在介质内部或表面出现极化电荷,我们把这种现象称为介质的极化。可以想象,外电场越大,分子电偶极矩的平均值就越大,介质的极化程度就越高。引入极化强度矢量 $\boldsymbol{P}$

$$\boldsymbol{P}=\sum_i \frac{\boldsymbol{p}_i}{\Delta V} \tag{1.75}$$

极化强度为单位体积中分子电偶极矩之和。这种直接将微观量之和定义为宏观量的做法显得有点想当然，但是我们将会看到这样的定义是非常恰当的，它给出的和极化电荷的关系极为简洁。极化电荷又称为束缚电荷，在外场的作用下，不论哪种介质，它的宏观效应都是出现极化电荷。

接下来讨论极化强度与极化电荷分布的关系。以位移极化为例，并且在位移极化过程中认为负电荷中心不动，而正电荷中心相对负电荷中心发生一个小位移 $\boldsymbol{l}$。设分子正、负电荷的大小为 q，分子电偶极矩为 $\boldsymbol{p}=q\boldsymbol{l}$，设简单均匀化介质，且单位体积内的分子数为 n，则有 $\boldsymbol{P}=n\boldsymbol{p}=nq\boldsymbol{l}$。

如图 1-8-1，在极化介质内部取一闭合曲面 S，面上有面元 $\mathrm{d}\boldsymbol{S}$，由于极化，有些分子的正电荷要穿过 $\mathrm{d}\boldsymbol{S}$，从图中可看出，只有那些在以 l 为斜高的柱体内的分子在位移极化时的正电荷才能穿过 $\mathrm{d}\boldsymbol{S}$，该柱体内的分子数为 $n\mathrm{d}V$，$\mathrm{d}V=l\mathrm{d}S\cos\theta=\boldsymbol{l}\cdot\mathrm{d}\boldsymbol{S}$，因此，穿出 $\mathrm{d}\boldsymbol{S}$ 面元的正电荷数为

$$\mathrm{d}Q_p=nq\mathrm{d}V=nq\boldsymbol{l}\cdot\mathrm{d}\boldsymbol{S}=\boldsymbol{P}\cdot\mathrm{d}\boldsymbol{S} \tag{1.76}$$

穿出闭合曲面 S 的总电荷为

$$Q_p=\oint_S \boldsymbol{P}\cdot\mathrm{d}\boldsymbol{S} \tag{1.77}$$

留在体积 V 内的电荷则为

$$Q'_p=\int_V \rho_p\mathrm{d}V=-\oint_S \boldsymbol{P}\cdot\mathrm{d}\boldsymbol{S} \tag{1.78}$$

由积分变换公式可得

$$\rho_p=-\nabla\cdot\boldsymbol{P} \tag{1.79}$$

上式即式(1.72)极化电荷密度与极化强度的关系。

一般情况下，介质内的极化强度矢量的散度不为零，也就是说介质内部会出现束缚电荷。一种特殊情况我们称为均匀极化，这时束缚电荷出现在两介质的分界面上。对于这种情况，我们使用面电荷密度来描述这种分布。

如图 1-8-2，$\mathrm{d}\boldsymbol{S}$ 为介质 1 和介质 2 之间分界面上的一面元，在分界面两侧各取一定厚度的薄层，分界面则位于该薄层之中。

通过薄层左侧进入薄层的正电荷为 $\boldsymbol{P}_1\cdot\mathrm{d}\boldsymbol{S}$，通过右侧从薄层进入

介质 2 的正电荷为$\boldsymbol{P}_2 \cdot \mathrm{d}\boldsymbol{S}$。薄层内的电荷为

$$Q_p = \boldsymbol{P}_1 \cdot \mathrm{d}\boldsymbol{S} - \boldsymbol{P}_2 \cdot \mathrm{d}\boldsymbol{S} = -(\boldsymbol{P}_2 - \boldsymbol{P}_1) \cdot \mathrm{d}\boldsymbol{S} \tag{1.80}$$

让薄层厚度趋于零,界面上的面束缚电荷用σ_p 表示,电荷为$Q_p = \sigma_p \mathrm{d}\boldsymbol{S}$,于是有

$$\sigma_p \mathrm{d}\boldsymbol{S} = -(\boldsymbol{P}_2 - \boldsymbol{P}_1) \cdot \mathrm{d}\boldsymbol{S}$$

从而

$$\sigma_p = -n \cdot (\boldsymbol{P}_2 - \boldsymbol{P}_1)$$

式中,$\boldsymbol{n}$ 为介质 1 指向介质 2 的法线方向,注意到我们把$\boldsymbol{P}_2$ 放到$\boldsymbol{P}_1$ 前面,即使我们不得不在 $\boldsymbol{n}$ 前面添加一个负号,我们以后也将这样做。

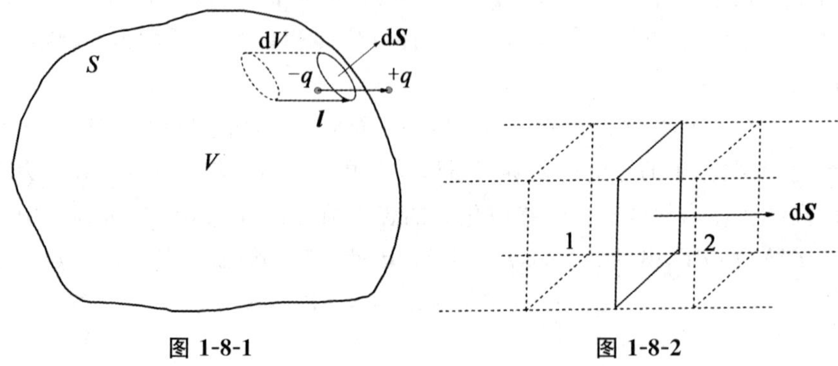

图 1-8-1　　图 1-8-2

第九节　介质中的磁场

介质受磁场的影响,在其内部或表面出现磁化电流,我们把这种现象称为介质的磁化。引入磁化强度矢量 $\boldsymbol{M}$ 来描述磁化。类似于磁场与电流密度的关系$\nabla \times \boldsymbol{B} = \mu_0 \boldsymbol{J}$,令磁化强度矢量与磁化电荷之间有简单关系

$$\boldsymbol{J}_M = \nabla \times \boldsymbol{M} \tag{1.81}$$

电场变化会使 $\boldsymbol{P}$ 变化,从而产生极化电流。用$\boldsymbol{J}_P$ 来表示极化电流密度。极化电流也应满足电荷守恒$\nabla \cdot \boldsymbol{J}_P + \dfrac{\partial \rho_P}{\partial t} = 0$,极化电荷密度 ρ_P 与极化强度之间关系为$\rho_P = -\nabla \cdot \boldsymbol{P}$,从而有

$$\nabla\cdot J_P+\frac{\partial(-\nabla\cdot\boldsymbol{P})}{\partial t}=0$$

$$\Rightarrow\nabla\cdot\left(J_P-\frac{\partial\boldsymbol{P}}{\partial t}\right)=0 \tag{1.82}$$

可以选择的一个解为

$$\boldsymbol{J}_P=\frac{\partial\boldsymbol{P}}{\partial t} \tag{1.83}$$

对于磁化电流而言,假设也存在磁化电荷密度 ρ_M,则应有$\frac{\partial\rho_M}{\partial t}=-\nabla\cdot\boldsymbol{J}_M$,已知$\boldsymbol{J}_M=\nabla\times\boldsymbol{M}$,即有$\frac{\partial\rho_M}{\partial t}=-\nabla\cdot(\nabla\times\boldsymbol{M})$。我们知道旋度场无散,即上式等于零。这说明如果有 ρ_M 那么它也是与时间无关的任意数,可以令其为零(当然也可以令其为任何数,当它取一个任意数时可以观察会出现什么情况)。

这样$\nabla\times\boldsymbol{B}=\mu_0\boldsymbol{J}+\mu_0\varepsilon_0\frac{\partial\boldsymbol{E}}{\partial t}$中 $\boldsymbol{J}$ 应为$\boldsymbol{J}_f+\boldsymbol{J}_M+\boldsymbol{J}_P$。从而有

$$\begin{aligned}\nabla\times\boldsymbol{B}&=\mu_0(\boldsymbol{J}_f+\boldsymbol{J}_M+\boldsymbol{J}_P)+\mu_0\varepsilon_0\frac{\partial\boldsymbol{E}}{\partial t}\\&=\mu_0\left(\boldsymbol{J}_f+\nabla\times\boldsymbol{M}+\frac{\partial\boldsymbol{P}}{\partial t}\right)+\mu_0\varepsilon_0\frac{\partial\boldsymbol{E}}{\partial t}\end{aligned}$$

把描写磁的量放到等式一边,再整理一下,有

$$\nabla\times\left(\frac{\boldsymbol{B}}{\mu_0}-\boldsymbol{M}\right)=\boldsymbol{J}_f+\frac{\partial}{\partial t}(\varepsilon_0\boldsymbol{E}+\boldsymbol{P}) \tag{1.84}$$

我们已经知道 $\varepsilon_0\boldsymbol{E}+\boldsymbol{P}=\boldsymbol{D}$,这里把$\frac{\boldsymbol{B}}{\mu_0}-\boldsymbol{M}=\boldsymbol{H}$,很多人把 $\boldsymbol{H}$ 名为磁场强度,我们也这样,这个名字其实和它的实际不太符合。式(1.84)可以写为

$$\nabla\times\boldsymbol{H}=\boldsymbol{J}_f+\frac{\partial\boldsymbol{D}}{\partial t} \tag{1.85}$$

有一种介质,其中磁场强度与磁化强度有简单关系

$$\boldsymbol{M}=\chi_M\boldsymbol{H}$$

这种介质,我们称其为均匀非铁磁介质。χ_M 为磁化率,于是有

$$\boldsymbol{B}=\mu_0(\boldsymbol{H}+\boldsymbol{M})=\mu_0(1+\chi_M)\boldsymbol{H}=\mu_0\mu_r\boldsymbol{H}=\mu\boldsymbol{H}$$

这样,在介质中麦克斯韦方程为(读者自己可以把它们的积分形式写出)

$$\nabla\cdot\boldsymbol{D}=\rho_f$$

$$\nabla\times\boldsymbol{E}=-\frac{\partial\boldsymbol{B}}{\partial t}$$
$$\nabla\cdot\boldsymbol{B}=0$$
$$\nabla\times\boldsymbol{H}=\boldsymbol{J}_f+\frac{\partial\boldsymbol{D}}{\partial t}\tag{1.86}$$

注意到它比真空中的多了两个辅助量 $\boldsymbol{H}$ 和 $\boldsymbol{D}$,所以解决实际问题时,我们还需要状态方程

$$\boldsymbol{D}=\varepsilon\boldsymbol{E}$$
$$\boldsymbol{B}=\mu\boldsymbol{H}\tag{1.87}$$

当然上面的状态方程对应的是一种特殊的介质,我们为了说明问题,主要讨论这种介质,我们称它为均匀的各向同性的线性介质。

如果线性非各向同性,ε 应为一个二阶张量,如果是非线性的,ε 会随着 $\boldsymbol{E}$ 而改变。对于介质的磁响应而言,问题就更复杂了,$\boldsymbol{B}$ 和 $\boldsymbol{H}$ 的关系甚至有时是非线性和非单值的。当然,有专门的学科去研究他们。我们这里不涉及这些。

磁化强度的定义式(1.81)也有一个微观解释。分子内的电子在原子核周围高速运动,这种运动可近似看作一个等效的封闭电流,称为分子电流。分子电流用磁偶极矩描述

$$\boldsymbol{m}=i\boldsymbol{a}\tag{1.88}$$

上式中 $\boldsymbol{a}$ 为电流所围面积。在没有外磁场时,分子磁偶极矩的排列由于热运动完全无规则,沿各个方向的概率均等,大量分子的磁偶极矩平均为零,对外不显磁性;在外磁场的作用下,分子电流出现有规则的趋向,平均磁偶极矩不为零,介质出现磁性,称为磁化。定义磁化强度矢量描述磁化程度,和上一节类似,$\boldsymbol{M}$ 为单位体积的磁偶极矩之和

$$\boldsymbol{M}=\frac{\sum_i\boldsymbol{m}_i}{\Delta V}\tag{1.89}$$

现在求磁化电流密度$\boldsymbol{J}_M$ 与磁化强度矢量 $\boldsymbol{M}$ 之间的关系。设 S 为介质的一个界面,其边界为 L。考虑由 S 背面流向前面总磁化电流 I_M。由图 1-9-1 可以看出,只有被 S 的边界 L 链着的分子对 I_M 有贡献。所以,通过 S 的总磁化电流等于边界 L 所环链的分子数乘以每个分子的电流 i。如图 1-9-2,取 L 上的一段线元 $\mathrm{d}\boldsymbol{l}$,以分子电流所包围面积 $\boldsymbol{a}$ 为底面做一斜元圆柱,分子中心在柱内的电流必绕中心线,即分子中心位于该圆柱内的分子电流能被 $\mathrm{d}\boldsymbol{l}$ 所环链。设分子数密度为 n,则圆柱

内的分子数为 $n\boldsymbol{a}\cdot\mathrm{d}\boldsymbol{l}$，有

$$\mathrm{d}I_M = in\boldsymbol{a}\cdot\mathrm{d}\boldsymbol{l} = n\boldsymbol{m}\cdot\mathrm{d}\boldsymbol{l} = \boldsymbol{M}\cdot\mathrm{d}\boldsymbol{l} \tag{1.90}$$

从 S 背面流向前的磁化电流即为

$$I_M = \oint_L \mathrm{d}I_M = \oint_L \boldsymbol{M}\cdot\mathrm{d}\boldsymbol{l} = \int_S \nabla\times\boldsymbol{M}\cdot\mathrm{d}\boldsymbol{S} \tag{1.91}$$

$\boldsymbol{J}_M$ 磁化电流密度与 I_M 关系为 $\int_S \boldsymbol{J}_M\cdot\mathrm{d}\boldsymbol{S} = I_M$，从而有

$$\int_S \boldsymbol{J}_M\cdot\mathrm{d}\boldsymbol{S} = \int_S \nabla\times\boldsymbol{M}\cdot\mathrm{d}\boldsymbol{S} \tag{1.92}$$

即

$$\boldsymbol{J}_M = \nabla\times\boldsymbol{M} \tag{1.93}$$

可以看到，磁化电流密度与磁化强度之间有极简单关系。

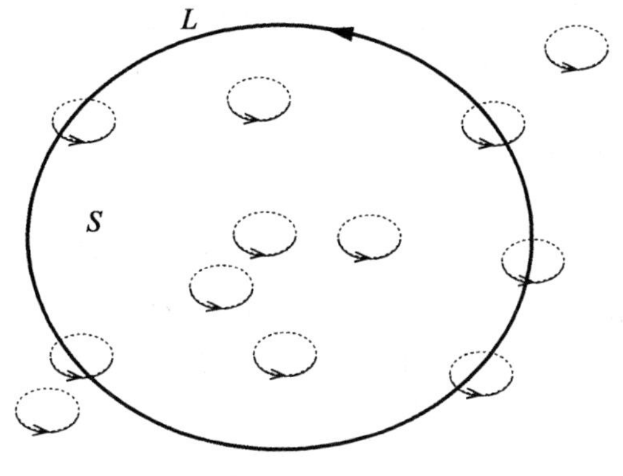

图 1-9-1

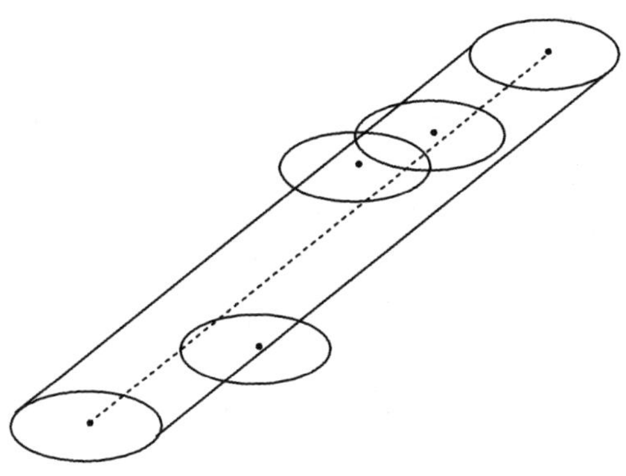

图 1-9-2

第十节　电磁场边值关系

任何连续介质内部麦克斯韦方程组可以适用。那么介质分界面的情况呢。一般来说在分界面上,会出现面电荷,或者面电流分布,因而使电磁场在这些地方发生跃变。这样,麦克斯韦方程组的微分形式失去意义,但其积分形式仍然有意义。我们可以通过积分形式的方程组求出电磁场的边值关系,这就是麦克斯韦方程组在界面处的表现形式。给定界面,即可给定界面的法向和切向,界面上的场矢量也就可以分解为法向分量和切向分量,所以场矢量在界面两侧的跃变可以从这两方面考虑。

一、法向分量

如图 1-10-1,作一个跨过界面的扁圆柱面为高斯面,其高为 Δh,上(下)底面为 $\Delta \boldsymbol{S}_2(\Delta \boldsymbol{S}_1)$,$\Delta \boldsymbol{S}_2$ 和 $\Delta \boldsymbol{S}_1$ 的大小都为 ΔS,ΔS 很小,以至于其上的场在此小面积上可看作是均匀的。利用高斯定理

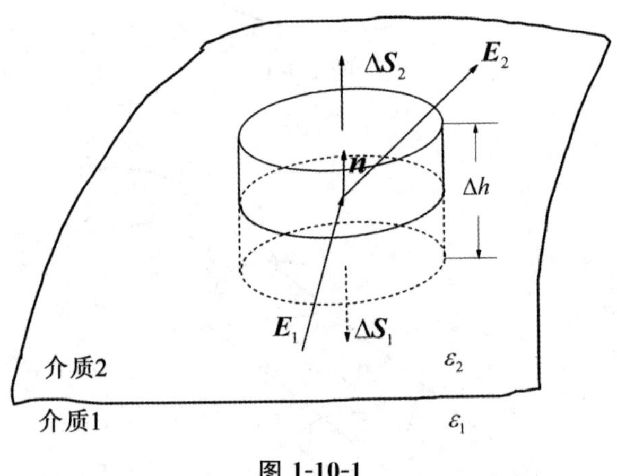

图 1-10-1

$$\varepsilon_0 \oint_S \boldsymbol{E} \cdot \mathrm{d}\boldsymbol{S} = Q_f + Q_P \tag{1.94}$$

Q_f 和 Q_P 分别为 $\Delta S\sigma_f$ 和 $\Delta S\sigma_P$,σ_P 和 σ_f 分别为极化电荷面密度和自

由电荷面密度。当 $\Delta h \to 0$ 时高斯面贴近于分界面，并且$\oint_S \boldsymbol{E} \cdot \mathrm{d}\boldsymbol{S}$ 中对侧面积分为零。这样我们得到

$$\begin{aligned}\varepsilon_0 \oint_S \boldsymbol{E} \cdot \mathrm{d}\boldsymbol{S} &= \varepsilon_0 \boldsymbol{E}_2 \cdot \Delta \boldsymbol{S}_2 + \varepsilon_0 \boldsymbol{E}_1 \cdot \Delta \boldsymbol{S}_1 \\ &= \varepsilon_0 \boldsymbol{E}_2 \cdot \boldsymbol{n} \Delta S + \varepsilon_0 \boldsymbol{E}_1 \cdot (-\boldsymbol{n}) \Delta S \\ &= \varepsilon_0 \boldsymbol{n} \cdot (\boldsymbol{E}_2 - \boldsymbol{E}_1) \Delta S \\ &= (\sigma_f + \sigma_P) \Delta S \end{aligned} \tag{1.95}$$

式中，$\boldsymbol{n}$ 为介质 1 指向介质 2 的法线方向。等式两边约掉 ΔS，有

$$\varepsilon_0 \boldsymbol{n} \cdot (\boldsymbol{E}_2 - \boldsymbol{E}_1) = \sigma_f + \sigma_P \tag{1.96}$$

在第八节我们知道 $\sigma_P = -\boldsymbol{n} \cdot (\boldsymbol{P}_2 - \boldsymbol{P}_1)$，带入上式，有

$$\begin{aligned} &\varepsilon_0 \boldsymbol{n} \cdot (\boldsymbol{E}_2 - \boldsymbol{E}_1) = \sigma_f - \boldsymbol{n} \cdot (\boldsymbol{P}_2 - \boldsymbol{P}_1) \\ &\Rightarrow \boldsymbol{n} \cdot (\varepsilon_0 \boldsymbol{E}_2 + \boldsymbol{P}_2) - \boldsymbol{n} \cdot (\varepsilon_0 \boldsymbol{E}_1 + \boldsymbol{P}_1) = \sigma_f \\ &\Rightarrow \boldsymbol{n} \cdot (\boldsymbol{D}_2 - \boldsymbol{D}_1) = \sigma_f \end{aligned} \tag{1.97}$$

当 σ_f 为零时，$\boldsymbol{D}$ 在法向上连续。当然，直接在高斯面上使用$\oint_S \boldsymbol{D} \cdot \mathrm{d}\boldsymbol{S} = Q_f$ 也可以得到上式。

如果当介质 2 为真空，介质 1 为导体，静电平衡时，导体内有电场强度为 0，即$\boldsymbol{E}_1 = \boldsymbol{D}_1 = 0$，导体表面极化电荷为零，从而有 $E_{2n} = \sigma_f / \varepsilon_0$。

对于磁场，把 $\oint_S \boldsymbol{B} \cdot \mathrm{d}\boldsymbol{S} = 0$ 应用于前述扁圆柱面，同上述的推导完全类似，可得

$$\boldsymbol{n} \cdot (\boldsymbol{B}_2 - \boldsymbol{B}_1) = 0 \tag{1.98}$$

二、切向分量

交界面上有电流，或者说有电流在交界面上存在。引入面电流密度 $\boldsymbol{\alpha}$ 来描述该电流。回想电流密度定义，大小为单位时间垂直通过单位面积的电量，方向为正电荷运动方向。那么这里类似定义面电流密度：大小为单位时间垂直通过单位长度的电量，方向为正电荷运动方向。只是有一点不便，通过一个面元 $\mathrm{d}\boldsymbol{S}$ 的电流可以很方便地表达为

$$\mathrm{d}I = \boldsymbol{J} \cdot \mathrm{d}\boldsymbol{S}$$

但是通过一个线元 $\mathrm{d}l$ 的电流却不可以表达为 $\mathrm{d}I = \boldsymbol{\alpha} \cdot \mathrm{d}\boldsymbol{l}$。这是因为面

元 d$\boldsymbol{S}$ 的方向定义为其法线方向,面上一点法线方向垂直于这点附近面的延展方向,而线元 d$\boldsymbol{l}$ 的方向为其延伸方向。所以我们有必要定义一个线元的法线方向,这对于空间中的线元是不可想象的,但是对于一个面上的线元来说是自然的,我们定义面上一线元的法向为

$$\boldsymbol{n}\times \mathrm{d}\boldsymbol{l}/\mathrm{d}l \tag{1.99}$$

其中 $\boldsymbol{n}$ 是线元处面的法向,d$\boldsymbol{l}$/dl 是线元的方向,见图 1-10-2。这样流过线元 d$\boldsymbol{l}$ 的电流可以写为

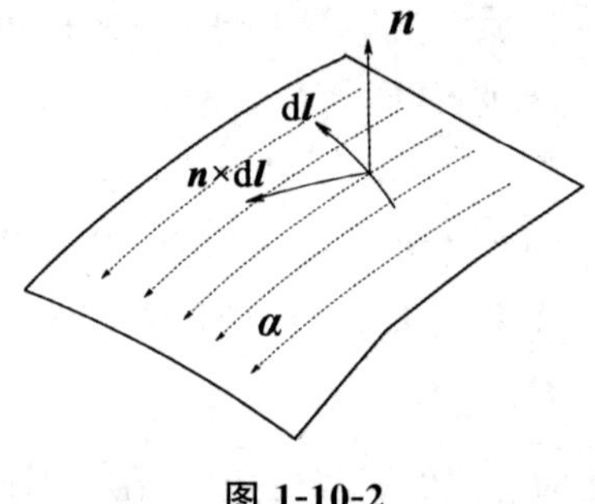

图 1-10-2

$$\mathrm{d}I=(\boldsymbol{n}\times \mathrm{d}\boldsymbol{l})\cdot \boldsymbol{\alpha} \tag{1.100}$$

由于面电流的存在,在界面两侧的磁场强度将发生跃变。如图 1-10-3 所示,在界面两侧作一狭长回路,在回路上使用磁场的环路定理

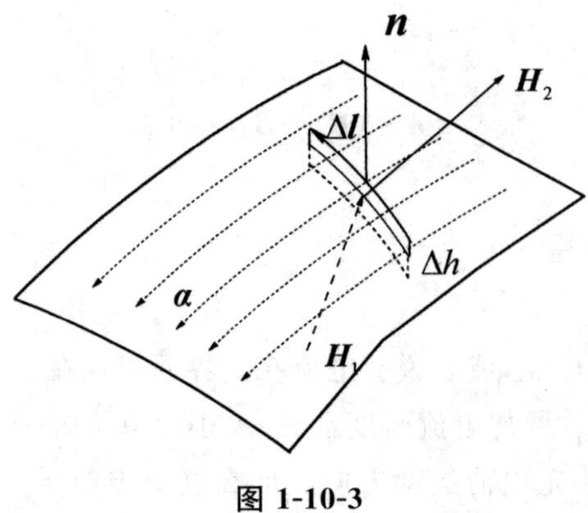

图 1-10-3

$$\oint_L \boldsymbol{H}\cdot \mathrm{d}\boldsymbol{l}=I_f+\int_S \frac{\partial \boldsymbol{D}}{\partial t}\cdot \mathrm{d}\boldsymbol{S} \tag{1.101}$$

回路短边长 Δh 趋于零,所以等式右面的第二项面积分趋于零。回路长

边 $\Delta \boldsymbol{l}$ 的长度也很小，以至于在这一段的磁场均匀。于是上式可以写为

$$\begin{aligned}&\boldsymbol{H}_2 \cdot \Delta \boldsymbol{l} + \boldsymbol{H}_1 \cdot (-\Delta \boldsymbol{l}) = (\hat{n} \times \Delta \boldsymbol{l}) \cdot \boldsymbol{\alpha}_f \\ \Rightarrow &(\boldsymbol{H}_2 - \boldsymbol{H}_1) \cdot \Delta \boldsymbol{l} = (\boldsymbol{\alpha}_f \times \hat{n}) \cdot \Delta \boldsymbol{l}\end{aligned} \tag{1.102}$$

上式说明$\boldsymbol{H}_2 - \boldsymbol{H}_1$ 和$\boldsymbol{\alpha}_f \times \boldsymbol{n}$ 在 $\Delta \boldsymbol{l}$ 方向上的投影相等，如果 $\Delta \boldsymbol{l}$ 在空间中方向任意，我们就可以说$\boldsymbol{H}_2 - \boldsymbol{H}_1$ 和$\boldsymbol{\alpha}_f \times \boldsymbol{n}$ 相等了。但是 $\Delta \boldsymbol{l}$ 被限定在交界面上，它只是在交界面上方向任意，所以只能说$\boldsymbol{H}_2 - \boldsymbol{H}_1$ 和$\boldsymbol{\alpha}_f \times \boldsymbol{n}$ 的平行于交界面延展方向的分量是相等的，即

$$(\boldsymbol{H}_2 - \boldsymbol{H}_1)_{\parallel} = (\boldsymbol{\alpha}_f \times \boldsymbol{n})_{\parallel}$$

而$\boldsymbol{\alpha}_f \times \boldsymbol{n}$ 没有法向分量，只有延展方向分量（或者说切向分量），从而有

$$(\boldsymbol{H}_2 - \boldsymbol{H}_1)_{\parallel} = \boldsymbol{\alpha}_f \times \boldsymbol{n} \tag{1.103}$$

$\boldsymbol{H}_2 - \boldsymbol{H}_1$ 可以分解为两个方向的叠加

$$\boldsymbol{H}_2 - \boldsymbol{H}_1 = (\boldsymbol{H}_2 - \boldsymbol{H}_1)_{\parallel} + (\boldsymbol{H}_2 - \boldsymbol{H}_1)_{\perp}$$

用 $\boldsymbol{n}$ 叉乘到上式的等号两端，有

$$\begin{aligned}\boldsymbol{n} \times (\boldsymbol{H}_2 - \boldsymbol{H}_1) &= \boldsymbol{n} \times [(\boldsymbol{H}_2 - \boldsymbol{H}_1)_{\parallel} + (\boldsymbol{H}_2 - \boldsymbol{H}_1)_{\perp}] \\ &= \boldsymbol{n} \times (\boldsymbol{H}_2 - \boldsymbol{H}_1)_{\parallel}\end{aligned} \tag{1.104}$$

第二步利用了$(\boldsymbol{H}_2 - \boldsymbol{H}_1)_{\perp}$ 和 $\boldsymbol{n}$ 方向一致从而叉乘为零的性质。再用 $\boldsymbol{n}$ 叉乘到(1.103)式的等号两端，有

$$\begin{aligned}\boldsymbol{n} \times (\boldsymbol{H}_2 - \boldsymbol{H}_1)_{\parallel} &= \boldsymbol{n} \times (\boldsymbol{\alpha}_f \times \boldsymbol{n}) \\ &\Rightarrow \boldsymbol{n} \times (\boldsymbol{H}_2 - \boldsymbol{H}_1) = \boldsymbol{\alpha}_f (\boldsymbol{n} \cdot \boldsymbol{n}) - \boldsymbol{n} (\boldsymbol{\alpha}_f \cdot \boldsymbol{n}) \\ &\Rightarrow \boldsymbol{n} \times (\boldsymbol{H}_2 - \boldsymbol{H}_1) = \boldsymbol{\alpha}_f\end{aligned} \tag{1.105}$$

上式第二步等式左边使用了(1.104)式中的关系，等式右边利用了 $\boldsymbol{n} \cdot \boldsymbol{n} = 1$（同方向单位长度矢量点积为 1）和$\boldsymbol{\alpha}_f \cdot \boldsymbol{n} = 0$（电流是面电流，与面法向垂直）。上式即为磁场的切向分量边值关系。

同样，利用方程

$$\oint_L \boldsymbol{E} \cdot \mathrm{d}\boldsymbol{l} = -\frac{\mathrm{d}}{\mathrm{d}t} \int_S \boldsymbol{B} \cdot \mathrm{d}\boldsymbol{S}$$

及前述的图 1-10-3 中的狭长回路，可得

$$\boldsymbol{n} \times (\boldsymbol{E}_2 - \boldsymbol{E}_1) = 0 \tag{1.106}$$

此为界面两侧电场强度的切向分量连续。

我们把介质内部的麦克斯韦方程组和交界面的麦克斯韦方程组（就是以上我们得到的边值关系）放到表 1-10-1 中一起比较：

表 1-10-1

$\nabla\cdot\boldsymbol{D}=\rho_f$	$\boldsymbol{n}\cdot(\boldsymbol{D}_2-\boldsymbol{D}_1)=\sigma_f$
$\nabla\cdot\boldsymbol{B}=0$	$\boldsymbol{n}\cdot(\boldsymbol{B}_2-\boldsymbol{B}_1)=0$
$\nabla\times\boldsymbol{E}=-\frac{\partial\boldsymbol{B}}{\partial t}$	$\boldsymbol{n}\times(\boldsymbol{E}_2-\boldsymbol{E}_1)=0$
$\nabla\times\boldsymbol{H}=\boldsymbol{J}_f+\frac{\partial\boldsymbol{D}}{\partial t}$	$\boldsymbol{n}\times(\boldsymbol{H}_2-\boldsymbol{H}_1)=\boldsymbol{\alpha}_f$

从表 1-10-1,我们可能会形式上根据$\boldsymbol{J}_M=\nabla\times\boldsymbol{M}$(见(1.93)式)写出磁化强度的边值关系

$$\boldsymbol{n}\times(\boldsymbol{M}_2-\boldsymbol{M}_1)=\boldsymbol{\alpha}_M \tag{1.107}$$

其中$\boldsymbol{\alpha}_M$ 为交界面上的磁化电流面密度。这种利用形式上的相似性来得到结论的做法在这里是可靠的,上式是正确的。

以后在公式中出现的 $\boldsymbol{\alpha}$,σ,$\boldsymbol{J}$ 和 ρ,都表示自由电流和自由电荷的对应密度,下角标 f 将不再明确写出(除非明确指出)。

第十一节　电磁场的能量和能流

电磁场是一种物质,它的运动和其他物质运动之间的相互转化,可以度量这些运动中共性的物理量是能量。所以我们要考察电磁场与电荷体系相互作用中电磁场能量与电荷体系的运动机械能的相互转化,以期得到电磁场能量的表达式。

一个发射天线把电磁波传向远方,接收天线在空间的各个位置能接收到电磁波的能量,当然在不同的位置接收功率不同,这与相对位置和方向有关。可以想象能量和电磁场一样在空间中分布着,我们很容易定义一个物理量来描述这种分布,定义场的能量密度 w,它表示单位体积的场的能量,它是位置的函数,场存在着运动,所以能量分布也应该是时间的函数,$w=w(\boldsymbol{x},t)$。场从发射天线传播向远方,能量也伴随着,所

以还需要一个物理量来描写能量的流动。我们用能流密度 $\boldsymbol{S}$ 来描述这种流动，它是一种流密度，类似于电流密度的定义，数值上它等于单位时间垂直通过单位面积的能量，方向为能量的流动方向。

考虑一区域 V，其界面为 Σ，V 内有电荷和电流的分布 ρ，$\boldsymbol{J}$。能量守恒要求，通过界面 Σ 流入 V 的能量等于电磁场与 V 内的电荷体系做功和 V 内电磁场能量的增加之和。若 $\boldsymbol{f}$ 为电荷受力密度，v 表示电荷运动，场对电荷做功功率为 $\int_V \boldsymbol{f}\cdot\boldsymbol{v}\mathrm{d}V$，$V$ 内场的能量增加率为 $\frac{\mathrm{d}}{\mathrm{d}t}\int_V w\mathrm{d}V$，通过界面 Σ 流入 V 的能量为 $-\oint_\Sigma \boldsymbol{S}\cdot\mathrm{d}\boldsymbol{\sigma}$。（$\mathrm{d}\boldsymbol{\sigma}$ 为我们以前所用的面元 $\mathrm{d}\boldsymbol{S}$，这里 $\boldsymbol{S}$ 表示了能流密度）写成公式即为

$$-\oint_\Sigma \boldsymbol{S}\cdot\mathrm{d}\boldsymbol{\sigma}=\int_V \boldsymbol{f}\cdot\boldsymbol{v}\mathrm{d}V+\frac{\mathrm{d}}{\mathrm{d}t}\int_V w\mathrm{d}V \tag{1.108}$$

它的微分形式为

$$\nabla\cdot\boldsymbol{S}+\frac{\partial w}{\partial t}=-\boldsymbol{f}\cdot\boldsymbol{v} \tag{1.109}$$

前面几节中我们知道对于电磁场的描述是由 $\boldsymbol{E}$，$\boldsymbol{B}$，$\boldsymbol{H}$，$\boldsymbol{D}$ 来完成的。所以能量密度 w 和能流密度 $\boldsymbol{S}$ 也该由这四个场量来表达。这个任务只能利用描述场合电荷相互作用的规律，即麦克斯韦方程组和洛伦兹力公式来完成。由洛伦兹力知

$$\boldsymbol{f}\cdot\boldsymbol{v}=(\rho\boldsymbol{E}+\rho\boldsymbol{v}\times\boldsymbol{B})\cdot\boldsymbol{v}=\rho\boldsymbol{v}\cdot\boldsymbol{E}=\boldsymbol{J}\cdot\boldsymbol{E}$$

通过麦克斯韦方程组中的磁场旋度公式将上式的电流密度用场量替换，即

$$\boldsymbol{J}=\nabla\times\boldsymbol{H}-\frac{\partial\boldsymbol{D}}{\partial t}$$

$$\Rightarrow\boldsymbol{J}\cdot\boldsymbol{E}=\boldsymbol{E}\cdot(\nabla\times\boldsymbol{H})-\boldsymbol{E}\cdot\frac{\partial\boldsymbol{D}}{\partial t} \tag{1.110}$$

由 $\nabla\cdot(\boldsymbol{E}\times\boldsymbol{H})=\boldsymbol{H}\cdot(\nabla\times\boldsymbol{E})-\boldsymbol{E}\cdot(\nabla\times\boldsymbol{H})$ 知 $\boldsymbol{E}\cdot(\nabla\times\boldsymbol{H})=-\nabla\cdot(\boldsymbol{E}\times\boldsymbol{H})+\boldsymbol{H}\cdot(\nabla\times\boldsymbol{E})$，再使用 $\nabla\times\boldsymbol{E}=-\frac{\partial\boldsymbol{B}}{\partial t}$，则有

$$\boldsymbol{J}\cdot\boldsymbol{E}=-\nabla\cdot(\boldsymbol{E}\times\boldsymbol{H})-\boldsymbol{H}\cdot\frac{\partial\boldsymbol{B}}{\partial t}-\boldsymbol{E}\cdot\frac{\partial\boldsymbol{D}}{\partial t} \tag{1.111}$$

将上式代入（1.109）得

$$\nabla\cdot\boldsymbol{S}+\frac{\partial w}{\partial t}=\nabla\cdot(\boldsymbol{E}\times\boldsymbol{H})+\boldsymbol{H}\cdot\frac{\partial\boldsymbol{B}}{\partial t}+\boldsymbol{E}\cdot\frac{\partial\boldsymbol{D}}{\partial t} \tag{1.112}$$

比对一下知道

$$S=E\times H,$$

$$\frac{\partial w}{\partial t}=E\cdot\frac{\partial D}{\partial t}+H\cdot\frac{\partial B}{\partial t} \tag{1.113}$$

第一式表示能流密度,它也被称为坡印廷矢量。

一、真空中

真空中有关系 $\boldsymbol{H}=\frac{1}{\mu_0}\boldsymbol{B}$ 和 $\boldsymbol{D}=\varepsilon_0\boldsymbol{E}$,从而 $\boldsymbol{S}=\frac{1}{\mu}\boldsymbol{E}\times\boldsymbol{B}$,而场能量的改变

$$\begin{aligned}\frac{\partial w}{\partial t}&=\boldsymbol{E}\cdot\frac{\partial \boldsymbol{D}}{\partial t}+\boldsymbol{H}\cdot\frac{\partial \boldsymbol{B}}{\partial t}\\&=\boldsymbol{E}\cdot\frac{\varepsilon_0\partial \boldsymbol{E}}{\partial t}+\frac{1}{\mu_0}\boldsymbol{B}\cdot\frac{\partial \boldsymbol{B}}{\partial t}\\&=\varepsilon_0\frac{1}{2}\frac{\partial(\boldsymbol{E}\cdot\boldsymbol{E})}{\partial t}+\frac{1}{\mu_0}\frac{1}{2}\frac{\partial(\boldsymbol{B}\cdot\boldsymbol{B})}{\partial t}\end{aligned}$$

从而电磁场能量为

$$w=\frac{1}{2}\left(\varepsilon_0E^2+\frac{1}{\mu_0}B^2\right) \tag{1.114}$$

二、介质中

线性介质有 $\boldsymbol{D}=\varepsilon\boldsymbol{E}$ 和 $\boldsymbol{B}=\mu\boldsymbol{H}$,从而

$$\begin{aligned}\frac{\partial w}{\partial t}&=\boldsymbol{E}\cdot\frac{\partial \boldsymbol{D}}{\partial t}+\boldsymbol{H}\cdot\frac{\partial \boldsymbol{B}}{\partial t}\\&=\boldsymbol{E}\cdot\frac{\varepsilon\partial \boldsymbol{E}}{\partial t}+\boldsymbol{H}\cdot\frac{\mu\partial \boldsymbol{H}}{\partial t}\\&=\frac{1}{2}\frac{\partial(\varepsilon\boldsymbol{E}\cdot\boldsymbol{E})}{\partial t}+\frac{1}{2}\frac{\partial(\mu\boldsymbol{H}\cdot\boldsymbol{H})}{\partial t}\\&=\frac{1}{2}\frac{\partial}{\partial t}(\boldsymbol{E}\cdot\boldsymbol{D})+\frac{1}{2}\frac{\partial}{\partial t}(\boldsymbol{H}\cdot\boldsymbol{B})\end{aligned}$$

从而电磁场能量为

$$w=\frac{1}{2}(\boldsymbol{E}\cdot\boldsymbol{D}+\boldsymbol{H}\cdot\boldsymbol{B}) \tag{1.115}$$

在恒定电流或低频电流的情况下，由于通常只需解电路方程，不必直接研究电磁场，人们往往忽视电磁场能量是在场中传输的实质，事实上电磁场能量总是在场中传输的。下面举一个普遍在各个教科书中都提及的例子

例题 1-11-1

如图 1-11-1，同轴传输线内导线半径为 a，外导线半径为 b，两导线间为均匀绝缘介质。导线载有电流 I，两导线间的电压为 U。1)忽略导线的电阻，计算介质中的能流 $\boldsymbol{S}$ 和传输功率；2)计及内导线的有限电导率，计算通过内导线表面进入导线内的能流，证明它等于导线的损耗功率。

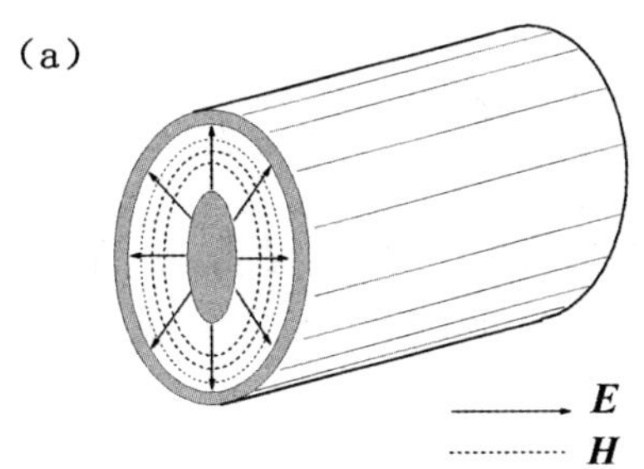

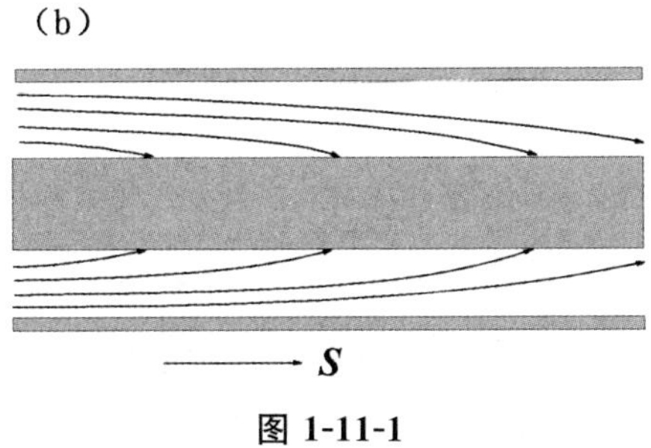

图 1-11-1

解：(1)由安培环路定理可求得介质中的磁场为

$$\boldsymbol{H}=\frac{I}{2\pi r}\boldsymbol{e}_{\theta}$$

导线表面一般带有电荷，设单位长度的电荷为 τ，应用高斯定理可求得

介质中的电场为

$$\boldsymbol{E}=\frac{\tau}{2\pi\varepsilon r}\boldsymbol{e}_r$$

由此可得电磁场的能流密度为

$$\boldsymbol{S}=\boldsymbol{E}\times\boldsymbol{H}=\frac{I\tau}{4\pi^2\varepsilon r^2}\boldsymbol{e}_z$$

式中 $\hat{e}_z$ 为沿导线轴向的单位矢量。两导线间的电压为

$$U=\int_a^b E_r\,\mathrm{d}r=\frac{\tau}{2\pi\varepsilon}\ln\frac{b}{a}$$

将 $\boldsymbol{S}$ 中的 τ 用 U 来表示，可得

$$\boldsymbol{S}=\frac{UI}{2\pi\ln\dfrac{b}{a}}\frac{1}{r^2}\boldsymbol{e}_z$$

把 $\boldsymbol{S}$ 对两导线间的圆环状截面积分得到传输功率

$$P=\int_a^b\boldsymbol{S}\cdot 2\pi r\,\mathrm{d}r=\int_a^b\frac{UI}{\ln\dfrac{b}{a}}\frac{1}{r}\mathrm{d}r=UI$$

UI 即为通常电路问题中的传输功率的表示式，这功率是在场中传输的。

(2)设内导线的电导率为 σ，由欧姆定律，在导线内部有

$$\boldsymbol{E}=\frac{\boldsymbol{j}}{\sigma}=\frac{I}{\pi a^2\sigma}\boldsymbol{e}_z$$

由于电场切向分量是连续的，因此在紧贴内导线表面的介质内，电场除了有径向分量 E_r 之外，还有切向分量 E_z

$$E_z\big|_{r=a}=\frac{I}{\pi a^2\sigma}$$

因此，能流 $\boldsymbol{S}$ 除有沿 z 轴传输的分量 S_z 外，还有沿径向进入导线内的分量 $-S_r$，

$$-S_r=E_zH_\theta\big|_{r=a}=\frac{I^2}{2\pi^2a^3\sigma}$$

流进长度为 Δl 的导线内部的功率为

$$-S_r\cdot 2\pi a\Delta l=I^2\frac{\Delta l}{\pi a^2\sigma}=I^2R$$

式中，R 为该段导线的电阻，I^2R 正是该段导线内的损耗功率。

第二章　静电场

这一章将从麦克斯韦方程组出发，研究静电场的基本性质，引入电势的概念；理解和掌握静电场的几种基本求解方法（直接积分法、分离变量法、电像法、电多极矩法）。

第一节　静电场的标势

电动力学中，我们探究任何的电磁现象都要从麦克斯韦方程组出发。我们先从一个最为特殊的情况谈起，即场不随时间变化的情况。这时麦克斯韦方程组中的场量（$\boldsymbol{E}$，$\boldsymbol{D}$，$\boldsymbol{H}$，$\boldsymbol{B}$）对时间的偏导为零，即

$$
\begin{aligned}
\nabla \cdot \boldsymbol{D} &= \rho_f \\
\nabla \times \boldsymbol{E} &= 0 \\
\nabla \cdot \boldsymbol{B} &= 0 \\
\nabla \times \boldsymbol{H} &= \boldsymbol{J}_f
\end{aligned}
\tag{2.1}
$$

明显，电场和磁场分离了，静电场由上式中第一行和第二行的公式描述，即

$$
\begin{aligned}
\nabla \cdot \boldsymbol{D} &= \rho_f \\
\nabla \times \boldsymbol{E} &= 0
\end{aligned}
\tag{2.2}
$$

由第二行公式知静电场为无旋场，由于梯度场无旋，所以 $\boldsymbol{E}$ 可表示为一个标量场的梯度：

$$
\boldsymbol{E} = -\nabla \varphi \tag{2.3}
$$

式中，φ 称为静电势，静电势和上式中负号的物理意义我们以后将介绍。显然，φ 和 $\boldsymbol{E}$ 一样，也随位置变化，在直角坐标系中 φ 可以看作是 x，y 和 z 的函数。令由（x，y，z）指向（$x+\mathrm{d}x$，$y+\mathrm{d}y$，$z+\mathrm{d}z$）的矢量为 $\mathrm{d}\boldsymbol{l}$，

这两点的电势差为

$$d\varphi=\frac{\partial\varphi}{\partial x}dx+\frac{\partial\varphi}{\partial y}dy+\frac{\partial\varphi}{\partial z}dz \tag{2.4}$$

由式(2.3)知

$$d\varphi=-\boldsymbol{E}\cdot d\boldsymbol{l} \tag{2.5}$$

空间任意两点 P_1 与 P_2 之间的电势差为

$$\varphi(P_2)-\varphi(P_1)=\int_{P_1}^{P_2}d\phi=-\int_{P_1}^{P_2}\boldsymbol{E}\cdot d\boldsymbol{l} \tag{2.6}$$

从电场做功角度可以这样理解：把单位正电荷由 P_1 移动到 P_2，电场做功为 $\int_{P_1}^{P_2}\boldsymbol{E}\cdot d\boldsymbol{l}$。若电场做正功，即 $\int_{P_1}^{P_2}\boldsymbol{E}\cdot d\boldsymbol{l}$ 大于零，电势下降，即 $\varphi(P_2)$ 小，$\varphi(P_1)$ 大，从而有

$$\varphi(P_1)-\varphi(P_2)=\int_{P_1}^{P_2}\boldsymbol{E}\cdot d\boldsymbol{l} \tag{2.7}$$

为了确定空间各点的电势，必须给出零电势参考点，它的选择是任意的，当电荷分布在有限区域，可选无穷远处为电势零点，即 $\phi(\infty)=0$。则

$$\varphi(P)=-\int_{\infty}^{P}\boldsymbol{E}\cdot d\boldsymbol{l}=\int_{P}^{\infty}\boldsymbol{E}\cdot d\boldsymbol{l} \tag{2.8}$$

第一章第二节给出位于 $\boldsymbol{x}'$ 处的一个静止点电荷 Q' 在 $\boldsymbol{x}$ 处激发的电场强度

$$\boldsymbol{E}=\frac{Q'}{4\pi\varepsilon_0}\frac{(\boldsymbol{x}-\boldsymbol{x}')}{|\boldsymbol{x}-\boldsymbol{x}'|^3}=\frac{Q'}{4\pi\varepsilon_0}\frac{\boldsymbol{r}}{r^3}$$

代入式(2.8)

$$\varphi(P)=\int_{P}^{\infty}\boldsymbol{E}\cdot d\boldsymbol{l}=\int_{x}^{\infty}\frac{Q}{4\pi\varepsilon_0}\frac{(\boldsymbol{x}-\boldsymbol{x}')}{|\boldsymbol{x}-\boldsymbol{x}'|^3}\cdot d\boldsymbol{l} \tag{2.9}$$

积分与路径无关，所以我们可以选取合适的路径计算上面的积分。这里可以选取合适路径是的路径上 $d\boldsymbol{l}=d(\boldsymbol{x}-\boldsymbol{x}')$，且在积分路径上 $d(\boldsymbol{x}-\boldsymbol{x}')$ 的方向与 $\boldsymbol{x}-\boldsymbol{x}'$ 相同。于是

$$\varphi(\boldsymbol{x})=\frac{Q}{4\pi\varepsilon_0}\frac{1}{|\boldsymbol{x}-\boldsymbol{x}'|} \tag{2.10}$$

这里已经令无穷远处的电势为零。

由电场的叠加性质可以得到电势的叠加方式。即多个电荷导致的电势为每个点电荷单独存在时导致的电势的代数和。若 Q_i 位于 $\boldsymbol{x}_i$ 处，电荷们在 $\boldsymbol{x}$ 处激发的电场为

$$\varphi(\boldsymbol{x})=\sum_i \frac{Q_i}{4\pi\varepsilon_0|\boldsymbol{x}-\boldsymbol{x}_i|} \tag{2.11}$$

若电荷连续分布,电荷密度为 $\rho(\boldsymbol{x}')$,则有

$$\varphi(\boldsymbol{x})=\frac{1}{4\pi\varepsilon_0}\int_V \frac{\rho(\boldsymbol{x}')}{|\boldsymbol{x}-\boldsymbol{x}'|}\mathrm{d}V' \tag{2.12}$$

由此可知,当已知空间的电荷分布,根据以上各式可先求得 φ,然后可求 $\boldsymbol{E}$。接下来我们介绍一个较为重要的电荷组产生电场的情况。

考虑两个带相等电量且为异号的点电荷所组成的系统,当它们之间的距离 l 比场中的某点到它们的距离 r 小得多($r\gg l$)时,即 l 对于 r 来说可以省略不计时,这时我们把形如此类的带电体系称作为电偶极子。

引入一个矢量 $\boldsymbol{l}$,使其长度恰好为两个点电荷间之间距离,方向为从负电荷到正电荷,这时我们把矢量 $\boldsymbol{l}$ 与电荷量 q 的乘积叫做电偶极子的电偶极矩,并且用 $\boldsymbol{p}$ 来表示,即 $\boldsymbol{p}=q\boldsymbol{l}$。

例题 2-1-1

求偶极子的电势和电场。

解:如图 2-1-1,P 点的电势 φ 为正负电荷在该点电势的代数和

$$\begin{aligned}\varphi&=\varphi_+ +\varphi_-\\&=\frac{1}{4\pi\varepsilon_0}\frac{q}{r_+}+\frac{1}{4\pi\varepsilon_0}\frac{-q}{r_-}\\&=\frac{q}{4\pi\varepsilon_0}\frac{r_- - r_+}{r_- r_+}\end{aligned} \tag{2.13}$$

由于 $r\gg l$,有

$$r_+ r_- \approx r^2,\ r_- - r_+ \approx l\cos\theta \tag{2.14}$$

且知 $\boldsymbol{p}\cdot\boldsymbol{r}=qlr\cos\theta$,所以

$$\varphi=\frac{q}{4\pi\varepsilon_0}\left(\frac{l\cos\theta}{r^2}\right)=\frac{\boldsymbol{p}\cdot\boldsymbol{r}}{4\pi\varepsilon_0 r^3} \tag{2.15}$$

电场可以通过求电势的梯度得到

$$\boldsymbol{E}=-\nabla\varphi=-\nabla\frac{\boldsymbol{p}\cdot\boldsymbol{r}}{4\pi\varepsilon_0 r^3}$$

其中

$$\nabla\left(\frac{\boldsymbol{p}\cdot\boldsymbol{r}}{r^3}\right)=\frac{1}{r^3}\nabla(\boldsymbol{p}\cdot\boldsymbol{r})+(\boldsymbol{p}\cdot\boldsymbol{r})\nabla\frac{1}{r^3}=\frac{\boldsymbol{p}}{r^3}-\frac{3\boldsymbol{r}}{r^5}(\boldsymbol{p}\cdot\boldsymbol{r})$$

所以

$$\boldsymbol{E}=-\frac{1}{4\pi\varepsilon_0}\left[\frac{\boldsymbol{p}}{r^3}-\frac{3\boldsymbol{r}}{r^5}(\boldsymbol{p}\cdot\boldsymbol{r})\right]$$

当 $\boldsymbol{r}\parallel\boldsymbol{p}$ 时，$\boldsymbol{E}_{\parallel}=\frac{1}{4\pi\varepsilon_0}\left(-\frac{\boldsymbol{p}}{r^3}+\frac{3\boldsymbol{p}}{r^5}\right)=\frac{1}{4\pi\varepsilon_0}\frac{2\boldsymbol{p}}{r^3}$；当 $\boldsymbol{r}\perp\boldsymbol{p}$ 时，$\boldsymbol{E}_{\perp}=\frac{1}{4\pi\varepsilon_0}\frac{\boldsymbol{p}}{r^3}$。可以看到，当场点与偶极子距离相同时，偶极子方向的延长线上的场的大小是中垂面上的二倍。

让人感到巧妙的是式(2.14)所表示的近似，我们极力想在教材中避免这种技术性很强的处理方式。这里我们用最朴实的方法来重新考虑。使用直角坐标系，电势可以表达为

$$\begin{aligned}\varphi&=\varphi_{+}+\varphi_{-}\\&=\frac{1}{4\pi\varepsilon_0}\frac{q}{\sqrt{x^2+y^2+(z-l/2)^2}}+\frac{1}{4\pi\varepsilon_0}\frac{-q}{\sqrt{x^2+y^2+(z+l/2)^2}}\end{aligned}\tag{2.16}$$

将上式等号右边的表达式在 $l=0$ 处进行泰勒级数展开得

$$\varphi=\frac{qzl}{4\pi\varepsilon_0\ (x^2+y^2+z^2)^{3/2}}+O\ [l]^3\tag{2.17}$$

只保留 l 的一次项，并且将其表达在球坐标系中即可得到

$$\varphi=\frac{qlr\cos\theta}{4\pi\varepsilon_0 r^3}=\frac{\boldsymbol{p}\cdot\boldsymbol{r}}{4\pi\varepsilon_0 r^3}\tag{2.18}$$

注意到式(2.12)有一个前提，即电荷是有限区域分布的，换句话说该公式默认无穷远电势为零。为了说明这一点，这里介绍另外一个例题

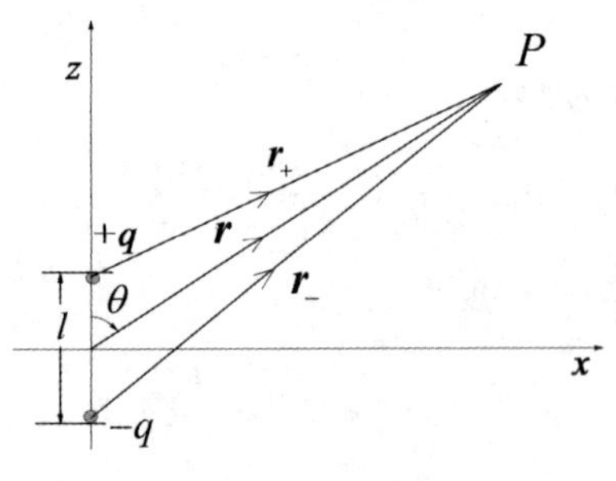

图 2-1-1

例题 2-1-2

无限长均匀带电的直线，电荷线密度为 η，求电势。

解:如图 2-1-2,场点 P 到带电线的垂直距离为 R,线上的电荷元 $\eta\mathrm{d}z$ 相对 O 点的距离为 z,O 为场点到线的垂点,电流元到场点的距离为$\sqrt{z^2+R^2}$。P 点的电势即为无限长带电线上所有的电荷元单独在 P 点的电势的代数和。即

$$\begin{aligned}\varphi(P)&=\int_{-\infty}^{\infty}\frac{\eta\mathrm{d}z}{4\pi\varepsilon_0\sqrt{z^2+R^2}}\\&=\frac{\eta}{4\pi\varepsilon_0}\ln(z+\sqrt{z^2+R^2})\Big|_{-\infty}^{\infty}\\&=\infty\end{aligned}\tag{2.19}$$

积分值无穷大是因为电荷分布无穷远。这种情况下,计算两点的相对电势是有意义的。设有场点 P_0 到带电线的垂直距离为 R_0,则两点电势差为

$$\begin{aligned}\varphi(P)-\varphi(P_0)&=\lim_{a\to\infty}\frac{\eta}{4\pi\varepsilon_0}\ln\frac{z+\sqrt{z^2+R^2}}{z+\sqrt{z^2+R^2}}\Big|_{-a}^{a}\\&=\lim_{a\to\infty}\frac{\eta}{4\pi\varepsilon_0}\ln\left(\frac{a+\sqrt{a^2+R^2}}{a+\sqrt{a^2+R_0^2}}\frac{-a+\sqrt{a^2+R_0^2}}{-a+\sqrt{a^2+R^2}}\right)\\&=\lim_{a\to\infty}\frac{\eta}{4\pi\varepsilon_0}\ln\left(\frac{1+\sqrt{1+R^2/a^2}}{1+\sqrt{1+R_0^2/a^2}}\frac{-1+\sqrt{1+R_0^2/a^2}}{-1+\sqrt{1+R^2/a^2}}\right)\end{aligned}\tag{2.20}$$

上式中,积分的范围设为 $-a$ 到 a,然后求 a 趋近无穷时的极限值。这里可以利用$\sqrt{1+x}$ 的 $x=0$ 处的泰勒展开

$$\sqrt{1+x}=1+\frac{1}{2}x+O[x]^3\tag{2.21}$$

来求极限值

$$\begin{aligned}\varphi(P)-\varphi(P_0)&=\lim_{a\to\infty}\frac{\eta}{4\pi\varepsilon_0}\ln\left(\frac{2+R^2/2a^2}{2+R_0^2/2a^2}\frac{R_0^2/2a^2}{R^2/2a^2}\right)\\&=\lim_{a\to\infty}\frac{\eta}{4\pi\varepsilon_0}\ln\left(\frac{R_0^2/a^2}{R^2/a^2}\right)\\&=\frac{\eta}{4\pi\varepsilon_0}\ln\left(\frac{R_0^2}{R^2}\right)\\&=-\frac{\eta}{2\pi\varepsilon_0}\ln\frac{R}{R_0}\end{aligned}\tag{2.22}$$

这样 P 点的电势可写为

$$\varphi(P)=-\frac{\eta}{2\pi\varepsilon_0}\ln\frac{R}{R_0}+\varphi(P_0) \tag{2.23}$$

求其负梯度可以得到电场分布,直接使用高斯定理也可得到电场分布,两者应该是相同的,这个证明可以作为课下练习。

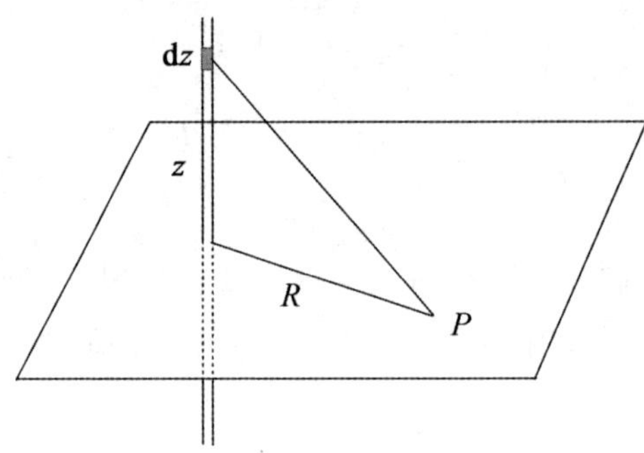

图 2-1-2

例题 2-1-3

求均匀电场$\boldsymbol{E}_0$ 的电势。

解:选取空间中任意一点为原点,设该点的电势为 φ_0。由 $\varphi(P_1)-\varphi(P_2)=\int_{P_1}^{P_2}\boldsymbol{E}\cdot\mathrm{d}\boldsymbol{l}$ 可得

$$\begin{aligned}\varphi(P)&=\varphi_0-\int_0^P\boldsymbol{E}_0\cdot\mathrm{d}\boldsymbol{l}\\&=\varphi_0-\boldsymbol{E}_0\cdot\int_0^P\mathrm{d}\boldsymbol{l}\\&=\varphi_0-\boldsymbol{E}_0\cdot\boldsymbol{x}\end{aligned} \tag{2.24}$$

$\boldsymbol{x}$ 是 P 点相对于原点的位矢。场扩散到无穷远,这里不能用 $\varphi(\infty)=0$。若选 $\varphi_0=0$,则有 $\varphi=-\boldsymbol{E}_0\cdot\boldsymbol{x}$。

第二节　静电场的微分方程和边值关系,静电场能量

若空间电荷分布均已给定,则可由

$$\varphi(\boldsymbol{x})=\frac{1}{4\pi\varepsilon_0}\int_V\frac{\rho(\boldsymbol{x}')}{|\boldsymbol{x}-\boldsymbol{x}'|}\mathrm{d}V'$$

求得 ϕ,然后利用 $\boldsymbol{E}=-\nabla\phi$ 求出空间的电场分布。但多数情况下并不能完全确定电荷分布,因此需要利用静电场的基本方程和边值关系来求解。静电场的基本方程是由安培定理和电场环路定理给出的,直接求解静电场的矢量微分方程是很困难的,引入静电势将其变为标势的微分方程,可以带来很大的方便。

由 $\boldsymbol{D}=\varepsilon\boldsymbol{E}=-\varepsilon\nabla\varphi$ 和 $\nabla\cdot\boldsymbol{D}=\rho_f$,可得

$$\nabla\cdot(\nabla\varphi)=\nabla^2\varphi=-\frac{\rho_f}{\varepsilon} \tag{2.25}$$

上式称为泊松方程。在没有自由电荷的区域,方程变为

$$\nabla^2\varphi=0 \tag{2.26}$$

上式称为拉普拉斯方程。∇^2 即我们在第一章第 6 节时见到的拉普拉斯算符。泊松方程告诉我们,x 处的电势的梯度的散度与该点的电荷密度成正比,比例系数是该点的介质的电容率的倒数的相反数。那么在两个介质的交界面上该使用那个介质的电容率呢,这就需要一个类似于电场边值关系的电势在介质边界上的边值关系。

电势在两个介质(分别为介质 1 和介质 2)的交界面上应满足

$$\varphi_1=\varphi_2 \tag{2.27}$$

$$\varepsilon_2\frac{\partial\varphi_2}{\partial n}-\varepsilon_1\frac{\partial\varphi_1}{\partial n}=-\sigma_f \tag{2.28}$$

其中,$\partial\varphi/\partial n$ 是对电势的法向偏导数,与第一章第十节我们讨论电磁场边值关系时的约定一样,交界面的法向正方向为从介质 1 到介质 2,σ_f 为界面上的自由电荷面密度(以后我们将省去脚标 f,当然有时候为了强调,我们也会再加上它)。

式(2.27)可以由电势和电场强度的关系式

$$\varphi(P_1)-\varphi(P_2)=\int_{P_1}^{P_2}\boldsymbol{E}\cdot d\boldsymbol{l} \tag{2.29}$$

得到。如图 2-2-1,令 P_1 和 P_2 分别为介质 1 和介质 2 分界面两侧相邻的两点,由于电场有限,而 P_1 和 P_2 距离趋近于 0,所以积分也趋近于零,从而界面两侧的电势相等。

式(2.28)可以由电位移矢量法向分量边值关系,即第一章第十节公式(1.87),

$$\boldsymbol{n}\cdot(\boldsymbol{D}_2-\boldsymbol{D}_1)=\sigma_f \tag{2.30}$$

得到:

$$\begin{aligned}&\boldsymbol{n}\cdot(\boldsymbol{D}_2-\boldsymbol{D}_1)=\sigma_f\\ \Rightarrow&\boldsymbol{n}\cdot(\varepsilon_2\boldsymbol{E}_2-\varepsilon_1\boldsymbol{E}_1)=\sigma_f\\ \Rightarrow&\boldsymbol{n}\cdot(\varepsilon_2\nabla\varphi_2-\varepsilon_1\nabla\varphi_1)=-\sigma_f\\ \Rightarrow&\varepsilon_2\frac{\partial\varphi_2}{\partial n}-\varepsilon_1\frac{\partial\varphi_1}{\partial n}=-\sigma_f\end{aligned}\tag{2.31}$$

当然，从上面的推导过程可以看出，由 $\varepsilon_2\frac{\partial\varphi_2}{\partial n}-\varepsilon_1\frac{\partial\varphi_1}{\partial n}=-\sigma_f$ 也可以推导得到 $\boldsymbol{n}\cdot(\boldsymbol{D}_2-\boldsymbol{D}_1)=\sigma_f$，因为式(2.31)中的每一步都是可逆的。接下来我们将会看到由 $\varphi_1=\varphi_2$ 可以推导得到 $\boldsymbol{n}\times(\boldsymbol{E}_2-\boldsymbol{E}_1)=0$。这样，就可以说由势满足的边值关系可以得到场满足的边值关系。

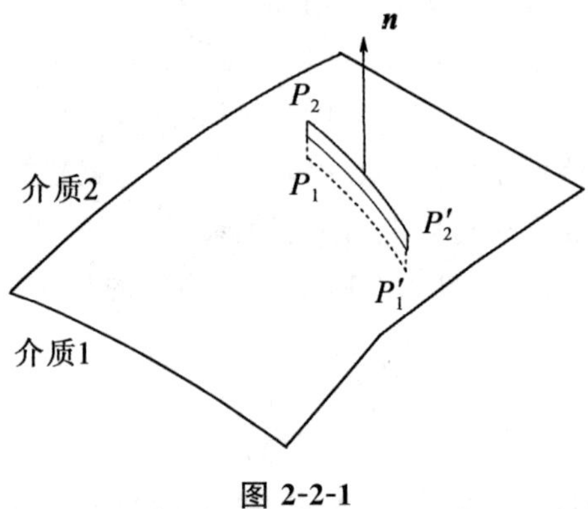

图 2-2-1

现在考虑由 $\varphi_1=\varphi_2$ 推导得到 $\hat{n}\times(\boldsymbol{E}_2-\boldsymbol{E}_1)=0$。如图 2-2-1 我们在刚才所选的点 P_1 和 P_2 旁用同样的方法再选取两点 P_1'和 P_2'，这两点也是位于边界两侧相邻。P_1、P_2、P_1'和 P_2'四点的电势分别为 φ_1、φ_2、φ_1'和 φ_2'，由电势连续条件 $\varphi_1=\varphi_2$ 可得 $\varphi_1'=\varphi_2'$，从而可有

$$\varphi_1'-\varphi_1=\varphi_2'-\varphi_2\tag{2.32}$$

若令从 P_1 到 P_1'的位移为 Δ，则有 $\varphi_1'-\varphi_1=-\boldsymbol{E}_1\cdot\Delta\boldsymbol{l}$。，$P_1$ 和 P_1'点分别于 P_2'和 P_2 相邻，同理有 $\varphi_2'-\varphi_2=-\boldsymbol{E}_2\cdot\Delta\boldsymbol{l}$。这样，我们就有 $\boldsymbol{E}_1\cdot\Delta\boldsymbol{l}=\boldsymbol{E}_2\cdot\Delta\boldsymbol{l}$，$\Delta\boldsymbol{l}$ 在交界面上任意（我们并没有特别选取 P'的位置），从而意味着界面两边电场的切向分量连续，即 $\hat{n}\times(\boldsymbol{E}_2-\boldsymbol{E}_1)=0$。

以上的大段内容只是为了说明由势满足的交界面条件可以得到电场满足的边界条件，但是场满足的边界条件不能单独得到势满足的边界条件，还应该加上势与场的关系式(2.29)。

由第一章第十一节中可知，在线性介质中静电场的能量密度为 $w=1/2\boldsymbol{E}\cdot\boldsymbol{D}$。则总能量为

$$W=\frac{1}{2}\int_{\infty}\boldsymbol{E}\cdot\boldsymbol{D}\mathrm{d}V \tag{2.33}$$

由 $\boldsymbol{E}=-\nabla\varphi$，可得

$$\boldsymbol{E}\cdot\boldsymbol{D}=-\nabla\varphi\cdot\boldsymbol{D}$$

由 $\nabla\cdot(\varphi\boldsymbol{D})=\nabla\varphi\cdot\boldsymbol{D}+\varphi\nabla\cdot\boldsymbol{D}$，可得

$$\begin{aligned}\boldsymbol{E}\cdot\boldsymbol{D}&=-\nabla\cdot(\varphi\boldsymbol{D})+\varphi\nabla\cdot\boldsymbol{D}\\&=-\nabla\cdot(\varphi\boldsymbol{D})+\rho_f\varphi\end{aligned}$$

第二步使用了关系 $\nabla\cdot\boldsymbol{D}=\rho_f$。

这样总电磁场能量为

$$W=-\frac{1}{2}\int_{\infty}\nabla\cdot(\varphi\boldsymbol{D})\mathrm{d}V+\frac{1}{2}\int_{\infty}\rho_f\varphi\mathrm{d}V$$

等式右边的第一式是求矢量的散度的体积分，根据高斯散度定理，它可以化为一个面积分

$$\int_V\nabla\cdot(\varphi\boldsymbol{D})\mathrm{d}V=\oint_S\varphi\boldsymbol{D}\cdot\mathrm{d}\boldsymbol{S}$$

由于 $\varphi\sim1/r$，$D\sim1/r^2$ 且 $S\sim r^2$，所以，当 $r\to\infty$ 时，上式中的面积分为零。所以有

$$W=\frac{1}{2}\int_{\infty}\rho_f\varphi\mathrm{d}V \tag{2.34}$$

必须注意：不能把 $\rho_f\varphi/2$ 理解为能量密度。只是 $\rho_f\varphi/2$ 对空间的积分可以用来计算静电场的总能量，并不意味着它是能量密度。某一点的电荷密度为零但不能据此说那一点的电场能量密度为零。

例题 2-2-1

半径为 a 的导体球带电 Q，求电场的总能量。

解：电荷均匀分布在金属球面上，所以(2.34)式的积分化为面积分。且面上电势也是相等的，所以积分可以直接写为乘积的形式

$$\begin{aligned}W&=\frac{1}{2}\int_V\rho_f\varphi\mathrm{d}V\\&=\frac{1}{2}\int_S\rho_f\varphi\mathrm{d}S\\&=\frac{1}{2}\frac{Q}{4\pi a^2}\frac{Q}{4\pi\varepsilon_0 a}4\pi a^2\end{aligned}$$

$$=\frac{Q^2}{8\pi\varepsilon_0 a}$$

当然也可以通过场量求得，球内电场为零，只需要对球外积分即可。

$$\begin{aligned}W&=\frac{1}{2}\int\frac{Q}{4\pi\varepsilon_0}\frac{\boldsymbol{r}}{r^3}\cdot\frac{Q}{4\pi}\frac{\boldsymbol{r}}{r^3}r^2\mathrm{d}r\mathrm{d}\Omega\\&=\frac{Q^2}{8\pi\varepsilon_0}\int_a^{\infty}\frac{1}{r^2}\mathrm{d}r\\&=\frac{Q^2}{8\pi\varepsilon_0 a}\end{aligned}$$

第三节　唯一性定理

我们知道，要确定某点的电势需要知道整个空间的电荷分布。若知道求解区域 V 内的自由电荷 ρ_f 分布给定，需要在边界 S 上给定一点的条件才能确定求解区域的电势分布。

换句话说，静电学的基本问题是求解满足泊松方程的解，这些解必须在所有交界面上满足边值关系，并且满足给定的边界条件。泊松方程和边值关系是静电场的基本规律，是势必须满足的。需要给出怎样的边界条件，才能唯一确定电势，唯一性定理回答了这一问题。

当区域 V 内的自由电荷 ρ_f 分布给定，在边界 S 上给定

(1)电势$\varphi\Big|_S$(第一类边值问题)

或

(2)电势的法向导数$\dfrac{\partial\varphi}{\partial n}\Big|_S$(第二类边值问题)

则该区域 V 内的电场唯一地确定。

如果区域 V 内有不同的介质存在，每一介质构成一个区域 V_i，区域 V_i 内均匀从而可以用电容率 ε_i 来描述。则区域 V_i 内电势满足泊松方程

$$\nabla^2\varphi=-\frac{\rho_f}{\varepsilon_i}\tag{2.35}$$

在 V_i 和 V_j 交界面上如果有自由电荷面密度 σ_f 分布，电势则满足边值关系

$$\varphi_1=\varphi_2$$

$$\varepsilon_2\frac{\partial\varphi_2}{\partial n}-\varepsilon_1\frac{\partial\varphi_1}{\partial n}=-\sigma_f \tag{2.36}$$

如果区域 V 内有导体存在，为了确定导体外空间的电势分布，需要给出每个导体的电势或导体所带总电量，从而给出边界上的电势或电势的法向导数，则电势唯一确定。

唯一性定理对于解决实际问题具有重要意义，它首先告诉我们，哪些条件可以完全确定静电场，对许多实际问题，往往需要根据给定的条件作一定的分析，提出尝试解，如果提出的尝试解满足唯一性定理所要求的条件，它就是该问题唯一正确的解。

下来我们给出证明过程。

证明：假设有两组不同的解 φ' 和 φ'' 都满足唯一性定理的条件（最后我们将证明它们是至多能相差一个常量，即对应的是同一个电场）。令

$$\varphi=\varphi'-\varphi'' \tag{2.37}$$

在每一个均匀区域 V_i 内，有 $\nabla^2\varphi'=-\rho_f/\varepsilon_i$ 和 $\nabla^2\varphi''=-\rho_f/\varepsilon_i$。于是我们有

$$\nabla^2\varphi=0 \tag{2.38}$$

在两均匀介质的交界面上有

$$\varphi_i=\varphi_j$$

$$\varepsilon_i\left(\frac{\partial\varphi}{\partial n}\right)_i=\varepsilon_j\left(\frac{\partial\varphi}{\partial n}\right)_j \tag{2.39}$$

在整个求解区域 V 的边界 S 上有

$$\varphi\Big|_s=\varphi'\Big|_S-\varphi''\Big|_S=0$$

$$or\quad \frac{\partial\varphi}{\partial n}\Big|_s=\frac{\partial\varphi'}{\partial n}\Big|_S-\frac{\partial\varphi''}{\partial n}\Big|_S=0 \tag{2.40}$$

由 φ 构造一个矢量场 $\varphi\,\nabla\varphi$，考虑该矢量场在第 i 个均匀区域 V_i 的面 S_i 上的面积分

$$\oint_{S_i}\varepsilon_i\varphi\,\nabla\varphi\cdot\mathrm{d}\boldsymbol{S} \tag{2.41}$$

这一面积分可以化为体积分，并且体积分可以分为两个体积分之和

$$\int_{V_i} \nabla\cdot(\varepsilon_i\varphi\ \nabla\varphi)\mathrm{d}V=\int_{V_i}\varepsilon_i\ \nabla\varphi\cdot\nabla\varphi\mathrm{d}V+\int_{V_i}\varepsilon_i\varphi\cdot\nabla^2\varphi\mathrm{d}V \tag{2.42}$$

由$\nabla^2\varphi=0$可知上式等号右边的第二式为零，这样式(2.41)的体积分即为

$$\oint_{S_i}\varepsilon_i\varphi\ \nabla\varphi\cdot\mathrm{d}\boldsymbol{S}=\int_{V_i}\varepsilon_i\ (\nabla\varphi)^2\mathrm{d}V \tag{2.43}$$

每一个均匀区域都有这样的相等关系。对所有的区域求和

$$\sum_i\oint_{S_i}\varepsilon_i\varphi\ \nabla\varphi\cdot\mathrm{d}\boldsymbol{S}=\sum_i\int_{V_i}\varepsilon_i\ (\nabla\varphi)^2\mathrm{d}V \tag{2.44}$$

我们先来讨论上式等式的左边，考虑在均匀区域 i 和 j 的交界面上的情况，由式(2.39)知：交界面上 $\varphi_i=\varphi_j$，$\varepsilon_i\left(\dfrac{\partial\varphi}{\partial n}\right)_i=\varepsilon_j\left(\dfrac{\partial\varphi}{\partial n}\right)_j$（即 $\varepsilon\ \nabla\varphi$ 的发线分量相等），但是在交界面上面元是方向相反的($\mathrm{d}\boldsymbol{S}_i=-\mathrm{d}\boldsymbol{S}_j$)，所以等式左边的面积分求和中，内部的分界面的积分值都会相互抵消，只剩下了在整个求解区域 V 的边界面 S 上的积分。由式(2.40)知在求解区域 V 的边界面 S 上 φ 或$\nabla\varphi$ 的法线方向 $\partial\varphi/\partial n$ 为零，从而等式左边的面积分等于零。所以等式右边的体积分

$$\sum_i\int_{V_i}\varepsilon_i\ (\nabla\varphi)^2\mathrm{d}V=0 \tag{2.45}$$

其中被积函数 $\varepsilon_i\ (\nabla\varphi)^2\geqslant0$，由上式成立可知在 V 内各点$\nabla\varphi=0$，即在 V 内 φ 为一常数。也就是说 φ' 和 φ'' 最多相差一个常数，电势的附加常量对电场没有影响，也就说他们对应同一电场。唯一性定理得证。

接下来考虑有导体存在时的情况。

有导体存在时，确定电场所需的有关导体的边界条件有两类：一类为给定每个导体的电势，另一类为给定每个导体上的电荷量。

考虑第一类有导体存在的情况，为了简单起见，我们考虑求解区域内只有一种均匀介质。给定了每一个导体的电势，因为导体是等势体，它们所占据的区域的电势就知道了。这时的求解区域 V' 为整个求解区域减去导体所占的区域。这时的求解区域的边界为整个求解区域的边界减去（因为导体表面的正方向指向导体外部，即介质内部，所以这里要用减去）每个导体的表面。这一类问题即我们刚刚证明过的唯一性定理。

考虑第二类有导体存在的情况，即给定各个导体的电荷 Q_i，给定导

体之外的电荷分布 ρ_f，在边界 S 上给定电势$\varphi\big|_S$ 或者电势的法向导数 $\partial\varphi/\partial n\big|_S$ 时的情况，这时 V 内电场唯一确定。这一电场在导体以外满足

$$\nabla^2\varphi=-\frac{\rho_f}{\varepsilon} \tag{2.46}$$

其中，ε 为导体外介质的介电常数。在第 i 个导体的边界满足高斯定理

$$-\oint_{S_i}\frac{\partial\varphi}{\partial n}\mathrm{d}S=\frac{Q_i}{\varepsilon} \tag{2.47}$$

和等势面要求

$$\varphi\Big|_{S_i}=\varphi_i \tag{2.48}$$

式中，φ_i 为常量。

证明：假设有两组不同的解 φ'和 φ''都满足上述条件。同样，令

$$\varphi=\varphi'-\varphi'' \tag{2.49}$$

求解区域 V'中有

$$\nabla^2\varphi=0 \tag{2.50}$$

在每个导体上有

$$-\oint_{S_i}\frac{\partial\varphi}{\partial n}\mathrm{d}S=0 \tag{2.51}$$

和

$$\varphi\Big|_{S_i}=\text{常量} \tag{2.52}$$

在 V 的边界 S 上有

$$\varphi\Big|_s=0$$

$$\text{或}\quad \frac{\partial\varphi}{\partial n}\Big|_s=0 \tag{2.53}$$

和上一次证明一样，由 φ 构造一个矢量场 $\varphi\ \nabla\varphi$，考虑该矢量场在求解区域 V'的面上的面积分

$$\oint\varphi\ \nabla\varphi\cdot\mathrm{d}\boldsymbol{S} \tag{2.54}$$

这个面积分的积分面为 V 的边界 S 和每个导体的表面 S_i。由式(2.53)知，上式面积分在 S 上的面积分为零；由式(2.51) 知，在 S_i 上的面积分 $\oint_{S_i}\varphi\ \nabla\varphi\cdot\mathrm{d}\boldsymbol{S}=-\varphi_i\oint_{S_i}\partial\varphi/\partial n\mathrm{d}S=0$。所以整个式(2.54) $\oint\varphi\ \nabla\varphi\cdot\mathrm{d}\boldsymbol{S}=0$。式(2.54) 可以写为求解区域 V' 上的体积分

$$\int_{V'} \nabla\cdot(\varphi\,\nabla\varphi)\mathrm{d}V = \int_{V'} \nabla\varphi\cdot\nabla\varphi\,\mathrm{d}V + \int_{V'} \varphi\cdot\nabla^2\varphi\,\mathrm{d}V \tag{2.55}$$

由式(2.50)知,上式等号右边第二项为零,从而第一项也为零,即

$$\int_{V'} \nabla\varphi\cdot\nabla\varphi\,\mathrm{d}V = \int_{V'} (\nabla\varphi)^2\mathrm{d}V = 0 \tag{2.56}$$

由上式成立可知在 V' 内各点 $\nabla\varphi=0$,即在 V' 内 φ 为一常数。也就是说 φ' 和 φ'' 最多相差一个常数,也就说他们对应同一电场。第二类有导体存在的情况唯一性定理得证。

第四节　分离变量法

我们先考虑求解区域没有自由电荷的情况。如果有导体存在时,把导体所占区域排除出求解区域。这时导体对剩余求解区域的影响通过边界条件来反映。

求解区域自由电荷密度 $\rho=0$,因而泊松方程化为拉普拉斯方程 $\nabla^2\varphi=0$,这时就归结为解拉普拉斯方程的问题了。此时可建立合适的坐标系(直角坐标系、球坐标系或柱坐标系)利用分离变量法解拉普拉斯方程。具体使用何种坐标系,这由界面条件和对称性条件来确定。本教材中所有的例题都为球面交界面,所以我们主要介绍球坐标系。在球坐标系中,分离变量法可以得到其通解为:

$$\varphi(R,\theta,\varphi) = \sum_{n,m}\left(a_{nm}R^n + \frac{b_{nm}}{R^{n+1}}\right)P_n^m(\cos\theta)\cos m\phi + \sum_{n,m}\left(c_{nm}R^n + \frac{d_{mn}}{R^{n+1}}\right)P_n^m(\cos\theta)\sin m\phi \tag{2.57}$$

其中,a_{nm}、b_{nm}、c_{nm} 和 d_{nm} 可以通过边界条件来确定,$P_n^m(\cos\theta)$ 为缔合勒让德函数。在本书中介绍的例子都有轴对称性,也就是说通解与方位角 ϕ 无关,这时通解为

$$\varphi = \sum_{n}\left(a_nR^n + \frac{b_n}{R^{n+1}}\right)P_n(\cos\theta) \tag{2.58}$$

其中,$n=0,1,2\cdots$;$P_n(x)$ 为勒让德多项式。本书中一般只用到前 2 项,这里给出前几项:

$$
\begin{aligned}
&P_0(x)=1\\
&P_1(x)=x\\
&P_2(x)=\frac{1}{2}(3x^2-1)\\
&P_3(x)=\frac{1}{2}(5x^3-3x)\\
&P_4(x)=\frac{1}{8}(35x^4-30x^2+3)\\
&P_5(x)=\frac{1}{8}(63x^5-70x^3+15x)
\end{aligned}
\tag{2.59}
$$

$P_n(x)$是 x 的 n 次多项式。有一个很重要的关系也将用到:如果

$$\sum_{n=0}^{\infty}A_nP_n(\cos\theta)=\sum_{l=0}^{\infty}B_lP_l(\cos\theta) \tag{2.60}$$

对任意 θ 都成立,则有

$$A_n=B_n \tag{2.61}$$

这一关系可以利用勒让德多项式的正交性

$$
\begin{aligned}
\int_{-1}^{1}P_l(x)P_{l'}(x)\mathrm{d}x &=\int_0^{\pi}P_l(\cos\theta)P_{l'}(\cos\theta)\sin\theta\,\mathrm{d}\theta\\
&=\begin{cases}0 & l=l'\\ \dfrac{2}{2l+1} & l\neq l'\end{cases}
\end{aligned}
\tag{2.62}
$$

来证明。这段证明如下:在式(2.60)等号两边乘以 $P_k(\cos\theta)$(k 为任意正整数)然后积分

$$
\begin{aligned}
&\int_0^{\pi}\sum_{n=0}^{\infty}A_nP_n(\cos\theta)P_k(\cos\theta)\sin\theta\,\mathrm{d}\theta=\int_0^{\pi}\sum_{l=0}^{\infty}B_lP_l(\cos\theta)P_k(\cos\theta)\sin\theta\,\mathrm{d}\theta\\
&\Rightarrow\sum_{n=0}^{\infty}A_n\int_0^{\pi}P_n(\cos\theta)P_k(\cos\theta)\sin\theta\,\mathrm{d}\theta=\sum_{l=0}^{\infty}B_l\int_0^{\pi}P_l(\cos\theta)P_k(\cos\theta)\sin\theta\,\mathrm{d}\theta\\
&\Rightarrow A_k=B_k
\end{aligned}
\tag{2.63}
$$

接下来的工作就是利用所给的边界条件用待定系数法求其定解。我们用一个例子来具体介绍以上做法。

例 2-4-1

半径为 R_0、介电常数为 ε 的均匀介质球放在均匀电场$\boldsymbol{E}_0$ 中,求球内外的电势分布。

解:本题的求解区域的边界为球心和无穷远面。

有两种不同介质,球面是两种介质的分界面。

极化电荷分布在分界面上。

将整个求解区域分为两个分区，分别为球外(1 区)和球外(2 区)，球内球外区域的电势都满足拉普拉斯方程。

分界面是球面，所以选取以球心为坐标原点，极轴指向$\boldsymbol{E}_0$的球坐标。由轴对称性，球外和球内的电势分别可写为

$$\varphi_1 = \sum_n \left(a_n R^n + \frac{b_n}{R^{n+1}}\right) P_n(\cos\theta) \tag{2.64}$$

和

$$\varphi_2 = \sum_n \left(c_n R^n + \frac{d_n}{R^{n+1}}\right) P_n(\cos\theta) \tag{2.65}$$

边界条件为:

(1)无穷远$\varphi_1\Big|_{R\to\infty} = -E_0 R\cos\theta$，即

$$\sum_n \left(a_n R^n + \frac{b_n}{R^{n+1}}\right) P_n(\cos\theta)\Bigg|_{R\to\infty} = -E_0 R P_1(\cos\theta)$$

这对于b_n没有什么有效约束，因为它们与$1/R^{n+1}$相乘，只要它们不取无穷大即可。利用式(2.61)关系，可以得到

$$a_1 = -E_0, a_n = 0(n \neq 0)$$

这时

$$\varphi_1 = -E_0 R P_1(\cos\theta) + \sum_n \frac{b_n}{R^{n+1}} P_n(\cos\theta) \tag{2.66}$$

(2)坐标原点，即球心$R=0$，φ_2为有限值。从而得到$\mathrm{d}_n=0$。这时

$$\varphi_2 = \sum_n c_n R^n P_n(\cos\theta) \tag{2.67}$$

(3)在球面上

$$\varphi_1 = \varphi_2$$

$$\varepsilon_0 \frac{\partial \varphi_1}{\partial R} = \varepsilon \frac{\partial \varphi_2}{\partial R} \tag{2.68}$$

将式(2.66)和式(2.67)代入上式，可得关系式

$$-E_0 R_0 P_1(\cos\theta) + \sum_n \frac{b_n}{R_0{}^{n+1}} P_n(\cos\theta) = \sum_n c_n R_0{}^n P_n(\cos\theta)$$

$$-E_0 P_1(\cos\theta) - \sum_n \frac{(n+1)b_n}{R_0{}^{n+2}} P_n(\cos\theta) = \frac{\varepsilon}{\varepsilon_0} \sum_n n c_n R_0{}^{n-1} P_n(\cos\theta) \tag{2.69}$$

逐项比对系数，$n=0$项有关系式

$$\frac{b_0}{R_0}=c_0$$

$$-\frac{b_0}{R_0^2}=0 \tag{2.70}$$

由以上关系式可知 $b_0=0, c_0=0$。$n=1$ 项时的关系式为

$$-E_0R_0+\frac{b_1}{R_0^2}=c_1R_0$$

$$-E_0-\frac{2b_1}{R_0{}^3}=\frac{\varepsilon}{\varepsilon_0}c_1 \tag{2.71}$$

该关系式可以给出

$$b_1=\frac{\varepsilon-\varepsilon_0}{\varepsilon+2\varepsilon_0}E_0R_0^3$$

$$c_1=-\frac{3\varepsilon_0}{\varepsilon+2\varepsilon_0}E_0 \tag{2.72}$$

$n\geqslant 2$ 项时的关系式为

$$\frac{b_n}{R_0{}^{n+1}}=c_nR_0^n$$

$$-\frac{(n+1)b_n}{R_0{}^{n+2}}=\frac{\varepsilon}{\varepsilon_0}nc_nR_0^{n-1} \tag{2.73}$$

这一关系式给出 $c_n=0$ 和 $b_n=0(n\geqslant 2)$。将得到的系数取值代入式(2.64)和式(2.65)中即可得到求内外的电势分布。这些条件正好将全部的系数给定,这就是解得唯一性定理的具体表现。如果还有系数没有被确定,那一定是有的定解条件没有利用到。得到的电势的具体表达为

$$\varphi_1=-E_0R\cos\theta+\frac{\varepsilon-\varepsilon_0}{\varepsilon+2\varepsilon_0}E_0R_0^3\ \frac{1}{R^2}\cos\theta$$

$$=-\boldsymbol{E}_0\cdot\boldsymbol{R}+\frac{\varepsilon-\varepsilon_0}{\varepsilon+2\varepsilon_0}R_0^3\ \frac{\boldsymbol{E}_0\cdot\boldsymbol{R}}{R^3}$$

$$\varphi_2=-\frac{3\varepsilon_0}{\varepsilon+2\varepsilon_0}E_0R\cos\theta=-\frac{3\varepsilon_0}{\varepsilon+2\varepsilon_0}\boldsymbol{E}_0\cdot\boldsymbol{R} \tag{2.74}$$

可以看出球外的电势 φ_1 由两个项组成,第一项是没有放入导体球前的匀强场 $\boldsymbol{E}_0$,第二项是一个偶极子产生的场。球内电势 φ_2 是一个匀强场,比 $\boldsymbol{E}_0$ 要小。具体的讨论将会在下节中展开,届时我们将使用一个更为简单的模型,将一个接地的导体球而不是介质球放置在匀强场 $\boldsymbol{E}_0$ 中。

为了从电势求得电场分布，这里再介绍两个关于∇的算例：

(1)$\nabla(\boldsymbol{p}\cdot\boldsymbol{r})=\boldsymbol{p}$，式中，$\boldsymbol{p}$ 为一常矢量(下算例同)。

$$\nabla(\boldsymbol{p}\cdot\boldsymbol{r})=\left(\boldsymbol{i}\frac{\partial}{\partial x}+\boldsymbol{j}\frac{\partial}{\partial y}+\boldsymbol{k}\frac{\partial}{\partial z}\right)[p_x(x-x')+p_y(y-y')+p_z(z-z')]$$
$$=\boldsymbol{i}p_x+\boldsymbol{j}p_y+\boldsymbol{k}p_z=\boldsymbol{p} \tag{2.75}$$

(2)$\nabla\left(\frac{\boldsymbol{p}\cdot\boldsymbol{r}}{r^3}\right)=\frac{\boldsymbol{p}}{r^3}-\frac{3\boldsymbol{r}}{r^5}(\boldsymbol{p}\cdot\boldsymbol{r})$

$$\nabla\left(\frac{\boldsymbol{p}\cdot\boldsymbol{r}}{r^3}\right)=\frac{1}{r^3}\nabla(\boldsymbol{p}\cdot\boldsymbol{r})+(\boldsymbol{p}\cdot\boldsymbol{r})\nabla\frac{1}{r^3}=\frac{\boldsymbol{p}}{r^3}-\frac{3\boldsymbol{r}}{r^5}(\boldsymbol{p}\cdot\boldsymbol{r}) \tag{2.76}$$

利用这两个算例可以很容易得到式(2.74)对应的电场分布，读者可以自己推导一下。

第五节　接地导体球置于均匀外电场中

多数的电动力学教科书有这样一道例题：匀强电场$\boldsymbol{E}_0$ 中存在一个接地导体球，求空间电势 φ 与面电荷密度σ。通过上一节介绍的求拉普拉斯方程满足给定边界条件的解，可以解决该问题。

选取以球心为坐标原点，极轴指向$\boldsymbol{E}_0$ 的球坐标。球外电势通解为

$$\varphi=\sum_n\left(a_nR^n+\frac{b_n}{R^{n+1}}\right)P_n(\cos\theta) \tag{2.77}$$

边界条件为：

(1)无穷远$\varphi\Big|_{R\to\infty}=-E_0R\cos\theta$，可以得到

$$a_1=-E_0,a_n=0(n\neq 0)$$

这时

$$\varphi_1=-E_0RP_1(\cos\theta)+\sum_n\frac{b_n}{R^{n+1}}P_n(\cos\theta) \tag{2.78}$$

(2)球面电势为零，即

$$E_0R_0P_1(\cos\theta)=\sum_n\frac{b_n}{R_0^{n+1}}P_n(\cos\theta) \tag{2.79}$$

可以得到

$$b_1=E_0R_0^3,b_n=0(n\neq 1)$$

于是球外电势示为

$$\varphi=-E_0R\cos\theta+\frac{E_0R_0^3}{R^2}\cos\theta=-\boldsymbol{E}_0\cdot\boldsymbol{R}+\frac{R_0^3}{R^3}\boldsymbol{E}_0\cdot\boldsymbol{R} \tag{2.80}$$

观察球外空间电势形式，会发现若将电势表达式看作两部分，一部分是匀强外电场形成的电势 φ_0，另一部分是与导体球上电荷有关的电势 φ_p。由导体球表面电荷分布 σ 的特点可知：可以把导体球上的电荷的效应看作球心处的一个偶极矩为 $\boldsymbol{p}$ 的电偶极子。将偶极子形成电势的表达式与 φ_p 比较可以得到导体球的电偶极矩 $\boldsymbol{p}$ 的形式。从电势分布也可以得到电场 $\boldsymbol{E}$。上面谈到的四个物理量（φ、σ、$\boldsymbol{p}$ 和 $\boldsymbol{E}$）可以任意两两相互推导得出，如图 2-5-1 所示。

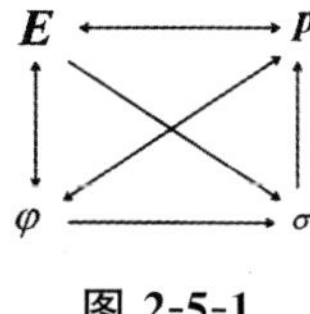

图 2-5-1

由 φ 直接导出 $\boldsymbol{E}$

电场与电势之间存在微分关系 $\boldsymbol{E}=-\nabla\varphi$，利用式(2.73)，在球坐标系下求解，可得沿各坐标分量

$$E_R=-\frac{\partial}{\partial R}\varphi=E_0\cos\theta+\frac{2E_0R_0^3}{R^3}\cos\theta$$

$$E_\theta=-\frac{1}{R}\frac{\partial\varphi}{\partial\theta}=-E_0\sin\theta+\frac{E_0R_0^3}{R^3}\sin\theta$$

$$E_\varphi=0 \tag{2.81}$$

利用$\boldsymbol{E}_0=E_0\cos\theta\,\boldsymbol{e}_R-E_0\sin\theta\,\boldsymbol{e}_\theta$可以将上式写为矢量形式

$$\boldsymbol{E}=\boldsymbol{E}_0-\frac{R_0^3}{R^3}\boldsymbol{E}_0+\frac{3R_0^3(\boldsymbol{E}_0\cdot\boldsymbol{R})\boldsymbol{R}}{R^5} \tag{2.82}$$

当然也可以利用式(2.76)直接算出。

由 φ 直接导出 $\boldsymbol{p}$

空间电势看作分别由匀强电场电势和等同于偶极子的导体球上的电荷分布产生的电势的代数和。匀强电场的电势是已知的，再结合偶极子电势表达式便可以推导出电偶极距。偶极子产生的电势为

$$\varphi_p=\frac{\boldsymbol{p}\cdot\boldsymbol{R}}{4\pi\varepsilon_0R^3} \tag{2.83}$$

与式(2.80)中等号右面第二项对比即可得到

$$\boldsymbol{p}=4\pi R_0^3\varepsilon_0\boldsymbol{E}_0 \tag{2.84}$$

由 φ 直接推导 σ

将式(2.80)中的电势表达式代入边值关系的势表达式

$$\sigma=-\varepsilon_0\left.\frac{\partial\varphi}{\partial R}\right|_{R=R_0}$$

即可得到导体球面电荷密度

$$\sigma=3\varepsilon_0 E_0\cos\theta=3\varepsilon_0\frac{\boldsymbol{E}_0\cdot\boldsymbol{R}}{R} \tag{2.85}$$

由 $\boldsymbol{p}$ 直接推导 $\boldsymbol{E}$ 和 φ

将式(2.84)代入式(2.83),再加上匀强电场的势即可得到电势表达式,该表达式与式(2.80)一致。

偶极子产生的电场为

$$\boldsymbol{E}_p=-\nabla\varphi_p=-\nabla\frac{\boldsymbol{p}\cdot\boldsymbol{R}}{4\pi\varepsilon_0 R^3}=-\frac{\boldsymbol{p}}{4\pi\varepsilon_0 R^3}+\frac{3(\boldsymbol{p}\cdot\boldsymbol{R})\boldsymbol{R}}{4\pi\varepsilon_0 R^5} \tag{2.86}$$

将式(2.84)代入上式,然后再叠加上 $\boldsymbol{E}_0$ 即可得到电场。得到的电场与式(2.82)一致。

由 $\boldsymbol{p}$ 经 $\boldsymbol{E}$ 推导 σ

我们不能找到合适的方式由偶极矩直接推导出球面上的感应电荷分布。但是,利用高斯定理可以由电场分布求得感应电荷分布。如图 2-5-2 所示,一扁圆柱形高斯面的底面位于球内,顶面位于球外,顶面和底面积都很小,可以认为它们与球面平行,圆柱很扁,可以认为顶底两面贴着球面。

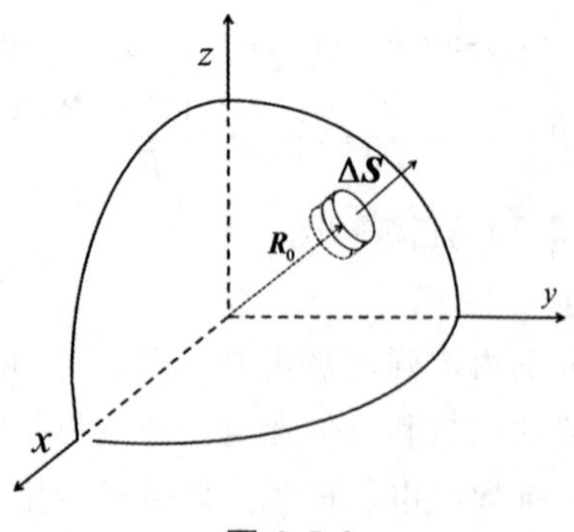

图 2-5-2

通过该高斯面的电通量等于顶面、底面和侧面电通量之和。底面所处区域电场为零，侧面面积趋于零。球面电通量即为顶面的电通量，它等于所围的电荷除以真空介电常数：

$$\oint \boldsymbol{E}\cdot \mathrm{d}\boldsymbol{S}=\left(\boldsymbol{E}_0-\frac{R_0^3}{R^3}\boldsymbol{E}_0+\frac{3R_0^3(\boldsymbol{E}_0\cdot \boldsymbol{R})\boldsymbol{R}}{R^5}\right)_{R=R_0}\cdot \Delta \boldsymbol{S}=\frac{1}{\varepsilon_0}\sigma \Delta S \tag{2.87}$$

$\Delta \boldsymbol{S}$ 方向为 $\boldsymbol{R}$，大小为 ΔS。由上式可以得到感应电荷面密度，与式(2.85)一致。

由 σ 直接推导出 $\boldsymbol{p}$

由电荷分布可以导出偶极矩，在学生学习多极展开之前即可由这一简单例子产生印象。如图 2-5-3 所示，导体球上半球面上任一面元电荷为 $\sigma \mathrm{d}S$，它与下半球面对应点的面元电荷构成的电荷体系偶极矩为

$$\mathrm{d}p=2\sigma R\cos\theta \mathrm{d}S \tag{2.88}$$

其方向与外均匀场$\boldsymbol{E}_0$ 方向一致。整个球面上的电荷的偶极矩为

$$\begin{aligned}p&=6R_0^3\varepsilon_0 E_0\int_0^{\pi/2}\sin\theta\ \cos^2\theta \mathrm{d}\theta\int_0^{2\pi}\mathrm{d}\varphi\\&=4\pi R_0^3\varepsilon_0 E_0\end{aligned}$$

它与式(2.84)一致。

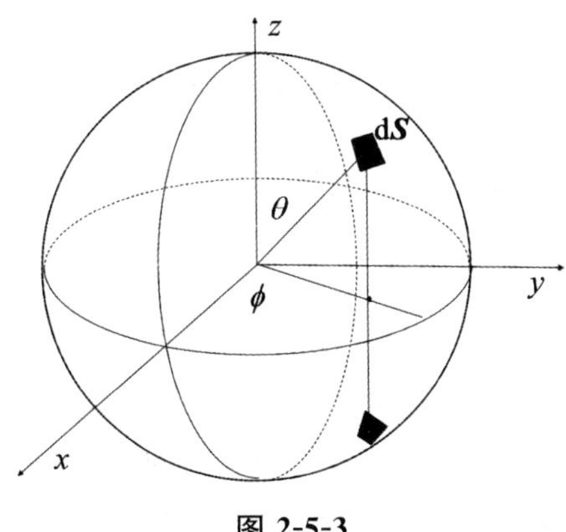

图 2-5-3

由 σ 推导出 φ 和 $\boldsymbol{E}$

直接使用公式

$$\varphi=\frac{1}{4\pi\varepsilon_0}\int_V \frac{\sigma}{r}\mathrm{d}S$$

或

$$\boldsymbol{E}=\frac{1}{4\pi\varepsilon_0}\int_S\frac{\sigma\boldsymbol{R}}{R^3}\mathrm{d}S$$

不能帮助我们得到电势和电场的分布。因为，以上两个公式并不适合目前这种无穷远处场强不为零的情况。所能采用的办法可以是使用偶极矩，由偶极矩可得到场和电势的分布。

由 $\boldsymbol{E}$ 直接推导出 φ

空间中一点 $\boldsymbol{R}$ 处的电势为

$$\varphi(\boldsymbol{R})=\int_{\boldsymbol{R}}^{\boldsymbol{R}_0}\boldsymbol{E}\cdot\mathrm{d}\boldsymbol{l}+\varphi(\boldsymbol{R}_0) \tag{2.89}$$

具体计算时，将 $\boldsymbol{R}_0$ 设为球心到 $\boldsymbol{R}$ 连线与球面相交点，积分路径设为从 $\boldsymbol{R}$ 到 $\boldsymbol{R}_0$ 的直线

$$\begin{aligned}\varphi(\boldsymbol{R})&=\int_{\boldsymbol{R}}^{\boldsymbol{R}_0}\left(\boldsymbol{E}_0-\frac{R_0^3}{R^3}\boldsymbol{E}_0+\frac{3R_0^3(\boldsymbol{E}_0\cdot\boldsymbol{R})\boldsymbol{R}}{R^5}\right)\cdot\mathrm{d}\boldsymbol{l}\\&=E_0\cos\theta\int_R^{R_0}\left(1-\frac{R_0^3}{R^3}+\frac{3R_0^3}{R^5}R^2\right)\mathrm{d}R=E_0\cos\theta\left(\frac{R_0^3}{R^2}-R\right)\end{aligned} \tag{2.90}$$

其中，利用了 $\varphi(\boldsymbol{R}_0)=0$。上式与式(2.80)一致。

由 $\boldsymbol{E}$ 直接推导出 $\boldsymbol{p}$

由式(2.86)知道 $\boldsymbol{p}$ 产生的电场为

$$\boldsymbol{E}_p=-\frac{\boldsymbol{p}}{4\pi\varepsilon_0R^3}+\frac{3(\boldsymbol{p}\cdot\boldsymbol{R})\boldsymbol{R}}{4\pi\varepsilon_0R^5} \tag{2.91}$$

由式(2.82)球面上的电荷产生的电场为

$$\boldsymbol{E}_p=-\frac{R_0^3}{R^3}\boldsymbol{E}_0+\frac{3R_0^3(\boldsymbol{E}_0\cdot\boldsymbol{R})\boldsymbol{R}}{R^5} \tag{2.92}$$

比对上面两式即可得到

$$\boldsymbol{p}=4\pi R_0^3\varepsilon_0\boldsymbol{E}_0 \tag{2.93}$$

通过求解前面典型例题和推导各物理量之间的相互关系，我们给出了电势、电场、感应电荷和感应电荷对应的偶极矩。这四个量两两之间有的可以直接导出，有的需要借助其他量导出，它们之间的关系由图 2-5-1 给出。

第六节　镜像法

考虑求解区域有自由电荷，但是只有一个点电荷的情况。求解区域边界是导体，即边界条件为等势面条件。这一类问题很重要，可以依此为基石处理更为一般的情况。这一节我们介绍一种名叫镜像法的方法来处理这类问题。当然镜像法的思想也可以用来发展处理更一般的情况的方法。

我们先考虑导体接地的边界条件，或者说边界条件为 $\varphi=0$ 的情况。解决问题的思想是在求解区域之外安排额外的电荷，这些额外的电荷与求解区域的电荷共同构成的电势要满足边界条件，这时，电势在求解区域即所求电势。这些我们所称的额外电荷所处位置常常与把边界当作面镜时电荷的光学像位置一致，于是我们称之为镜像电荷，这一方法称之为镜像法。这么做的理论依据是唯一性定理。我们没有改变求解区域的电荷分布（镜像电荷在求解区域之外），也满足了边界条件，所以得到的解就该是正确的解。

接下来通过三个例子来介绍这种技术。

例 2-6-1

真空中有一点电荷 q，距 q 为 a 处有一无限大接地导体平面，求空间的电势分布。（半空间问题）

解：这个问题的边界条件是 $\varphi=0$（在导体表面处或无穷远处），空间的电势是由点电荷 q 和导体表面的感应电荷共同产生的，但感应电荷的分布在未求出场之前是不能知道的，我们可以用假想电荷来等效地代替感应电荷，所谓“等效”是指原电荷和假想电荷共同产生的势满足原问题的边界条件和场方程。为此假想电荷可放在求解区域之外，且与原电荷关于导体面对称，电量大小相等，符号相反，见图 2-6-1。

求解空间任一点的电势可表示为电荷和像电荷电势的叠加

$$\varphi(P)=\frac{q}{4\pi\varepsilon_0}\left(\frac{1}{r}-\frac{1}{r'}\right) \tag{2.94}$$

其中 $r=\sqrt{x^2+y^2+(z-a)^2}$；$r'=\sqrt{x^2+y^2+(z+a)^2}$，分别为原电荷 q 与像电荷 q' 到场点的距离。

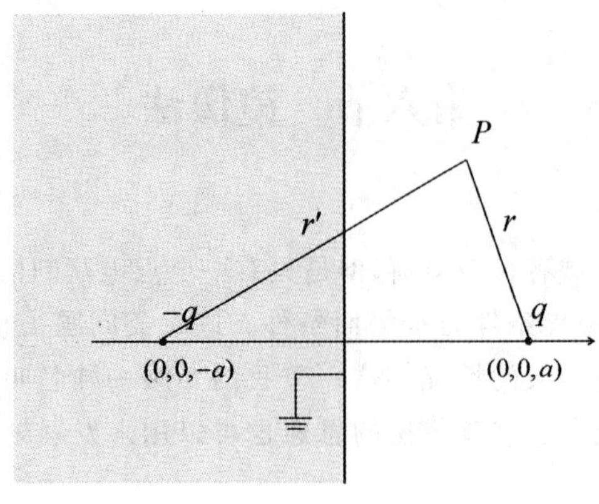

图 2-6-1

例 2-6-2

真空中有一半径为 R_0 的接地导体球，距球心为 $a(a>R_0)$ 处有一点电荷 Q，求空间的电势。如图 2-6-2 所示。（球外空间问题）

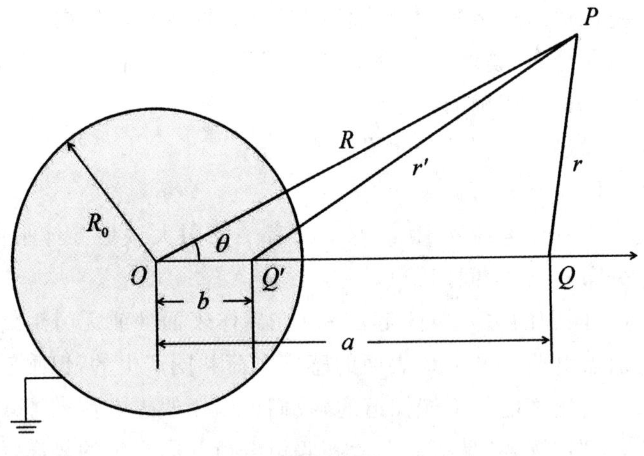

图 2-6-2

解：取球心为原点，球心与 Q 的连线的方向为 z 轴，点电荷 Q 的坐标为 $(0,0,a)$，假想用球内一个像电荷 Q' 来代替球面上感应电荷的电势，由于问题的轴对称性，Q' 应在 OQ 的连线上，设其坐标为 $(0,0,b)$，由此提出尝试解

$$\varphi=\frac{1}{4\pi\varepsilon_0}\left(\frac{Q}{r}+\frac{Q'}{r'}\right) \tag{2.95}$$

其中 $r=\sqrt{a^2+R^2-2aR\cos\theta}$；$r'=\sqrt{b^2+R^2-2bR\cos\theta}$，分别为 Q、Q′到场点的距离。由边界条件：$\varphi\Big|_{R=R_0}=0$，可得

$$\frac{Q}{\sqrt{a^2+R_0^2-2aR_0\cos\theta}}=-\frac{Q'}{\sqrt{b^2+{R_0}^2-2bR_0\cos\theta}} \tag{2.96}$$

对任意的 θ 都成立。由此可得

$$Q^2(R_0^2+b^2)=Q'^2(R_0^2+a^2)$$
$$Q^2b=Q'^2a \tag{2.97}$$

进而得到

$$b=\frac{R_0^2}{a},Q'=-\frac{R_0}{a}Q \tag{2.98}$$

将上面的两个参数表达式代回到式(2.95)即可得到所求电势。

例 2-6-3

一个接地的 90°夹角导体内，一个点电荷分别距离两个平面 a 和 b，求空间的电势。如图 2-6-3 所示。(角域空间问题)

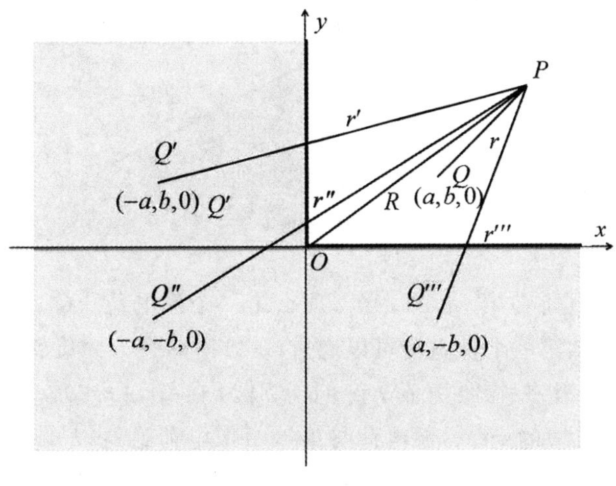

图 2-6-3

解：如图所示，在$(-a,b,0)$处引入 $Q'=-Q$ 可以满足 $x=0$ 面的边界条件，但是却对 $y=0$ 的面造成额外的影响。同样，在$(a,-b,0)$处引入 $Q'''=-Q$ 可以满足 $y=0$ 面的边界条件，但是却对 $z=0$ 的面造成额外的影响。但是，再在$(-a,-b,0)$引入 $Q''=Q$ 前两者的额外影响都可以抵消。

求解空间任一点的电势可表示为电荷和像电荷电势的叠加

$$\varphi(P)=\frac{Q}{4\pi\varepsilon_0}\left(\frac{1}{r}-\frac{1}{r'}+\frac{1}{r''}-\frac{1}{r'''}\right) \tag{2.99}$$

其中 $r=\sqrt{x^2+y^2+z^2}$，$r'=\sqrt{(x+a)^2+(y-b)^2+z^2}$，$r''=\sqrt{(x+a)^2+(y+b)^2+z^2}$，$r'''=\sqrt{(x-a)^2+(y+b)^2+z^2}$，分别为原电荷 Q 与各个像电荷到场点的距离。

如果角度不是 90°角呢？如图 2-6-4，把一个点电荷放在角域黑点的位置。θ 为角域角度，z 轴是顶轴，利用柱坐标系(ρ,ϕ,z)来描述：点电荷与 z 轴的距离是 ρ，相对于底侧平面的偏转角是 ϕ。

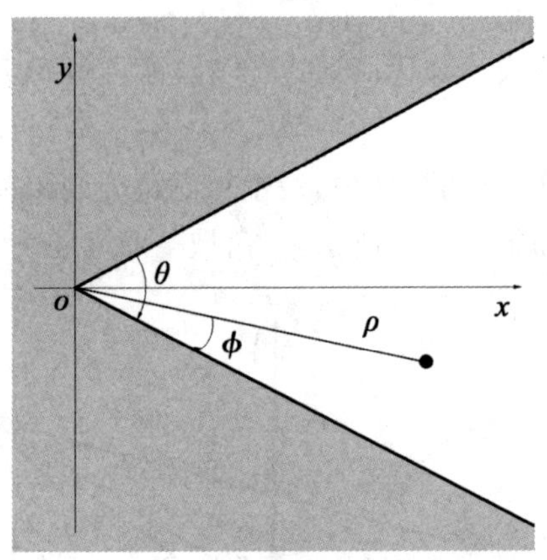

图 2-6-4

如果点电荷 Q 在(ρ,ϕ,z)处，那么第一个像电荷 $-Q$ 在$(\rho,-\phi,z)$处。源电荷和第一个像电荷可以通过以 2θ 顺时针方向旋转来确定第二个像电荷和第三个像电荷，它们分别为在$(\rho,\phi-2\theta,z)$的 Q 和在$(\rho,-\phi-2\theta,z)$的 $-Q$。源电荷与第一个像电荷通过以 4θ 顺时针旋转来确定第四个和第五个像电荷，它们的电荷分别为 Q 和 $-Q$，分别位于$(\rho,\phi-4\theta,z)$和$(\rho,-\phi-4\theta,z)$处。这个过程可以不断地持续，直到沿着顺时针方向旋转 $2(N-1)\theta$ 获得最后两个像电荷。如果 $\theta=\pi/N$，N 是任意正整数，这种旋转会自己终止，你会发现最后的一个像正好落在了源电荷处。最后，我们得到一个源电荷和 $2(N-1)$ 个像电荷。

作为例子，图 2-6-5 给出了角域夹角为 $\theta=\pi/3$ 的情况。

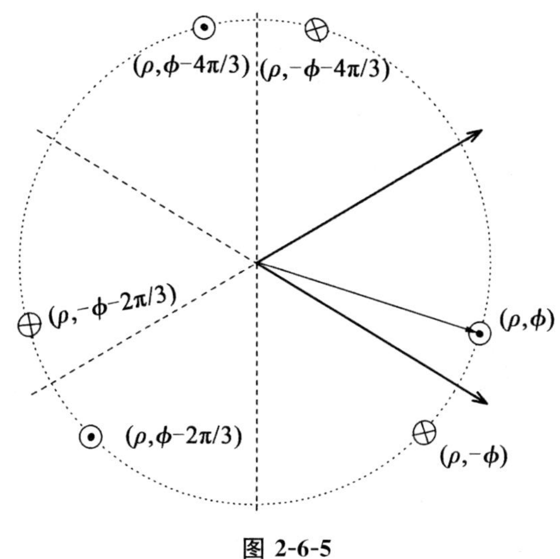

图 2-6-5

如果角度不是 $\theta=\pi/N$ 这种特殊角呢？很抱歉我这里说不出什么。至少目前介绍的镜像法是不能用了。有趣的是我也没有见到什么人讨论过这个问题，我克制住自己不去考虑这个事情，以便我每年在讲授电动力学到这部分时总可以说：这个问题看起来还没有去讨论，我希望同学们可以课下想一想这个问题。

镜像法也可以处理特定情况下的非导体边界情况，你可以找任何一本电动力学的习题集或者教材，极有可能你能找到有关的内容，这对于我们这本教材的主旨无关，我在这里就不展开讨论了。另外一个有趣的情况是如例 2-6-2 所说的系统，如果导电球不是接地而是带有一定电荷呢。当然这个问题也与我们的整体无关，你可以跳过这一段直接前往下一节。

例 2-6-4

把一个与外界绝缘，带电量为 Q_0 的导体球，放在点电荷 Q 的场中，求空间的电势及电荷 Q 所受的力。

解：本题给出的是导体上的总电荷。这给出例如两个边界条件：球面为等势面(电势待定)，球面的总电量 Q。

由例 2-6-2 可知，若在球内同样位置放置相同电量像电荷 Q'，则球面上的电势为零；再在球心处放一点电荷 Q_0-Q'，则导体球所带总电荷为 Q_0，同时球面仍为等势面，两个边界条件都得到满足。可知球外任一

点的电势为

$$\varphi=\frac{1}{4\pi\varepsilon_0}\left[\frac{Q}{r}-\frac{R_0 Q}{ar'}+\frac{Q_0+R_0 Q/a}{R}\right] \tag{2.100}$$

因为空间的电场相当于点电荷 Q、像电荷 Q'、Q_0-Q'所激发的电场，因此电荷 Q 所受的力等于 Q'、Q_0-Q'对它的作用力

$$4\pi\varepsilon_0 F=\frac{Q(Q_0-Q')}{a^2}+\frac{QQ'}{(a-b)^2}=\frac{QQ_0}{a^2}-\frac{Q^2R_0^3\,(2a^2-R_0^2)}{a^3\,(a^2-R_0^2)^2} \tag{2.101}$$

如果 Q 和 Q_0 同号，第一项表示斥力，第二项表示吸引力。一定条件下第二项会大于第一项，这意味着一个点电荷靠近一个带有同号电荷的导体球，一定情况下也可以相互吸引。考虑一种特殊情况，带电体所带电量与点电荷一样，都为 1。图 2-6-6 给出了这时作用力与距离之间的关系。

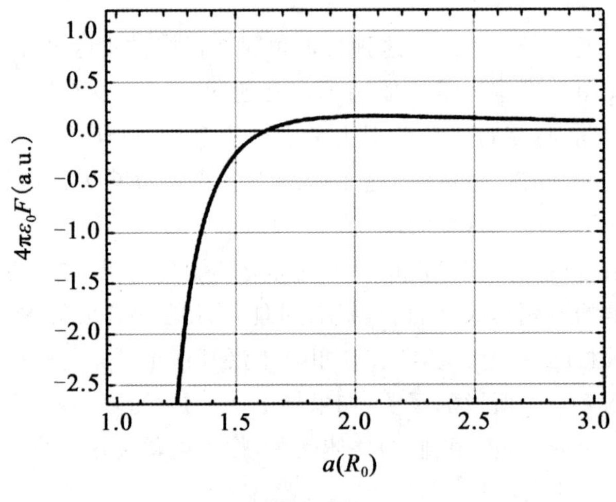

图 2-6-6

可以看出，当 a 小于$(1+\sqrt{5})R_0/2=1.62R_0$ 时点电荷和带电球之间为吸引力，而且点电荷越接近带电球，吸引力越大。如果带电球为中性，即 $Q_0=0$，则有 $QQ_0/a^2=0$ 和 $Q^2R_0^3(2a^2-R_0^2)/a^3\,(a^2-R_0^2)^2>0$，这意味着无论点电荷的正负和距离怎样，它与带电球之间都是相互吸引的。

第七节　格林函数

上一节镜像法所举的例子都是求解区域有一个点电荷的情况，更一般的情况呢。

唯一性定理告诉我们：

当区域 V 内的自由电荷 ρ 分布给定，在边界 S 上给定

(1)电势$\varphi\Big|_S$(第一类边值问题)

或

(2)电势的法向导数$\dfrac{\partial\varphi}{\partial n}\Big|_S$(第二类边值问题)

则该区域 V 内的电场唯一地确定。现在要问的是电场的表达式。这一节将要给出这一表达。

不管你习惯与否，我总是乐于先给出答案，然后再给出讨论或证明。我这样做只是为了行文的方便，如果这对你造成困扰，我建议你自己再把它写成自己喜欢的模式。对于第一类边值问题有

$$\varphi(\boldsymbol{x})=\int_V G_1(\boldsymbol{x},\boldsymbol{x}')\rho(\boldsymbol{x}')\,\mathrm{d}V'+\varepsilon_0\oint_s\varphi(\boldsymbol{x}')\frac{\partial}{\partial n'}G_1(\boldsymbol{x},\boldsymbol{x}')\,\mathrm{d}S' \tag{2.102}$$

上式的右边为一个体积分和一个面积分，体积分把求解区域的电荷的信息传递给 $\boldsymbol{x}$ 处的电势，面积分把求解区域的边界上的电势的取值传递给 $\boldsymbol{x}$ 处的电势，这个“传递函数”$G_1(\boldsymbol{x},\boldsymbol{x}')$在其中起了关键作用。

$G_1(\boldsymbol{x},\boldsymbol{x}')$被称为第一类边值问题的格林函数，在包含有 $\boldsymbol{x}'$的空间某区域 V 中，满足微分方程

$$\nabla^2 G_1(\boldsymbol{x},\boldsymbol{x}')=-\frac{1}{\varepsilon_0}\delta(\boldsymbol{x}-\boldsymbol{x}') \tag{2.103}$$

在 V 的边界上满足

$$G_1(\boldsymbol{x},\boldsymbol{x}')=0,\quad \text{当 } \boldsymbol{x} \text{ 在 } S \text{ 上} \tag{2.104}$$

上面的微分方程中有 $\delta(\boldsymbol{x}-\boldsymbol{x}')$，在第一章我已经介绍过它了，它的性质使得它特别适合描写点电荷分布。位于 $\boldsymbol{x}'$处的电量为 Q 的点电荷的情况下的电荷密度为

$$\rho(\boldsymbol{x})=Q\delta(\boldsymbol{x}-\boldsymbol{x}') \tag{2.105}$$

很明显，上式中的点电荷的电荷密度有如下性质

$$\rho(\boldsymbol{x})=\begin{cases}0, & \boldsymbol{x}\neq\boldsymbol{x}'\\ \infty, & \boldsymbol{x}=\boldsymbol{x}'\end{cases} \tag{2.106}$$

且同时满足

$$\int_V \rho(\boldsymbol{x})\mathrm{d}V=\begin{cases}Q, & \boldsymbol{x}' \text{ 在 } V \text{ 内}\\ 0, & \boldsymbol{x}' \text{ 不在 } V \text{ 内}\end{cases} \tag{2.107}$$

点电荷密度可以借助 δ 函数来表达，那么由两个点电荷构成的电偶极子的电荷密度表达式呢？这个问题我在本节将结束时以例题形式讨论。

你可能已经看出了，第一类边值问题的格林函数所满足的微分方程正是处于 $\boldsymbol{x}'$ 处的单位电量的点电荷满足的泊松方程，求解区域为 V，边界条件为 $G_1(\boldsymbol{x},\boldsymbol{x}')=0$。一般的求格林函数也不容易，但是当求解区域具有简单的几何形状时（比如半空间、球外空间或等分角域空间等），可以得到解析的解。接下来我们以球外空间为例介绍具体操作。

例 2-7-1

球外空间泊松方程的第一类边值问题的格林函数。

解：使用上一节的镜像法我们可以得到球外的格林函数。如图 2-6-7 所示，设单位电量的点电荷在 P' 处，坐标为 $\boldsymbol{x}'$：(x',y',z')，与原点（即球心）距离为 $R'=\sqrt{x'^2+y'^2+z'^2}$；场点 P 的坐标为 $\boldsymbol{x}$：(x,y,z)，与原点（即球心）距离为 $R=\sqrt{x^2+y^2+z^2}$。镜像电荷的坐标为 $\boldsymbol{x}'R_0^2/R'^2$，

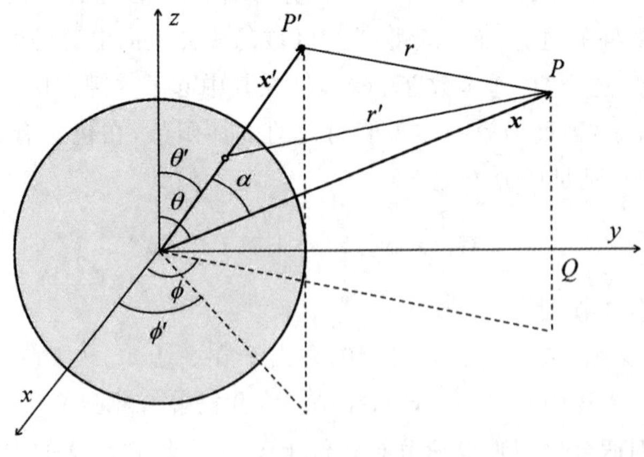

图 2-7-1

电量为$-R_0/R'$(现在最好停下一两分钟,把它当作练习题来求得镜像电荷的坐标和电量)。单位电荷与镜像电荷与场点的距离分别为

$$r=|\boldsymbol{x}-\boldsymbol{x}'|=\sqrt{R^2+R'^2-2RR'\cos\alpha}$$

$$r=\left|\boldsymbol{x}-\frac{R_0^2}{R'^2}\boldsymbol{x}'\right|=\sqrt{R^2+\frac{R_0^4}{R'^2}-2R\frac{R_0^2}{R'}\cos\alpha} \tag{2.108}$$

式中α为$\boldsymbol{x},\boldsymbol{x}'$与$\boldsymbol{x},\boldsymbol{x}'$之间的夹角,如果$P'$和$P$点用球坐标表示,它们分别为$(r',\theta',\varphi')$和$(r',\theta,\varphi)$(它们可以由$(x',y',z')$和$(x,y,z)$表达),那么$\cos\alpha$即为

$$\cos\alpha=\cos\theta\cos\theta'+\sin\theta\sin\theta'\cos(\phi-\phi')$$

球外空间的第一类格林函数即可写为

$$\begin{aligned}G_1(\boldsymbol{x},\boldsymbol{x}')&=\frac{1}{4\pi\varepsilon_0}\frac{1}{\sqrt{R^2+R'^2-2RR'\cos\alpha}}\\&\quad-\frac{1}{4\pi\varepsilon_0}\frac{R_0}{R'}\frac{1}{\sqrt{R^2+\frac{R_0^4}{R'^2}-2R\frac{R_0^2}{R'}\cos\alpha}}\\&=\frac{1}{4\pi\varepsilon_0}\frac{1}{\sqrt{R^2+R'^2-2RR'\cos\alpha}}\\&\quad-\frac{1}{4\pi\varepsilon_0}\frac{1}{\sqrt{\left(\frac{RR'}{R_0}\right)^2+R_0^2-2RR'\cos\alpha}}\end{aligned} \tag{2.109}$$

现在来证明式(2.102)所表达的势。设$\psi(\boldsymbol{x})$和$\varphi(\boldsymbol{x})$为区域V中的两个函数,则有关系式

$$\nabla\cdot(\psi\,\nabla\varphi)=\nabla\psi\cdot\nabla\varphi+\psi\,\nabla^2\varphi \tag{2.110}$$

成立,将$\psi(\boldsymbol{x})$和$\varphi(\boldsymbol{x})$互换有

$$\nabla\cdot(\varphi\,\nabla\psi)=\nabla\psi\cdot\nabla\varphi+\varphi\,\nabla^2\psi \tag{2.111}$$

将以上两式相减有

$$\nabla\cdot(\varphi\,\nabla\psi-\psi\,\nabla\varphi)=\psi\,\nabla^2\varphi-\varphi\,\nabla^2\psi \tag{2.112}$$

将上式在区域V体积分,等式左边的散度的体积分可以写为面积分

$$\oint_S(\varphi\,\nabla\psi-\psi\,\nabla\varphi)\cdot\mathrm{d}\boldsymbol{S}=\int_V(\psi\,\nabla^2\varphi-\varphi\,\nabla^2\psi)\mathrm{d}V \tag{2.113}$$

上式进一步可以写为

$$\oint_S\left(\varphi\frac{\partial\psi}{\partial n}-\psi\frac{\partial\varphi}{\partial n}\right)\mathrm{d}S=\int_V(\psi\,\nabla^2\varphi-\varphi\,\nabla^2\psi)\mathrm{d}V \tag{2.114}$$

上式被称为格林公式。

令 $\varphi(\boldsymbol{x})$满足泊松方程

$$\nabla^2\varphi(\boldsymbol{x})=-\frac{\rho(\boldsymbol{x})}{\varepsilon_0} \tag{2.115}$$

令 $\psi(\boldsymbol{x})$为格林函数 $G(\boldsymbol{x},\boldsymbol{x}')$，其满足方程

$$\nabla^2 G(\boldsymbol{x},\boldsymbol{x}')=-\frac{1}{\varepsilon_0}\delta(\boldsymbol{x}-\boldsymbol{x}') \tag{2.116}$$

为了表达方便，将格林公式中的 $\boldsymbol{x}$ 写为 $\boldsymbol{x}'$，$\boldsymbol{x}'$和 $\boldsymbol{x}$ 的区域相同，所以这样是可行的；同样，$\varphi(\boldsymbol{x})$和它满足泊松方程中的 $\boldsymbol{x}$ 也可以换为 $\boldsymbol{x}'$；格林函数 $G(\boldsymbol{x},\boldsymbol{x}')$和它满足的方程，$\varepsilon_0\nabla^2 G(\boldsymbol{x},\boldsymbol{x}')=-\delta(\boldsymbol{x}-\boldsymbol{x}')$，内的 $\boldsymbol{x}$ 也可以换为 $\boldsymbol{x}'$。下面执行这些操作

$$\begin{aligned}
&\oint_S[\varphi(\boldsymbol{x}')\nabla'\psi(\boldsymbol{x}')-\psi(\boldsymbol{x}')\nabla'\varphi(\boldsymbol{x}')]\cdot \mathrm{d}\boldsymbol{S}'\\
&=\int_V[\psi(\boldsymbol{x}')\nabla'^2\varphi(\boldsymbol{x}')-\varphi(\boldsymbol{x}')\nabla'^2\psi(\boldsymbol{x}')]\mathrm{d}V'\\
&\Rightarrow\oint_S\left[\varphi(\boldsymbol{x}')\frac{\partial G(\boldsymbol{x}',\boldsymbol{x})}{\partial n'}-G(\boldsymbol{x}',\boldsymbol{x})\frac{\partial\varphi(\boldsymbol{x}')}{\partial n'}\right]\mathrm{d}S'\\
&=\int_V\left[-G(\boldsymbol{x}',\boldsymbol{x})\frac{\rho(\boldsymbol{x}')}{\varepsilon_0}+\varphi(\boldsymbol{x}')\frac{1}{\varepsilon_0}\delta(\boldsymbol{x}'-\boldsymbol{x})\right]\mathrm{d}V'\\
&\Rightarrow\varphi(\boldsymbol{x})=\int_V G(\boldsymbol{x},\boldsymbol{x}')\rho(\boldsymbol{x}')\mathrm{d}V'\\
&\quad+\varepsilon_0\oint_S\left[\varphi(\boldsymbol{x}')\frac{\partial G(\boldsymbol{x},\boldsymbol{x}')}{\partial n'}-G(\boldsymbol{x},\boldsymbol{x}')\frac{\partial\varphi(\boldsymbol{x}')}{\partial n'}\right]\mathrm{d}S'
\end{aligned} \tag{2.117}$$

上面推导中，第一步利用了

$$\nabla\varphi(\boldsymbol{x})\cdot \mathrm{d}\boldsymbol{S}=\nabla\varphi(\boldsymbol{x})\cdot n\,\mathrm{d}S=\frac{\partial G(\boldsymbol{x},\boldsymbol{x}')}{\partial n}\mathrm{d}S \tag{2.118}$$

最后一步利用了 δ 函数的性质，$\varphi(\boldsymbol{x})=\int_V\varphi(\boldsymbol{x}')\delta(\boldsymbol{x}'-\boldsymbol{x})\mathrm{d}V'$。应该注意到，在最后一步中，我们把格林函数中的 $\boldsymbol{x}$ 和 $\boldsymbol{x}'$对调了，格林函数关于 $\boldsymbol{x}$ 和 $\boldsymbol{x}'$对称（本节将结束时以例题形式证明），所以对调不改变其表达式的形式。令 $G(\boldsymbol{x},\boldsymbol{x}')$在边界 S 上等于 0，即可去掉上式中最后一行中的面积分中的第二项。这时，$G(\boldsymbol{x},\boldsymbol{x}')$即为 $G_1(\boldsymbol{x},\boldsymbol{x}')$（注意到这里的 $G(\boldsymbol{x},\boldsymbol{x}')$在边界 S 上等于 0，是指 $\boldsymbol{x}'$在边界上，$G(\boldsymbol{x},\boldsymbol{x}')=0$；而 $G_1(\boldsymbol{x},\boldsymbol{x}')$在边界上等于 0，是指 $\boldsymbol{x}$ 在边界上 $G_1(\boldsymbol{x},\boldsymbol{x}')=0$。不过，格

林函数关于 $\boldsymbol{x}$ 和 $\boldsymbol{x}'$ 对称，即使没注意到这一点也不会犯错。）于是，我们有

$$\varphi(\boldsymbol{x})=\int_V G_1(\boldsymbol{x},\boldsymbol{x}')\rho(\boldsymbol{x}')\,\mathrm{d}V'+\varepsilon_0\oint_s\varphi(\boldsymbol{x}')\frac{\partial}{\partial n'}G_1(\boldsymbol{x},\boldsymbol{x}')\,\mathrm{d}S' \tag{2.119}$$

读者有心，便会想到如果在式(2.117)最后一步中令 $\partial G(\boldsymbol{x},\boldsymbol{x}')/\partial n'$ 在边界上等于零则会有

$$\varphi(\boldsymbol{x})=\int_V G(\boldsymbol{x},\boldsymbol{x}')\rho(\boldsymbol{x}')\mathrm{d}V'-\varepsilon_0\oint_S G(\boldsymbol{x},\boldsymbol{x}')\frac{\partial\varphi(\boldsymbol{x}')}{\partial n'}\mathrm{d}S' \tag{2.120}$$

利用上式即可以解第二类边界条件的泊松方程。只是这里有个不便之处，满足

$$\begin{cases}\nabla^2 G(\boldsymbol{x},\boldsymbol{x}')=-\dfrac{1}{\varepsilon_0}\delta(\boldsymbol{x}-\boldsymbol{x}')\\[2ex]\left.\dfrac{\partial G(\boldsymbol{x},\boldsymbol{x}')}{\partial n}\right|_S=0\end{cases} \tag{2.121}$$

的 $G(\boldsymbol{x},\boldsymbol{x}')$ 不存在。这一点较好证明，在上式中的第一式等号两边对区域 V 做体积分，有

$$\int_V \nabla\cdot\nabla G(\boldsymbol{x},\boldsymbol{x}')\,\mathrm{d}V=-\int_V\frac{1}{\varepsilon_0}\delta(\boldsymbol{x}-\boldsymbol{x}')\mathrm{d}V \tag{2.122}$$

上式等号左边可以写为一个面积分，右边可以利用 δ 函数的性质将积分完成，可得

$$\oint_S \nabla G(\boldsymbol{x},\boldsymbol{x}')\cdot\mathrm{d}\boldsymbol{S}=-\frac{1}{\varepsilon_0} \tag{2.123}$$

即

$$\oint_S\frac{\partial G(\boldsymbol{x},\boldsymbol{x}')}{\partial n}\mathrm{d}S=-\frac{1}{\varepsilon_0} \tag{2.124}$$

这就与式(2.121)中的边界条件冲突了，边界条件要求 $\partial G(\boldsymbol{x},\boldsymbol{x}')/\partial n$ 在边界面上处处为零，自然积分值也就要为零。但是我们可以做一些修正来挽回不利局面。我们可以做一些让步，不要求 $\partial G(\boldsymbol{x},\boldsymbol{x}')/\partial n$ 在边界上处处为零，而是要求它是一个定值，可以从式(2.124)得出这一定值

$$\left.\frac{\partial G(\boldsymbol{x},\boldsymbol{x}')}{\partial n}\right|_S=-\frac{1}{\varepsilon_0 S} \tag{2.125}$$

其中 S 为求解区域的面积。这样我们有

$$\varphi(\boldsymbol{x})=\int_V G(\boldsymbol{x},\boldsymbol{x}')\rho(\boldsymbol{x}')\mathrm{d}V'+$$
$$\varepsilon_0\oint_S\left[\varphi(\boldsymbol{x}')\frac{\partial G(\boldsymbol{x},\boldsymbol{x}')}{\partial n'}-G(\boldsymbol{x},\boldsymbol{x}')\frac{\partial\varphi(\boldsymbol{x}')}{\partial n'}\right]\mathrm{d}S'$$
$$\Rightarrow\varphi(\boldsymbol{x})=\int_V G(\boldsymbol{x},\boldsymbol{x}')\rho(\boldsymbol{x}')\mathrm{d}V'-$$
$$\frac{1}{S}\oint_S\varphi(\boldsymbol{x}')\mathrm{d}S'+\varepsilon_0\oint_S G(\boldsymbol{x},\boldsymbol{x}')\frac{\partial\varphi(\boldsymbol{x}')}{\partial n'}\mathrm{d}S' \qquad (2.126)$$

注意到，上式与式(2.120)只差一个$(1/S)\oint_S\varphi(\boldsymbol{x}')\mathrm{d}S'$项（它是电势在边界上的平均值），我们知道电势可以加任意一个背景项，所以可以简单将其忽略。如果边界无穷大（一般被称为外域问题），$-1/\varepsilon_0 S$会趋于零，所以外域问题的格林函数还是可以满足式(2.121)的。我们一般用$G(\boldsymbol{x},\boldsymbol{x}')$来表示第二类格林函数，所以对于第二类边值问题，有

$$\varphi(\boldsymbol{x})=\int_V G_2(\boldsymbol{x},\boldsymbol{x}')\rho(\boldsymbol{x}')\mathrm{d}V'+\varepsilon_0\oint_S G_2(\boldsymbol{x},\boldsymbol{x}')\frac{\partial\varphi(\boldsymbol{x}')}{\partial n'}\mathrm{d}S' \qquad (2.127)$$

镜像法也可以被用来求第二类的边值问题的格林函数。下面举例说明。

例 2-7-2

求直角角域空间的第二类格林函数。

解：这一问题与例2-6-3相类似，我们采用相同的坐标安排。本问题即属于所谓的外域问题，格林函数满足式(2.121)的方程和边界条件。第一类的边值问题的边界条件为电势为零，第二类是边界上的电场法向分量为零。如果将例2-6-3中的像电荷与原电荷同号，即可保证电场法向分量为零。即可得到直角角域空间（有些书上称为1/4无界空间）的第二类格林函数：

$$G_2(\boldsymbol{x},\boldsymbol{x}')=\frac{1}{4\pi\varepsilon_0}\left[\frac{1}{\sqrt{(x-x')^2+(y-y')^2+(z-z')^2}}\right.$$
$$+\frac{1}{\sqrt{(x+x')^2+(y-y')^2+(z-z')^2}}$$
$$+\frac{1}{\sqrt{(x+x')^2+(y+y')^2+(z-z')^2}}$$
$$\left.+\frac{1}{\sqrt{(x+x')^2+(y+y')^2+(z-z')^2}}\right] \qquad (2.128)$$

读者可能会问，在介绍第一类格林函数的时候，所举的例子是球外空间，而为什么第二类格林函数不再使用球外空间了。最初，球外空间是首选，但是我发现它不是顺手可以写出来的。这个虽然没有什么实际的物理意义（等势边界总比等法向电场边界更常见），但是也很有趣，把这个问题留给好奇心重的学生吧。

例 2-7-3

证明格林函数的对称性。

证明：令 V 为求解区域，S 为求解区域的边界面，$\boldsymbol{x}$ 为场点。设 $\boldsymbol{x}_1$ 为源点，则有

$$\begin{cases}\nabla^2 G(\boldsymbol{x},\boldsymbol{x}_1)=-\dfrac{1}{\varepsilon_0}\delta(\boldsymbol{x}-\boldsymbol{x}_1)\\ \left[\alpha\dfrac{\partial G(\boldsymbol{x},\boldsymbol{x}_1)}{\partial n}+\beta G(\boldsymbol{x},\boldsymbol{x}_1)\right]\Bigg|_S=0\end{cases}\tag{2.129}$$

（这里，边界条件我们使用了一般写法，α 取 0，β 取 1，则为第一类）。设 $\boldsymbol{x}_2$ 为源点，则有

$$\begin{cases}\nabla^2 G(\boldsymbol{x},\boldsymbol{x}_2)=-\dfrac{1}{\varepsilon_0}\delta(\boldsymbol{x}-\boldsymbol{x}_2)\\ \left[\alpha\dfrac{\partial G(\boldsymbol{x},\boldsymbol{x}_2)}{\partial n}+\beta G(\boldsymbol{x},\boldsymbol{x}_2)\right]\Bigg|_S=0\end{cases}\tag{2.130}$$

考虑

$$G(\boldsymbol{x},\boldsymbol{x}_2)\nabla^2 G(\boldsymbol{x},\boldsymbol{x}_1)-(\boldsymbol{x},\boldsymbol{x}_1)\nabla^2 G(\boldsymbol{x},\boldsymbol{x}_2)\tag{2.131}$$

利用式（2.129）和式（2.130），有

$$\begin{aligned}&G(\boldsymbol{x},\boldsymbol{x}_2)\nabla^2 G(\boldsymbol{x},\boldsymbol{x}_1)-(\boldsymbol{x},\boldsymbol{x}_1)\nabla^2 G(\boldsymbol{x},\boldsymbol{x}_2)\\ &=-\frac{1}{\varepsilon_0}[G(\boldsymbol{x},\boldsymbol{x}_2)\delta(\boldsymbol{x}-\boldsymbol{x}_1)-G(\boldsymbol{x},\boldsymbol{x}_1)\delta(\boldsymbol{x}-\boldsymbol{x}_2)]\end{aligned}\tag{2.132}$$

将上式等号两端对 V 积分，并利用 δ 函数的性质，可得

$$\begin{aligned}&\int_V[G(\boldsymbol{x},\boldsymbol{x}_2)\nabla^2 G(\boldsymbol{x},\boldsymbol{x}_1)-G(\boldsymbol{x},\boldsymbol{x}_1)\nabla^2 G(\boldsymbol{x},\boldsymbol{x}_2)]\mathrm{d}V\\ &=-\frac{1}{\varepsilon_0}[G(\boldsymbol{x}_1,\boldsymbol{x}_2)-G(\boldsymbol{x}_2,\boldsymbol{x}_1)]\end{aligned}\tag{2.133}$$

如果上式等于零则有 $G(\boldsymbol{x}_1,\boldsymbol{x}_2)=G(\boldsymbol{x}_2,\boldsymbol{x}_1)$，格林函数的对称性即得证。

由式（2.114）的格林公式得

$$\int_V(\psi\nabla^2\varphi-\varphi\nabla^2\psi)\mathrm{d}V=\oint_S\left(\varphi\frac{\partial\psi}{\partial n}-\psi\frac{\partial\varphi}{\partial n}\right)\mathrm{d}S\tag{2.134}$$

令 $\psi=G(\boldsymbol{x},\boldsymbol{x}_2)$，$\varphi=G(\boldsymbol{x},\boldsymbol{x}_1)$，可得

$$\int_V [G(\boldsymbol{x},\boldsymbol{x}_2)\nabla^2 G(\boldsymbol{x},\boldsymbol{x}_1)-G(\boldsymbol{x},\boldsymbol{x}_1)\nabla^2 G(\boldsymbol{x},\boldsymbol{x}_2)]\,\mathrm{d}V$$

$$=\oint_S \left(G(\boldsymbol{x},\boldsymbol{x}_1)\frac{\partial G(\boldsymbol{x},\boldsymbol{x}_2)}{\partial n}-G(\boldsymbol{x},\boldsymbol{x}_2)\frac{\partial G(\boldsymbol{x},\boldsymbol{x}_1)}{\partial n}\right)\mathrm{d}S \tag{2.135}$$

结合式(2.133)我们有

$$-\frac{1}{\varepsilon_0}[G(\boldsymbol{x}_1,\boldsymbol{x}_2)-G(\boldsymbol{x}_2,\boldsymbol{x}_1)]$$

$$=\oint_S \left(G(\boldsymbol{x},\boldsymbol{x}_1)\frac{\partial G(\boldsymbol{x},\boldsymbol{x}_2)}{\partial n}-G(\boldsymbol{x},\boldsymbol{x}_2)\frac{\partial G(\boldsymbol{x},\boldsymbol{x}_1)}{\partial n}\right)\mathrm{d}S \tag{2.136}$$

由式(2.139)和式(2.130)的边值要求有

$$G(\boldsymbol{x},\boldsymbol{x}_2)\left[\alpha\frac{\partial G(\boldsymbol{x},\boldsymbol{x}_1)}{\partial n}+\beta G(\boldsymbol{x},\boldsymbol{x}_1)\right]$$

$$-G(\boldsymbol{x},\boldsymbol{x}_1)\left[\alpha\frac{\partial G(\boldsymbol{x},\boldsymbol{x}_2)}{\partial n}+\beta G(\boldsymbol{x},\boldsymbol{x}_2)\right]=0$$

$$\Rightarrow \alpha G(\boldsymbol{x},\boldsymbol{x}_2)\frac{\partial G(\boldsymbol{x},\boldsymbol{x}_1)}{\partial n}+\beta G(\boldsymbol{x},\boldsymbol{x}_2)G(\boldsymbol{x},\boldsymbol{x}_1)$$

$$-\alpha G(\boldsymbol{x},\boldsymbol{x}_1)\frac{\partial G(\boldsymbol{x},\boldsymbol{x}_2)}{\partial n}-\beta G(\boldsymbol{x},\boldsymbol{x}_1)G(\boldsymbol{x},\boldsymbol{x}_2)=0$$

$$\Rightarrow G(\boldsymbol{x},\boldsymbol{x}_2)\frac{\partial G(\boldsymbol{x},\boldsymbol{x}_1)}{\partial n}-G(\boldsymbol{x},\boldsymbol{x}_1)\frac{\partial G(\boldsymbol{x},\boldsymbol{x}_2)}{\partial n}=0 \tag{2.137}$$

这样，我们就证明了 $G(\boldsymbol{x}_1,\boldsymbol{x}_2)-G(\boldsymbol{x}_2,\boldsymbol{x}_1)=0$。

例 2-7-4

给出偶极子的电荷密度表达，并证明其势满足对应的泊松方程

解：设偶极子 $\boldsymbol{p}=q\boldsymbol{l}$ 位于原点(中心位于坐标原点)，$\pm q$ 电荷则分别位于 $\boldsymbol{x}'=\pm\boldsymbol{l}'/2$ 处。从而有

$$\begin{aligned}\rho&=q\delta\left(\boldsymbol{x}-\frac{\boldsymbol{l}}{2}\right)-q\delta\left(\boldsymbol{x}+\frac{\boldsymbol{l}}{2}\right)=q\Delta\delta(\boldsymbol{x})\\&\approx q\left[\frac{\partial\delta(\boldsymbol{x})}{\partial x'}\Delta x'+\frac{\partial\delta(\boldsymbol{x})}{\partial y'}\Delta y'+\frac{\partial\delta(\boldsymbol{x})}{\partial z'}\Delta z'\right]\\&=q\boldsymbol{l}\cdot\nabla\delta(\boldsymbol{x})\\&=-\boldsymbol{p}\cdot\nabla\delta(\boldsymbol{x})\end{aligned}$$

更好理解的是：$\boldsymbol{l}/2$ 是小量，从而 $f(\boldsymbol{x}+\boldsymbol{l}/2)=f(\boldsymbol{x})+\boldsymbol{l}\cdot\nabla f(\boldsymbol{x})/2+\cdots$ (这一展开式在下一节中要详细叙述)。于是有

$$\delta\left(\boldsymbol{x}-\frac{\boldsymbol{l}}{2}\right)=\delta(\boldsymbol{x})-\frac{\boldsymbol{l}}{2}\cdot\nabla\delta(\boldsymbol{x})+\cdots$$

$$\delta\left(\boldsymbol{x}+\frac{\boldsymbol{l}}{2}\right)=\delta(\boldsymbol{x})+\frac{\boldsymbol{l}}{2}\cdot\nabla\delta(\boldsymbol{x})+\cdots$$

只保留一阶则有

$$\rho=q\left[\delta\left(\boldsymbol{x}-\frac{\boldsymbol{l}}{2}\right)-\delta\left(\boldsymbol{x}+\frac{\boldsymbol{l}}{2}\right)\right]\approx-q\,\frac{\boldsymbol{l}}{2}\cdot 2\,\nabla\delta(\boldsymbol{x})=-\boldsymbol{p}\cdot\nabla\delta(\boldsymbol{x})$$

令空间只有一个位于坐标原点的偶极子,从而 φ 应该满足

$$\nabla^2\varphi=-\frac{1}{\varepsilon_0}\rho=\frac{1}{\varepsilon_0}\boldsymbol{p}\cdot\nabla\delta(\boldsymbol{x}) \tag{2.138}$$

位于坐标原点的偶极子产生的势 $\varphi_p=\dfrac{1}{4\pi\varepsilon_0}\dfrac{\boldsymbol{p}\cdot\boldsymbol{r}}{r^3}$,证明 φ_p 满足式(2.138),也就是说只要证明

$$\nabla^2\left(\frac{1}{4\pi\varepsilon_0}\frac{\boldsymbol{p}\cdot\boldsymbol{r}}{r^3}\right)=-\frac{1}{\varepsilon_0}\boldsymbol{p}\cdot\nabla\left(\frac{1}{4\pi}\nabla^2\frac{1}{\boldsymbol{r}}\right) \tag{2.139}$$

即可。上式的推导中,使用了

$$\delta(\boldsymbol{x})=\frac{1}{4\pi}\nabla^2\frac{1}{r}$$

利用公式$\nabla\times(\nabla\times\boldsymbol{A})=\nabla(\nabla\cdot\boldsymbol{A})-\nabla^2\boldsymbol{A}$,有

$$\nabla\left(\nabla\cdot\frac{\boldsymbol{r}}{r^3}\right)=\nabla\times\left(\nabla\times\frac{\boldsymbol{r}}{r^3}\right)+\nabla^2\left(\frac{\boldsymbol{r}}{r^3}\right) \tag{2.140}$$

已知

$$\nabla\times\frac{\boldsymbol{r}}{r^3}=0$$

从而有

$$\nabla^2\left(\frac{\boldsymbol{r}}{r^3}\right)=\nabla\left(\nabla\cdot\frac{\boldsymbol{r}}{r^3}\right)$$

等号两侧点乘偶极矩,则有

$$\boldsymbol{p}\cdot\nabla^2\left(\frac{\boldsymbol{r}}{r^3}\right)=\boldsymbol{p}\cdot\nabla\left(\nabla\cdot\frac{\boldsymbol{r}}{r^3}\right) \tag{2.141}$$

从而式(2.139)的等式得证。

第八节　电多极矩法和电偶极矩

如果有一电荷体系局限于某一小区域 V 内，那么这个电荷体系在真空中激发的电势为

$$\varphi(\boldsymbol{x})=\int_V \frac{\rho(\boldsymbol{x}')\mathrm{d}V'}{4\pi\varepsilon_0 r} \tag{2.142}$$

上式中的体积分遍及电荷分布的整个区域，r 为场点 $\boldsymbol{x}$ 到源点 $\boldsymbol{x}'$ 的距离，我们令坐标原点取于 V 内，场点位于 V 外，电荷密度为 $\rho(\boldsymbol{x}')$。

较多情况下，带电体系的电荷只是分布在一个较小的区域内，而欲求电场强度的地点 $\boldsymbol{x}$ 又离电荷分布区域比较远，即在式(2.142)中 r 远大于区域 V 的线度 $l(r\gg l)$。比如我们想要知道原子核在最外层电子处的电场强度，我们就会发现原子核的线度比较原子核与外层电子而言实在是太小了。如果原子核是一个直径一米的球，电子一般跑在离它100 千米处。如果你的身体是一个原子核，那么作为原子的你要占据北京市这么大的区域。(原子为什么这么浪费空间?)

如图 2-8-1，在区域 V 内取一点 O 作为坐标原点，以 R 表示由原点到场点 P 的距离。有

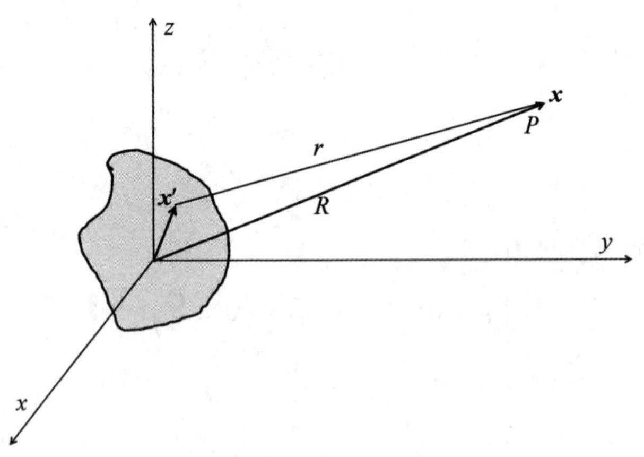

图 2-8-1

$$R=\sqrt{x^2+y^2+z^2}$$

$$r=|\boldsymbol{x}-\boldsymbol{x}'|=\sqrt{(x-x')^2+(y-y')^2+(z-z')^2}$$

$\boldsymbol{x}'$点在区域 V 内变动。

由于区域 V 的线度远小于 R，就可以把 $\boldsymbol{x}'$的各分量作为小变量。考虑 $f(\boldsymbol{x}-\boldsymbol{x}')$，其为$(\boldsymbol{x}-\boldsymbol{x}')$的任意函数，在 $\boldsymbol{x}'=0$ 点附近 $f(\boldsymbol{x}-\boldsymbol{x}')$的展开式为

$$\begin{aligned}
f(\boldsymbol{x}-\boldsymbol{x}')=&f(\boldsymbol{x}-\boldsymbol{x}')\Big|_{x'=0}+x_1'\frac{\partial}{\partial x_1'}f(\boldsymbol{x}-\boldsymbol{x}')\Big|_{x'=0}\\
&+x_2'\frac{\partial}{\partial x_2'}f(\boldsymbol{x}-\boldsymbol{x}')\Big|_{x'=0}+x_3'\frac{\partial}{\partial x_3'}f(\boldsymbol{x}-\boldsymbol{x}')\Big|_{x'=0}\\
&+\frac{1}{2!}\Big[x_1'x_1'\frac{\partial}{\partial x_1'}\frac{\partial}{\partial x_1'}f(\boldsymbol{x}-\boldsymbol{x}')\Big|_{x'=0}+x_1'x_2'\frac{\partial}{\partial x_1'}\frac{\partial}{\partial x_2'}f(\boldsymbol{x}-\boldsymbol{x}')\Big|_{x'=0}\\
&+x_1'x_3'\frac{\partial}{\partial x_1'}\frac{\partial}{\partial x_3'}f(\boldsymbol{x}-\boldsymbol{x}')\Big|_{x'=0}+x_2'x_1'\frac{\partial}{\partial x_2'}\frac{\partial}{\partial x_1'}f(\boldsymbol{x}-\boldsymbol{x}')\Big|_{x'=0}\\
&+x_2'x_2'\frac{\partial}{\partial x_2'}\frac{\partial}{\partial x_2'}f(\boldsymbol{x}-\boldsymbol{x}')\Big|_{x'=0}+x_2'x_3'\frac{\partial}{\partial x_2'}\frac{\partial}{\partial x_3'}f(\boldsymbol{x}-\boldsymbol{x}')\Big|_{x'=0}\\
&+x_3'x_1'\frac{\partial}{\partial x_3'}\frac{\partial}{\partial x_1'}f(\boldsymbol{x}-\boldsymbol{x}')\Big|_{x'=0}+x_3'x_2'\frac{\partial}{\partial x_3'}\frac{\partial}{\partial x_2'}f(\boldsymbol{x}-\boldsymbol{x}')\Big|_{x'=0}\\
&+x_3'x_3'\frac{\partial}{\partial x_3'}\frac{\partial}{\partial x_3'}f(\boldsymbol{x}-\boldsymbol{x}')\Big|_{x'=0}\Big]+\cdots
\end{aligned}\tag{2.143}$$

为了方便表示，上式中用(x_1,x_2,x_3)替代了(x,y,z)，以后我们将继续这样表示。将上式中的偏微分 $\partial/\partial x'$用$-\partial/\partial x$ 替换(这样做没有问题，$f(\boldsymbol{x}-\boldsymbol{x}')$里 $\boldsymbol{x}$ 和 $\boldsymbol{x}'$地位相当，只是 $\boldsymbol{x}'$前面有一负号)，有

$$\begin{aligned}
f(\boldsymbol{x}-\boldsymbol{x}')=&f(\boldsymbol{x}-\boldsymbol{x}')\Big|_{x'=0}-x_1'\frac{\partial}{\partial x_1}f(\boldsymbol{x}-\boldsymbol{x}')\Big|_{x'=0}\\
&-x_2'\frac{\partial}{\partial x_2'}f(\boldsymbol{x}-\boldsymbol{x}')\Big|_{x'=0}+x_3'\frac{\partial}{\partial x_3'}f(\boldsymbol{x}-\boldsymbol{x}')\Big|_{x'=0}\\
&+\frac{1}{2!}\Big[x_1'x_1'\frac{\partial}{\partial x_1'}\frac{\partial}{\partial x_1'}f(\boldsymbol{x}-\boldsymbol{x}')\Big|_{x'=0}+x_1'x_2'\frac{\partial}{\partial x_1'}\frac{\partial}{\partial x_2'}f(\boldsymbol{x}-\boldsymbol{x}')\Big|_{x'=0}\\
&+x_1'x_3'\frac{\partial}{\partial x_1'}\frac{\partial}{\partial x_3'}f(\boldsymbol{x}-\boldsymbol{x}')\Big|_{x'=0}+x_2'x_1'\frac{\partial}{\partial x_2'}\frac{\partial}{\partial x_1'}f(\boldsymbol{x}-\boldsymbol{x}')\Big|_{x'=0}\\
&+x_2'x_2'\frac{\partial}{\partial x_2'}\frac{\partial}{\partial x_2'}f(\boldsymbol{x}-\boldsymbol{x}')\Big|_{x'=0}+x_2'x_3'\frac{\partial}{\partial x_2'}\frac{\partial}{\partial x_3'}f(\boldsymbol{x}-\boldsymbol{x}')\Big|_{x'=0}\\
&+x_3'x_1'\frac{\partial}{\partial x_3'}\frac{\partial}{\partial x_1'}f(\boldsymbol{x}-\boldsymbol{x}')\Big|_{x'=0}+x_3'x_2'\frac{\partial}{\partial x_3'}\frac{\partial}{\partial x_2'}f(\boldsymbol{x}-\boldsymbol{x}')\Big|_{x'=0}
\end{aligned}$$

$$+x_3'x_3'\frac{\partial}{\partial x_3'}\frac{\partial}{\partial x_3'}f(\boldsymbol{x}-\boldsymbol{x}')\Big|_{x'=0}\Big]+\cdots \tag{2.144}$$

用连加号来表示

$$f(\boldsymbol{x}-\boldsymbol{x}')=f(\boldsymbol{x}-\boldsymbol{x}')\Big|_{x'=0}-\sum_{i=1}^{3}x_i'\frac{\partial}{\partial x_i}f(\boldsymbol{x}-\boldsymbol{x}')\Big|_{x'=0}$$
$$+\frac{1}{2!}\sum_{i=1}^{3}\sum_{j=1}^{3}x_i'x_j'\frac{\partial}{\partial x_i}\frac{\partial}{\partial x_j}f(\boldsymbol{x}-\boldsymbol{x}')\Big|_{x'=0}+\cdots \tag{2.145}$$

利用∇可以上式可以进一步写为

$$f(\boldsymbol{x}-\boldsymbol{x}')=f(\boldsymbol{x}-\boldsymbol{x}')|_{x'=0}-\boldsymbol{x}'\cdot\nabla f(\boldsymbol{x}-\boldsymbol{x}')|_{x'=0}$$
$$+\frac{1}{2!}(\boldsymbol{x}'\cdot\nabla)^2 f(\boldsymbol{x}-\boldsymbol{x}')|_{x'=0}+\cdots \tag{2.146}$$

如果你觉得疑惑,就一定要自己推导一下。

为了帮助理解等号右边第三项,我们可以先数一数其中的分量个数。$\boldsymbol{x}'\cdot\nabla$分量展开是 3 项相加,取平方后为 9 项,式(2.145)中的对应项展开也是 9 项。进一步的理解将要借助有关张量的一些表述,我们下一节再来讨论,现在我们考虑第一项和第二项。

取 $f(\boldsymbol{x}-\boldsymbol{x}')=\frac{1}{|\boldsymbol{x}-\boldsymbol{x}'|}=\frac{1}{r}$,有

$$\frac{1}{r}=\frac{1}{R}-\sum_{i=1}^{3}x_i'\frac{\partial}{\partial x_i}\frac{1}{R}+\frac{1}{2!}\sum_{i=1}^{3}\sum_{j=1}^{3}x_i'x_j'\frac{\partial}{\partial x_i}\frac{\partial}{\partial x_j}\frac{1}{R}+\cdots$$
$$=\frac{1}{R}-\boldsymbol{x}'\cdot\nabla\frac{1}{R}+\frac{1}{2!}(\boldsymbol{x}'\cdot\nabla)^2\frac{1}{R}+\cdots \tag{2.147}$$

将上式中的 $1/r$ 展开式代入到 $\varphi(x)=1/4\pi\varepsilon_0\int_V\rho(\boldsymbol{x}')/r\,\mathrm{d}V'$ 中,有

$$\varphi(\boldsymbol{x})=$$
$$\frac{1}{4\pi\varepsilon_0}\int_V\rho(\boldsymbol{x}')\left(\frac{1}{R}-\sum_{i=1}^{3}x_i'\frac{\partial}{\partial x_i}\frac{1}{R}+\frac{1}{2!}\sum_{i=1}^{3}\sum_{j=1}^{3}x_i'x_j'\frac{\partial}{\partial x_i}\frac{\partial}{\partial x_j}\frac{1}{R}+\cdots\right)\mathrm{d}V' \tag{2.148}$$

将其写为

$$\varphi(\boldsymbol{x})=\varphi^0(\boldsymbol{x})+\varphi^1(\boldsymbol{x})+\varphi^2(\boldsymbol{x})+\cdots \tag{2.149}$$

其中,

$$\varphi^0(\boldsymbol{x})=\frac{1}{4\pi\varepsilon_0}\int_V\rho(\boldsymbol{x}')\mathrm{d}V'\ \frac{1}{R}$$
$$=\frac{1}{4\pi\varepsilon_0}Q\ \frac{1}{R} \tag{2.150}$$

明显可以看出 $\varphi^0(\boldsymbol{x})$相当于位于原点的电荷量为 Q 的点电荷的电势，Q 是带电体的总电荷。

$$\varphi^1(\boldsymbol{x})=-\frac{1}{4\pi\varepsilon_0}\int_V\rho(\boldsymbol{x}')\sum_{i=1}^{3}x'_i\frac{\partial}{\partial x_i}\ \frac{1}{R}\mathrm{d}V'$$
$$=-\frac{1}{4\pi\varepsilon_0}\sum_{i=1}^{3}\int_V\rho(\boldsymbol{x}')x'_i\mathrm{d}V'\ \frac{\partial}{\partial x_i}\ \frac{1}{R}$$
$$=-\frac{1}{4\pi\varepsilon_0}\int_V\rho(\boldsymbol{x}')\boldsymbol{x}'\mathrm{d}V'\cdot\nabla\frac{1}{R}$$
$$=-\frac{1}{4\pi\varepsilon_0}\boldsymbol{P}\cdot\nabla\frac{1}{R}=\frac{1}{4\pi\varepsilon_0}\ \frac{\boldsymbol{P}\cdot\boldsymbol{R}}{R^3} \tag{2.151}$$

可以看出 $\varphi^1(\boldsymbol{x})$相当于位于原点的电偶极矩为 $\boldsymbol{P}$ 的电偶极子的电势，带电体的电偶极矩定义为

$$\boldsymbol{P}=\int_V\rho(\boldsymbol{x}')\boldsymbol{x}'\mathrm{d}V' \tag{2.152}$$

由上式我们很容易得出：如果电荷体系的电荷分布关于原点对称，则它的电偶极矩为 0，即 $\boldsymbol{P}=0$。因为 $\boldsymbol{x}'$点处的电荷密度与$-\boldsymbol{x}'$点处的电荷密度相同，也就是说

$$\rho(\boldsymbol{x}')=\rho(-\boldsymbol{x}'),$$

在积分过程中

$$\boldsymbol{x}'\cdot\rho(\boldsymbol{x}')+(-\boldsymbol{x}')\cdot\rho(-\boldsymbol{x}')=(\boldsymbol{x}'-\boldsymbol{x}')\cdot\rho(\boldsymbol{x}')=0$$

所以最后积分结果为零。因此电荷分布关于原点不对称的电荷体系才有电偶极矩。

如果电荷是面分布，式(2.152)变为

$$\boldsymbol{P}=\int_S\sigma(\boldsymbol{x}')\boldsymbol{x}'\mathrm{d}S' \tag{2.153}$$

例 2-8-1

一半径为 R 的球面上，电荷分布为 $\sigma=3\varepsilon_0E_0\cos\theta$，求该电荷的电偶极矩。

解：由定义式(2.153)并通过对称性分析，电偶极矩只有 z 方向有值，从而有

$$\boldsymbol{P}=\boldsymbol{e}_z\int_0^{\pi}3\varepsilon_0E_0\cos\theta R_0\cos\theta R_0^2\sin\theta\,\mathrm{d}\theta\int_0^{2\pi}\mathrm{d}\varphi$$
$$=4\pi R_0^3\varepsilon_0E_0\,\boldsymbol{e}_z \tag{2.154}$$

读者可能记得,在第六节我们曾经考虑过这个问题。该电荷体系激发的电场与它的电偶极矩激发的电场相同,所以我们可以说该电荷体系除偶极矩外其他的极矩都为零。

如果带电体不是连续的,而是 N 个分别位于$\boldsymbol{x}_i$ 处的点电荷 q_i 构成的点电荷组,式(2.152)可写为

$$\boldsymbol{P}=\sum_{i=1}^{N}q_i\,\boldsymbol{x}_i \tag{2.155}$$

最简单的点电荷组为偶极子(可以翻到第一节回顾一下)。

第九节 电四极矩

电势表达式 $\varphi(\boldsymbol{x})=\varphi^0(\boldsymbol{x})+\varphi^1(\boldsymbol{x})+\varphi^2(\boldsymbol{x})+\cdots$中的第三项为电四极矩的贡献。

$$\varphi^2(\boldsymbol{x})=\frac{1}{4\pi\varepsilon_0}\int_V\rho(\boldsymbol{x}')\,\frac{1}{2!}\sum_{i=1}^{3}\sum_{j=1}^{3}x'_ix'_j\frac{\partial}{\partial x_i}\frac{\partial}{\partial x_j}\frac{1}{R}\mathrm{d}V'$$
$$=\frac{1}{4\pi\varepsilon_0}\,\frac{1}{6}\sum_{i=1}^{3}\sum_{j=1}^{3}\int_V3\rho(\boldsymbol{x}')x'_ix'_j\,\mathrm{d}V'\,\frac{\partial}{\partial x_i}\frac{\partial}{\partial x_j}\frac{1}{R}$$
$$=\frac{1}{4\pi\varepsilon_0}\,\frac{1}{6}\sum_{i=1}^{3}\sum_{j=1}^{3}D_{ij}\,\frac{\partial}{\partial x_i}\frac{\partial}{\partial x_j}\frac{1}{R} \tag{2.156}$$

其中,$D_{ij}=\int_V3\rho(\boldsymbol{x}')x'_ix'_j\,\mathrm{d}V'$ 是电荷体系的电四极矩分量。如果我们利用张量符号来表达,那么就会非常简洁。我们现在来简单介绍张量的有关知识。这里我们只是简单介绍,比较全面的介绍将要在狭义相对论中进行。

两个矢量点乘得到一个标量,叉乘得到一个矢量。现在我们定义两个矢量的新的乘积,称之为并。两矢量 $\boldsymbol{A}=A_1\,\boldsymbol{e}_1+A_2\,\boldsymbol{e}_2+A_3\,\boldsymbol{e}_3$;$\boldsymbol{B}=B_1\,\boldsymbol{e}_1+B_2\,\boldsymbol{e}_2+B_3\,\boldsymbol{e}_3$,它们的并定义为

$$\overleftrightarrow{T}=\boldsymbol{AB}=A_1B_1\boldsymbol{e}_1\boldsymbol{e}_1+A_1B_2\boldsymbol{e}_1\boldsymbol{e}_2+A_1B_3\boldsymbol{e}_1\boldsymbol{e}_3$$
$$=A_2B_1\boldsymbol{e}_2\boldsymbol{e}_1+A_2B_2\boldsymbol{e}_2\boldsymbol{e}_2+A_2B_3\boldsymbol{e}_2\boldsymbol{e}_3$$
$$=A_3B_1\boldsymbol{e}_3\boldsymbol{e}_1+A_3B_2\boldsymbol{e}_3\boldsymbol{e}_2+A_3B_3\boldsymbol{e}_3\boldsymbol{e}_3 \tag{2.157}$$

它的 9 个分量可写成矩阵形式

$$\begin{pmatrix} T_{11} & T_{12} & T_{13} \\ T_{21} & T_{22} & T_{23} \\ T_{31} & T_{32} & T_{33} \end{pmatrix}$$

或简写成 $T_{ij}(i,j=1,2,3)$。对于如上的有 9 个分量的这种物理量，称为三维二阶张量(这是较为方便的定义方法，我们会在讲狭义相对论的时候再提到它的一般定义)。一般张量可写成

$$\overleftrightarrow{T}=\sum_{i=1}^{3}\sum_{j=1}^{3}T_{ij}\,\boldsymbol{e}_i\,\boldsymbol{e}_j$$

单位矢量并矢$\boldsymbol{e}_i\,\boldsymbol{e}_j$ 共有 9 个，作为张量的 9 个“基”，T_{ij}是张量 $\overleftrightarrow{T}$ 在$\boldsymbol{e}_i\,\boldsymbol{e}_j$上的分量。一个张量的所有分量都确定了，这个张量就完全确定了。一般来说，$\boldsymbol{AB}\neq\boldsymbol{BA}$。

若 $T_{11}=T_{22}=T_{33}=1$；$T_{ij}=0(i\neq j)$，则该张量被称为单位张量，用 $\overleftrightarrow{I}$ 表示，其分量矩阵为

$$\begin{pmatrix} 1 & 0 & 0 \\ 0 & 1 & 0 \\ 0 & 0 & 1 \end{pmatrix}$$

或写成 $\overleftrightarrow{I}=\sum_{i=1}^{3}\sum_{j=1}^{3}\delta_{ij}\,\boldsymbol{e}_i\,\boldsymbol{e}_j$，其中

$$\delta_{ij}=\begin{cases} 1 & (i=j) \\ 0 & (i\neq j) \end{cases} \tag{2.158}$$

称为克罗内克符号。

若对于一个张量 $\overleftrightarrow{T}$，有 $T_{ij}=T_{ji}$，则这一张量称为对称张量。

若对于一个张量 $\overleftrightarrow{T}$，有 $T_{ij}=-T_{ji}$，则这一张量称为反对称张量。此时必有

$$T_{11}=T_{22}=T_{33}=0$$

(1)加减法

两个张量相加(减)是将其对应的分量相加(减)，仍为张量，并满足

交换律和结合律。

可表示为

$$\overleftrightarrow{T}+\overleftrightarrow{F}=\sum_{i=1}^{3}\sum_{j=1}^{3}(T_{ij}+F_{ij})\,\boldsymbol{e}_i\,\boldsymbol{e}_j$$

(2)数乘

一个数与张量相乘是用这个数去乘张量的各个分量。可表示为

$$a\overleftrightarrow{T}=\sum_{i=1}^{3}\sum_{j=1}^{3}aT_{ij}\,\boldsymbol{e}_i\,\boldsymbol{e}_j$$

(3)两张量间的双点乘

两张量的双点乘定义为对应分量相乘后求和：$\overleftrightarrow{T}:\overleftrightarrow{F}=\sum_{i=1}^{3}\sum_{j=1}^{3}T_{ij}F_{ij}$。若 $\overleftrightarrow{T}=\boldsymbol{AB}$，$\overleftrightarrow{F}=\boldsymbol{CD}$；两张量间的双点乘可表示为

$$\overleftrightarrow{T}:\overleftrightarrow{F}=(\boldsymbol{AB}):(\boldsymbol{CD})=(\boldsymbol{B}\cdot\boldsymbol{C})(\boldsymbol{A}\cdot\boldsymbol{D})$$

其结果为一标量。

最后介绍两个常用的张量算符

$$\begin{aligned}\boldsymbol{x}'\boldsymbol{x}'=&x_1'x_1'\boldsymbol{e}_1\boldsymbol{e}_1+x_1'x_2'\boldsymbol{e}_1\boldsymbol{e}_2+x_1'x_3'\boldsymbol{e}_1\boldsymbol{e}_3\\&+x_2'x_1'\boldsymbol{e}_2\boldsymbol{e}_1+x_2'x_2'\boldsymbol{e}_2\boldsymbol{e}_2+x_2'x_3'\boldsymbol{e}_2\boldsymbol{e}_3\\&+x_3'x_1'\boldsymbol{e}_3\boldsymbol{e}_1+x_3'x_2'\boldsymbol{e}_3\boldsymbol{e}_2+x_3'x_3'\boldsymbol{e}_3\boldsymbol{e}_3\end{aligned}$$

和

$$\begin{aligned}\nabla\nabla+&\frac{\partial}{\partial x_1}\frac{\partial}{\partial x_1}\boldsymbol{e}_1\boldsymbol{e}_1+\frac{\partial}{\partial x_1}\frac{\partial}{\partial x_2}\boldsymbol{e}_1\boldsymbol{e}_2+\frac{\partial}{\partial x_1}\frac{\partial}{\partial x_3}\boldsymbol{e}_1\boldsymbol{e}_3\\&+\frac{\partial}{\partial x_2}\frac{\partial}{\partial x_1}\boldsymbol{e}_2\boldsymbol{e}_1+\frac{\partial}{\partial x_2}\frac{\partial}{\partial x_2}\boldsymbol{e}_2\boldsymbol{e}_2+\frac{\partial}{\partial x_2}\frac{\partial}{\partial x_3}\boldsymbol{e}_2\boldsymbol{e}_3\\&+\frac{\partial}{\partial x_3}\frac{\partial}{\partial x_1}\boldsymbol{e}_3\boldsymbol{e}_1+\frac{\partial}{\partial x_3}\frac{\partial}{\partial x_2}\boldsymbol{e}_3\boldsymbol{e}_2+\frac{\partial}{\partial x_3}\frac{\partial}{\partial x_3}\boldsymbol{e}_3\boldsymbol{e}_3\end{aligned}$$

利用张量标记符号，本节开头的式(2.156)可以重写为

$$\begin{aligned}\varphi^2(\boldsymbol{x})=&\frac{1}{4\pi\varepsilon_0}\frac{1}{6}\sum_{i=1}^{3}\sum_{j=1}^{3}D_{ij}\frac{\partial}{\partial x_i}\frac{\partial}{\partial x_j}\frac{1}{R}\\&\frac{1}{4\pi\varepsilon_0}\frac{1}{6}\overleftrightarrow{D}:\nabla\nabla\frac{1}{R}\end{aligned}\tag{2.159}$$

其中，

$$\overleftrightarrow{D}=\int_V 3\rho(\boldsymbol{x}')\boldsymbol{x}'\boldsymbol{x}'\mathrm{d}V'\tag{2.160}$$

为电四极矩张量。不过，使用最多的是约化电四极矩张量(注意到我们

把约化电四极矩张量用黑体表示）

$$\overset{\leftrightarrow}{\boldsymbol{D}} \equiv \int_V \rho(\boldsymbol{x}')(3\boldsymbol{x}'\boldsymbol{x}' - r'^2\overset{\leftrightarrow}{I})\,\mathrm{d}V'$$

$$= \int_V \rho(\boldsymbol{x}')3\boldsymbol{x}'\boldsymbol{x}'\mathrm{d}V' - \int_V \rho(\boldsymbol{x}')r'^2\overset{\leftrightarrow}{I}\mathrm{d}V'$$

$$= \overset{\leftrightarrow}{D} - \int_V \rho(\boldsymbol{x}')r'^2\overset{\leftrightarrow}{I}\mathrm{d}V' \tag{2.161}$$

虽然电四极矩张量和约化电四极矩张量明显不同，但是它们贡献的电势是相同的。这里做一个简单证明。

证明：由于 $\overset{\leftrightarrow}{I}$ 的分量都是常数（1 或者是 0），所以 $\overset{\leftrightarrow}{I}$ 可以从下面的积分号里提出来

$$\int_V \rho(\boldsymbol{x}')r'^2\overset{\leftrightarrow}{I}\mathrm{d}V' : \nabla\nabla\frac{1}{R} = \int_V \rho(\boldsymbol{x}')r'^2\mathrm{d}V'\overset{\leftrightarrow}{I} : \nabla\nabla\frac{1}{R} \tag{2.162}$$

其中 $\overset{\leftrightarrow}{I} : \nabla\nabla\frac{1}{R}$ 写成矩阵形式

$$\begin{pmatrix} 1 & 0 & 0 \\ 0 & 1 & 0 \\ 0 & 0 & 1 \end{pmatrix} : \begin{pmatrix} \frac{\partial}{\partial x_1}\frac{\partial}{\partial x_1} & \frac{\partial}{\partial x_1}\frac{\partial}{\partial x_2} & \frac{\partial}{\partial x_1}\frac{\partial}{\partial x_3} \\ \frac{\partial}{\partial x_2}\frac{\partial}{\partial x_1} & \frac{\partial}{\partial x_2}\frac{\partial}{\partial x_2} & \frac{\partial}{\partial x_2}\frac{\partial}{\partial x_3} \\ \frac{\partial}{\partial x_3}\frac{\partial}{\partial x_1} & \frac{\partial}{\partial x_3}\frac{\partial}{\partial x_2} & \frac{\partial}{\partial x_3}\frac{\partial}{\partial x_3} \end{pmatrix} \frac{1}{R}$$

$$= \left(\frac{\partial}{\partial x_1}\frac{\partial}{\partial x_1} + \frac{\partial}{\partial x_2}\frac{\partial}{\partial x_2} + \frac{\partial}{\partial x_3}\frac{\partial}{\partial x_3}\right)\frac{1}{R} = \nabla^2\frac{1}{R} \tag{2.163}$$

我们本节处理的是场点 $\boldsymbol{x}$ 离电荷分布区域比较远的情况，即 R 很大，绝对不会等于 0，所以

$$\overset{\leftrightarrow}{I} : \nabla\nabla\frac{1}{R} = 0 \tag{2.164}$$

从而有

$$\int_V \rho(\boldsymbol{x}')r'^2\overset{\leftrightarrow}{I}\mathrm{d}V' : \nabla\nabla\frac{1}{R} = 0 \tag{2.165}$$

电四极矩贡献的电势为

$$\varphi^2(\boldsymbol{x}) = \frac{1}{4\pi\varepsilon_0}\,\frac{1}{6}\overset{\leftrightarrow}{D} : \nabla\nabla\frac{1}{R}$$

$$= \frac{1}{4\pi\varepsilon_0}\,\frac{1}{6}\overset{\leftrightarrow}{D} : \nabla\nabla\frac{1}{R} - \int_V \rho(\boldsymbol{x}')r'^2\overset{\leftrightarrow}{I}\mathrm{d}V' : \nabla\nabla\frac{1}{R}$$

$$=\frac{1}{4\pi\varepsilon_0}\frac{1}{6}\int_V\rho(\boldsymbol{x}')3\boldsymbol{x}'\boldsymbol{x}'\mathrm{d}V':\nabla\nabla\frac{1}{R}-\int_V\rho(\boldsymbol{x}')r'^2\overleftrightarrow{I}\mathrm{d}V':\nabla\nabla\frac{1}{R}$$

$$=\frac{1}{4\pi\varepsilon_0}\frac{1}{6}\int_V\rho(\boldsymbol{x}')(3\boldsymbol{x}'\boldsymbol{x}'-r'^2\overleftrightarrow{I})\,\mathrm{d}V':\nabla\nabla\frac{1}{R}$$

$$=\frac{1}{4\pi\varepsilon_0}\frac{1}{6}\overleftrightarrow{\boldsymbol{D}}:\nabla\nabla\frac{1}{R} \tag{2.166}$$

证明结束。

将电四极矩写成它的约化形式有个好处,约化电四极矩张量是无迹的,即它的矩阵形式中对角项和为零。

电四极矩张量只有五个独立分量。

证明:首先,电四极矩张量是对称的。当 $i\neq j$ 时,有

$$\begin{aligned}D_{ij}&=\int_V\rho(\boldsymbol{x}')3x'_ix'_j\,\mathrm{d}V'\\&=\int_V\rho(\boldsymbol{x}')3x'_jx'_i\,\mathrm{d}V'\\&=D_{ji}\end{aligned} \tag{2.167}$$

这就是说电四极矩张量最多有六个独立分量(3 个对角分量,3 个交叉分量)。

另外,电四极矩张量的对角量之和为 0:

$$\begin{aligned}&D_{11}+D_{22}+D_{33}\\&=\int_V\rho(\boldsymbol{x}')(3x'^2_1-r'^2\overleftrightarrow{I})\,\mathrm{d}V'\\&\quad+\int_V\rho(\boldsymbol{x}')(3x'^2_2-r'^2\overleftrightarrow{I})\,\mathrm{d}V'\\&\quad+\int_V\rho(\boldsymbol{x}')(3x'^2_3-r'^2\overleftrightarrow{I})\,\mathrm{d}V'\\&=0\end{aligned} \tag{2.168}$$

这样对角量只剩两个独立了。

更高阶的电极矩我们就不详细讨论了,可以看到

$$\begin{aligned}\varphi^0(\boldsymbol{x})&=\frac{1}{4\pi\varepsilon_0}Q\frac{1}{R}\\\varphi^1(\boldsymbol{x})&=-\frac{1}{4\pi\varepsilon_0}\boldsymbol{P}\cdot\nabla\frac{1}{R}\\\varphi^2(\boldsymbol{x})&=\frac{1}{4\pi\varepsilon_0}\frac{1}{6}\overleftrightarrow{\boldsymbol{D}}:\nabla\nabla\frac{1}{R}\end{aligned} \tag{2.169}$$

∇作用的次数与阶数相同。$1/R$ 经∇作用一次增加一次幂,第 n 阶电矩

贡献的电势中有 $1/R^{n+1}$ 项，R 很大时，高阶项可以忽略。

例 2-9-1

均匀带电的椭球体，半长轴为 a，半短轴为 b，电荷为 Q。求其四极矩和远处的势。

解：取 z 轴为长轴，则椭球方程为 $\dfrac{x_1^2+x_2^2}{b^2}+\dfrac{x_3^2}{a^2}=1$；电荷密度为 $\rho_0=\dfrac{3Q}{4\pi ab^2}$，由于电荷分布关于原点对称，所以 $\boldsymbol{P}=0$，四极矩为 $\overset{\leftrightarrow}{\boldsymbol{D}}=\rho_0\int_V(3\boldsymbol{xx}-r^2\overset{\leftrightarrow}{I})\,\mathrm{d}V$，（注意到例题里采用 $\boldsymbol{x}$ 而不是 $\boldsymbol{x}'$ 来标记电荷的空间位置，所以四极矩公式中的 $\boldsymbol{x}'$ 这里被置换为 $\boldsymbol{x}$）由对称性可知，$\int x_1x_2\mathrm{d}V=\int x_2x_3\mathrm{d}V=\int x_3x_1\mathrm{d}V=0$，所以，也就是说 $D_{ij}=0(i\neq j)$。

令 $S^2=x_1^2+x_2^2$，由对称性知 $\int x_1^2\mathrm{d}V=\int x_2^2\mathrm{d}V$，所以

$$\begin{aligned}\int x_1^2\mathrm{d}V&=\frac{1}{2}\int S^2\mathrm{d}V\\&=\frac{1}{2}\int_{-a}^{a}\mathrm{d}x_3\int_0^{2\pi}\mathrm{d}\phi\int_0^{b\left(1-\frac{x_3^2}{a^2}\right)^{1/2}}S^2S\mathrm{d}S\\&=\frac{4\pi ab^4}{15}\end{aligned}\tag{2.170}$$

$$\begin{aligned}\int x_3^2\mathrm{d}V&=\int_{-a}^{a}x_3^2\mathrm{d}x_3\int_0^{2\pi}\mathrm{d}\varphi\int_0^{b\left(1-\frac{x_3^2}{a^2}\right)^{1/2}}S\mathrm{d}S\\&=\frac{4\pi b^2a^3}{15}\end{aligned}\tag{2.171}$$

对角项部分就可以很容易得到了

$$\begin{aligned}D_{33}&=\rho_0\int(3x_3^2-r^2)\mathrm{d}V\\&=\rho_0\int(2x_3^2-x_1^2-x_2^2)\mathrm{d}V\\&=2\rho_0\int(x_3^2-x_1^2)\mathrm{d}V\\&=2\,\frac{3Q}{4\pi ab^2}\,\frac{4\pi}{15}b^2a(a^2-b^2)\\&=\frac{2}{5}Q(a^2-b^2)\end{aligned}$$

$$D_{11}=D_{22}=-\frac{1}{2}D_{33}$$

$$=-\frac{1}{5}(a^2-b^2)Q \tag{2.172}$$

电四极矩对应的电势为

$$\begin{aligned}\varphi^2(\boldsymbol{x})&=\frac{1}{4\pi\varepsilon_0}\frac{1}{6}\overleftrightarrow{\boldsymbol{D}}:\nabla\nabla\frac{1}{R}\\&=\frac{1}{24\pi\varepsilon_0}\left(D_{11}\frac{\partial^2}{\partial x^2}+D_{22}\frac{\partial^2}{\partial y^2}+D_{33}\frac{\partial^2}{\partial z^2}\right)\frac{1}{R}\\&=-\frac{D_{33}}{48\pi\varepsilon_0}\left(\frac{\partial^2}{\partial x^2}+\frac{\partial^2}{\partial y^2}-2\frac{\partial^2}{\partial z^2}\right)\frac{1}{R}\\&=-\frac{D_{33}}{48\pi\varepsilon_0}\left(\nabla^2-3\frac{\partial^2}{\partial z^2}\right)\frac{1}{R}\\&=\frac{3D_{33}}{48\pi\varepsilon_0}\frac{\partial^2}{\partial z^2}\frac{1}{R}\\&=\frac{3}{48\pi\varepsilon_0}\frac{2}{5}Q(a^2-b^2)\frac{3z^2-R^2}{R^5}\end{aligned} \tag{2.173}$$

由对称性分析知道电荷均匀分布的椭球的电偶极矩为0，所以远处的场在近似到四极矩项时为

$$\varphi=\varphi^0+\varphi^2=\frac{Q}{4\pi\varepsilon_0}\left[\frac{1}{R}+\frac{(a^2-b^2)}{10}\frac{3\cos\theta-1}{R^3}\right] \tag{2.174}$$

第三章　静磁场

这一章将从麦克斯韦方程组出发，研究静磁场的性质，引入矢势的概念，了解静磁场的各种求解方法(直接积分法、矢势法、磁多极矩法)。

第一节　矢势

在静磁场条件下，麦克斯韦方程组中的有关磁场的方程为

$$\nabla \times \boldsymbol{H} = \boldsymbol{J}$$

$$\nabla \cdot \boldsymbol{B} = 0$$

矢量分析里有两个很重要的结论：1. 梯度场无旋；2. 旋度场无散。由于静磁场为无散场，所以可将 $\boldsymbol{B}$ 定义为另一矢量场的旋度，即

$$\boldsymbol{B} = \nabla \times \boldsymbol{A} \tag{3.1}$$

$\boldsymbol{A}$ 称为磁场的矢势。

由上式可知，矢势 $\boldsymbol{A}$ 可以唯一确定磁场 $\boldsymbol{B}$；但给定磁场 $\boldsymbol{B}$ 并不能唯一地确定 $\boldsymbol{A}$，因为若 $\boldsymbol{A}$ 满足 $\boldsymbol{B} = \nabla \times \boldsymbol{A}$，则

$$\boldsymbol{A}' = \boldsymbol{A} + \nabla \psi$$

也同样满足 $\boldsymbol{B} = \nabla \times \boldsymbol{A}'$，其中 ψ 为任意连续可微的标量函数。因为第二项的梯度场的旋度为零：

$$\nabla \times \boldsymbol{A}' = \nabla \times \boldsymbol{A} + \nabla \times \nabla \psi = \nabla \times \boldsymbol{A} = \boldsymbol{B}$$

所以对应确定的磁场 $\boldsymbol{B}$，矢势 $\boldsymbol{A}$、$\boldsymbol{A}'$、…可以有无穷多个。一个最直接的想法是：$\boldsymbol{A}$ 的不确定性是由于我们只给出了 $\boldsymbol{A}$ 的旋度，没有给出 $\boldsymbol{A}$ 的散度。毕竟麦克斯韦方程组也只是分别给出了磁场和电场的旋度和散度。我们可以对 $\boldsymbol{A}$ 的散度加以条件，最简单方便的就是要 $\boldsymbol{A}$ 满足无散

$$\nabla \cdot \boldsymbol{A} = 0 \tag{3.2}$$

有了这一条件限制，就可从上述的 $\boldsymbol{A}$、$\boldsymbol{A}'$、…中挑选出一个确定的矢势，这一限制条件被称为库仑规范(gauge)条件。首先的问题是：是否存在 $\boldsymbol{A}$ 既满足 $\nabla\cdot\boldsymbol{A}=0$ 又满足 $\nabla\times\boldsymbol{A}=\boldsymbol{B}$？答案是：存在。因为如果

$$\nabla\cdot\boldsymbol{A}=u\neq 0$$

可将 $\boldsymbol{A}$ 变为 $\boldsymbol{A}'=\boldsymbol{A}+\nabla\psi$，$\boldsymbol{A}'$ 和 $\boldsymbol{A}$ 有相同的旋度，$\boldsymbol{A}$ 的散度为

$$\nabla\cdot\boldsymbol{A}'=\nabla\cdot\boldsymbol{A}+\nabla^2\psi=u+\nabla^2\psi \tag{3.3}$$

只要求出满足 $\nabla^2\psi=-u$ 的 ψ，则

$$\nabla\cdot\boldsymbol{A}'=0$$

也就是说我们总可以找到适当的矢势，使之同时满足

$$\nabla\times\boldsymbol{A}=\boldsymbol{B}$$

$$\nabla\cdot\boldsymbol{A}=0 \tag{3.4}$$

满足 $\nabla^2\psi=-u$ 的 ψ 不仅有而且多，这个方程是我们在第二章中见到的泊松方程，这个方程还需要边界条件才能唯一确定。即使我们确定了一个矢量场的散度和旋度我们也不能完全确定这一矢量场。这个问题我们在第一章的第六节讨论过，并介绍了一个相关的定理：亥姆霍兹定理。

例 3-1-1

求均匀磁场 $\boldsymbol{B}=B_0\boldsymbol{e}_z$ 的矢势。

解：由

$$\boldsymbol{B}=\nabla\times\boldsymbol{A}=\begin{vmatrix}\boldsymbol{e}_x & \boldsymbol{e}_y & \boldsymbol{e}_z\\ \dfrac{\partial}{\partial x} & \dfrac{\partial}{\partial y} & \dfrac{\partial}{\partial z}\\ A_x & A_y & A_z\end{vmatrix}$$

$$=\left(\frac{\partial A_z}{\partial y}-\frac{\partial A_y}{\partial z}\right)\boldsymbol{e}_x+\left(\frac{\partial A_x}{\partial z}-\frac{\partial A_z}{\partial x}\right)\boldsymbol{e}_y+\left(\frac{\partial A_y}{\partial x}-\frac{\partial A_x}{\partial y}\right)\boldsymbol{e}_z$$

知，欲求磁场 $\boldsymbol{B}=B_0\boldsymbol{e}_z$ 的矢势，可令

$$\begin{cases}\dfrac{\partial A_z}{\partial y}-\dfrac{\partial A_y}{\partial z}=0\\ \dfrac{\partial A_x}{\partial z}-\dfrac{\partial A_z}{\partial x}=0\\ \dfrac{\partial A_y}{\partial x}-\dfrac{\partial A_x}{\partial y}=B_0\end{cases}$$

如果矢势选取只有 x 分量的特殊形式，则有

$$\begin{cases} \dfrac{\partial A_x}{\partial z}=0 \\ -\dfrac{\partial A_x}{\partial y}=B_0 \end{cases}$$

明显令 $A_x=-yB_0$ 即可。如果矢势选取只有 y 分量的特殊形式，则令 $A_y=xB_0$ 即可。也可以明显看出，如果矢势不能选取只有 z 分量的特殊形式。于是我们找到了两个矢势

$$\boldsymbol{A}_1=-B_0 y\,\boldsymbol{e}_x$$

$$\boldsymbol{A}_2=B_0 x\,\boldsymbol{e}_y \tag{3.5}$$

可以表示方向为指向 z 轴正方向的均匀磁场。事实上，我们可以使用 $\boldsymbol{A}_1$ 和 $\boldsymbol{A}_2$ 各一半，即

$$\boldsymbol{A}=\frac{1}{2}(\boldsymbol{A}_1+\boldsymbol{A}_2)=\frac{1}{2}B_0(x\,\boldsymbol{e}_y-y\,\boldsymbol{e}_x) \tag{3.6}$$

这一形式因其对称性而使用较广。

例 3-1-2

已知矢势 $\boldsymbol{A}=3x\,\boldsymbol{e}_x+B_0x\,\boldsymbol{e}_y+3z\,\boldsymbol{e}_z$ 求磁场，并求满足库仑规范的矢势。

解：

$$\boldsymbol{B}=\nabla\times\boldsymbol{A}=\boldsymbol{B}_0\ \boldsymbol{e}_z$$

$$\nabla\cdot\boldsymbol{A}=6$$

设 $\boldsymbol{A}'=\boldsymbol{A}+\nabla\psi$ 有

$$\nabla\cdot\boldsymbol{A}'=\nabla\cdot\boldsymbol{A}+\nabla^2\psi=6+\nabla^2\psi$$

只要让 $\nabla^2\psi=-6$ 就会有 $\nabla\cdot\boldsymbol{A}'=0$。满足 $\nabla^2\psi=-6$ 的 ψ 有很多，最简单莫过于

$$\psi=-3x^2$$

容易得到

$$\boldsymbol{A}'=\boldsymbol{A}+\nabla\psi=-3x\,\boldsymbol{e}_x+B_0x\,\boldsymbol{e}_y+3z\,\boldsymbol{e}_z$$

$\boldsymbol{A}'$ 即为所求得满足库仑规范的矢势。

第二节 矢势满足的微分方程

均匀线性介质内，$\boldsymbol{B}=\mu\boldsymbol{H}$，即 $\nabla\times\boldsymbol{A}=\mu\boldsymbol{H}$，代入麦克斯韦方程组中的 $\nabla\times\boldsymbol{H}=\boldsymbol{J}$，得

$$\nabla\times(\nabla\times\boldsymbol{A})=\mu\boldsymbol{J}$$

$$\Rightarrow\nabla(\nabla\cdot\boldsymbol{A})-\nabla^2\boldsymbol{A}=\mu\boldsymbol{J} \tag{3.7}$$

库伦规范下，$\nabla\cdot\boldsymbol{A}=0$，所以可得

$$\nabla^2\boldsymbol{A}=-\mu\boldsymbol{J} \tag{3.8}$$

两矢量相等要求每一个分量对应相等，在直角坐标系中，上式中的方程可分解为三个标量方程

$$(\nabla^2\boldsymbol{A})_x=\nabla^2 A_x=-\mu J_x$$

$$(\nabla^2\boldsymbol{A})_y=\nabla^2 A_y=-\mu J_y$$

$$(\nabla^2\boldsymbol{A})_z=\nabla^2 A_z=-\mu J_z \tag{3.9}$$

这三个标量方程和静电场标势满足的方程形式上一致，具体的求解过程就不再赘述。下面来看看它们的边值关系。

直接由磁场的边值关系 $\boldsymbol{n}\cdot(\boldsymbol{B}_2-\boldsymbol{B}_1)=0$、$\boldsymbol{n}\times(\boldsymbol{H}_2-\boldsymbol{H}_1)=\boldsymbol{\alpha}_f$ 和介质的状态方程 $\boldsymbol{B}=\mu\boldsymbol{H}$，可得非磁性材料情况下的边值关系

$$\boldsymbol{n}\cdot(\nabla\times\boldsymbol{A}_2-\nabla\times\boldsymbol{A}_1)=0 \tag{3.10}$$

$$\boldsymbol{n}\times\left(\frac{\nabla\times\boldsymbol{A}_2}{\mu_2}-\frac{\nabla\times\boldsymbol{A}_1}{\mu_1}\right)=\boldsymbol{\alpha}_f \tag{3.11}$$

或者使用更一般的公式 $\boldsymbol{B}=\mu_0(\boldsymbol{H}+\boldsymbol{M})$将上面边值关系中第二式写为适合磁性材料的

$$\boldsymbol{n}\times\left[\left(\frac{\nabla\times\boldsymbol{A}_2}{\mu_0}-\boldsymbol{M}_2\right)-\left(\frac{\nabla\times\boldsymbol{A}_1}{\mu_0}-\boldsymbol{M}_1\right)\right]=\boldsymbol{\alpha}_f \tag{3.12}$$

或者写为更常见的

$$\boldsymbol{n}\times(\nabla\times\boldsymbol{A}_2-\nabla\times\boldsymbol{A}_1)=\mu_0[\boldsymbol{\alpha}_f+\boldsymbol{n}\times(\boldsymbol{M}_2-\boldsymbol{M}_1)] \tag{3.13}$$

上面边值关系中第一式还可以写为

$$\boldsymbol{n}\times(\boldsymbol{A}_2-\boldsymbol{A}_1)=0 \tag{3.14}$$

如果再限定库伦规范$\nabla\cdot\boldsymbol{A}=0$，就可以进一步写为

$$\boldsymbol{A}_2=\boldsymbol{A}_1 \tag{3.15}$$

接下来我们做一个简单推导，由于有关系式

$$\oint_L\boldsymbol{A}\cdot\mathrm{d}\boldsymbol{l}=\int_S\nabla\times\boldsymbol{A}\cdot\mathrm{d}\boldsymbol{S}=\int_S\boldsymbol{B}\cdot\mathrm{d}\boldsymbol{S}=\varphi_m \tag{3.16}$$

我们可以使用如第一章第十节电磁场边值关系中的方法。如图 1-10-3 所示的，在界面两侧作一狭长回路，在回路上使用以上关系式，可证 $\boldsymbol{n}\times(\boldsymbol{A}_2-\boldsymbol{A}_1)=0$。进一步推导可以得出边值关系中的第一式，也就是式(3.10)：

$$\boldsymbol{n}\times(\boldsymbol{A}_2-\boldsymbol{A}_1)=0$$

$$\Rightarrow\boldsymbol{n}\times\boldsymbol{A}_2=\boldsymbol{n}\times\boldsymbol{A}_1$$

$$\Rightarrow\nabla\cdot(\boldsymbol{n}\times\boldsymbol{A}_2)=\nabla\cdot(\boldsymbol{n}\times\boldsymbol{A}_1) \tag{3.17}$$

利用附录 A 的第 15 式,并注意到 $\boldsymbol{n}$ 是常矢量,上式可推导出

$$(\nabla\times\boldsymbol{n})\cdot\boldsymbol{A}_2-\boldsymbol{n}\cdot(\nabla\times\boldsymbol{A}_2)=(\nabla\times\boldsymbol{n})\cdot\boldsymbol{A}_1-\boldsymbol{n}\cdot(\nabla\times\boldsymbol{A}_1)$$

$$\Rightarrow\boldsymbol{n}\cdot(\nabla\times\boldsymbol{A}_2)=\boldsymbol{n}\cdot(\nabla\times\boldsymbol{A}_1) \tag{3.18}$$

即式(3.10)。第一章第十节中我们已知$\nabla\cdot\boldsymbol{A}=0$ 可以推导出

$$\boldsymbol{n}\cdot(\boldsymbol{A}_2-\boldsymbol{A}_1)=0 \tag{3.19}$$

上式意味着矢势在分界面上的法线方向分量连续,由式(3.14)可知矢势在分界面上的切法线方向分量连续,从而可以得出矢势在分界面上连续,即$\boldsymbol{A}_2=\boldsymbol{A}_1$。

值得注意一下式(3.16),它表示矢势在静磁场中沿任意闭合回路的环量等于通过以此闭合回路为边界的任意曲面的磁通量。这便是矢势的间接物理意义。

方程(3.8)在无界空间的特解为

$$\boldsymbol{A}(\boldsymbol{x})=\frac{\mu}{4\pi}\int_V\frac{\boldsymbol{J}(\boldsymbol{x}')\mathrm{d}V'}{r} \tag{3.20}$$

将上式代入式(3.8)可知其满足方程,读者可以自行解这一过程,这一过程我们在第一章第六节中有叙述。式(3.20)可以帮助我们求得有限区域分布的电流产生的磁矢势或磁场。

例 3-2-1

半径为 a 的载流圆环上有电流 I,求矢势分布。

解:我们使用式(3.20)的适合线电流的形式

$$\boldsymbol{A}(\boldsymbol{x})=\frac{\mu_0 I}{4\pi}\oint\frac{\mathrm{d}\boldsymbol{l}}{r} \tag{3.21}$$

如图 3-2-1 所示,$\mathrm{d}\boldsymbol{l}$ 总是沿着$\boldsymbol{e}_\phi$ 方向,且系统具有轴对称性,从而 $\boldsymbol{A}$ 也只有$\boldsymbol{e}_\phi$ 方向且 A_ϕ 与 ϕ 无关。既然 A_ϕ 与 ϕ 无关,我们就可以计算当 ϕ 取 0 时的(也就是场点位于 xz 平面)时的情况,这时也就是说我们只需要计算 $A_\phi(\phi=0)=A_y$,这时得到的表达式也就是一般情况的表达式。既然只需要计算 $A_{\phi=0}=A_y$,我们就只需要 $\mathrm{d}l_y$,如图 3-2-2 所示,它可以表示为

$$\mathrm{d}l_y=a\cos\phi'\mathrm{d}\phi' \tag{3.22}$$

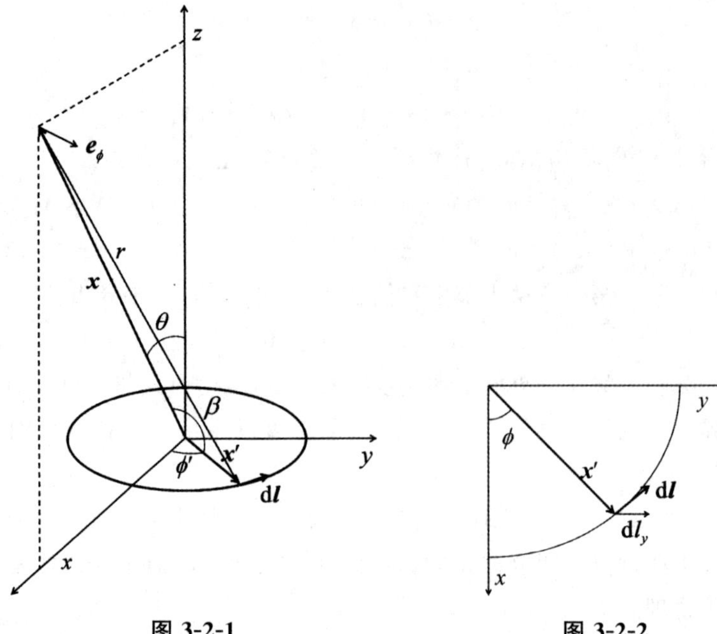

图 3-2-1　　　　图 3-2-2

式(3.21)中的 r 为

$$\begin{aligned} r &= |\boldsymbol{x}-\boldsymbol{x}'| = \sqrt{R^2+a^2-2\boldsymbol{x}\cdot\boldsymbol{x}'} \\ &= \sqrt{R^2+a^2-2Ra\sin\theta\cos\phi'} \end{aligned} \tag{3.23}$$

其中,R 表示场点到原点的距离;最后一步使用了初等立体几何中的折叠角公式。于是,我们有

$$A_\phi(R,\theta)=\frac{\mu_0 Ia}{4\pi}\int_0^{2\pi}\frac{\cos\phi'\mathrm{d}\phi'}{\sqrt{R^2+a^2-2Ra\sin\theta\cos\phi'}} \tag{3.24}$$

读者可以考虑上面这一积分结果的一般表达,现在我们接下来考虑一种特殊情况即

$$R^2+a^2\gg 2Ra\sin\theta\cos\phi'$$

将积分式中的 $1/\sqrt{R^2+a^2-2Ra\sin\theta\cos\phi'}$ 以 $2Ra\sin\theta\cos\phi'/(R^2+a^2)$ 作为小量展开,利用 $1/\sqrt{1-x}=1+x/2+3x^2/8+15x^3/48+\cdots$,有

$$\begin{aligned} A_\phi(R,\theta) &= \frac{\mu_0 Ia}{4\pi\sqrt{R^2+a^2}}\int_0^{2\pi}\mathrm{d}\phi'\cos\phi'\left[\frac{Ra\sin\theta\cos\phi'}{R^2+a^2}+\frac{5}{2}\left(\frac{Ra\sin\theta\cos\phi'}{R^2+a^2}\right)^3\cdots\right] \\ &= \frac{\mu_0 Ia}{4}\left[\frac{Ra\sin\theta}{(R^2+a^2)^{3/2}}+\frac{5}{18}\frac{R^3a^3\sin^3\theta}{(R^2+a^2)^{7/2}}\cdots\right] \end{aligned} \tag{3.25}$$

$R^2+a^2 \gg 2Ra\sin\theta\cos\phi'$可以有两种情况，远场 $R \gg a$ 和近轴场 $R\sin\theta \gg a$，多数的教科书仔细讨论了近轴场情况，这里我们讨论远场情况。$R \gg a$ 使得我们可以使用一些技巧，直接将式(3.25)中方括号中的 a^2 取零，得到

$$A_\phi(R,\theta)=\frac{\mu_0 I}{4}\frac{a^2\sin\theta}{R^2} \tag{3.26}$$

原则上应该以 a/R 作为变量在零附近展开，然后保留低阶项。上式可以进一步写为更为一般的矢量形式

$$\boldsymbol{A}=\frac{\mu_0 I}{4\pi}\frac{\boldsymbol{S}\times\boldsymbol{R}}{R^3} \tag{3.27}$$

其中，$\boldsymbol{S}$ 大小为载流线圈的面积，方向由电流方向确定。下一节我们进一步讨论它。

上面的这个简单的例子就到此为止，我们更愿意接受的是解边界条件下的式(3.15)所表示的矢势方程。接下来我们给出一个例子，它显示了怎样在给定边界条件下解矢势满足的方程，从而得到电势的分布。

例 3-2-2

无穷大导体平面上流有均匀面电流$\boldsymbol{\alpha}_f$，求空间的矢势和磁场。

解：如图 3-2-3 设导体平面为 xoz 平面，$\boldsymbol{\alpha}_f$ 方向与 z 轴方向相同。显然，$\mathbf{A}$ 只有 z 分量且与 x、z 无关，所以 $\mathbf{A}=A_z\boldsymbol{e}_z$，$A_z=A_z(y)$。矢势满足的微分方程为

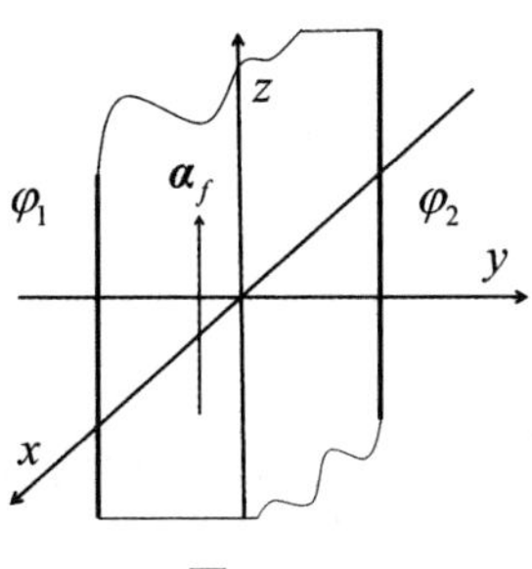

图 3-2-3

$$\nabla^2 A_z=\frac{\mathrm{d}^2 A_z}{\mathrm{d}y^2}=0$$

令 A_1 和 A_2 分别表示导体平面左边空间和右边空间的矢势，它们满足：

$$\frac{d^2A_1}{dy^2}=0,\ (y<0)$$

$$\frac{d^2A_2}{dy^2}=0,\ (y>0)$$

通解为

$$A_1=ay+b;A_2=cy+\mathrm{d} \tag{3.28}$$

由边值关系，在 $y=0$ 处，$A_1=A_2$，可设 $b=\mathrm{d}=0$，则 $A_1=ay$，$A_2=cy$。又由于空间左右对称，$y=y_0$ 与 $y=-y_0$ 时，$A_1=A_2$，可得 $a=-c$。又据边值关系

$$\boldsymbol{n}\times(\nabla\times\boldsymbol{A}_2-\nabla\times\boldsymbol{A}_1)=\mu_0\boldsymbol{\alpha}_f$$

即

$$-\frac{\partial}{\partial y}(A_2-A_1)\Big|_{y=0}=\mu_0\alpha_f$$

可得 $c-a=-\mu_0\alpha_f$，所以 $a=-\mu_0\alpha_f/2$；$c=\mu_0\alpha_f/2$，带回到通解的表示式，得到

$$\boldsymbol{A}_1=\frac{\mu_0}{2}\alpha_f y\,\boldsymbol{e}_z\quad(y<0)$$

$$\boldsymbol{A}_2=-\frac{\mu_0}{2}\alpha_f y\,\boldsymbol{e}_z\quad(y>0)$$

由直角坐标系的旋度公式可求得

$$\boldsymbol{B}_1=-\boldsymbol{B}_2=\frac{\mu_0}{2}\alpha_f\,\boldsymbol{e}_x$$

更为复杂的情况我们就不介绍了，具体的手段在第二章里已经讲过了很多了，那些方法都可以移植到这里来，你可以把矢势满足的方程看作是三个标势方程。

第三节　磁多极矩

如果有一电流体系分布在小区域 V 内，那么这个电流体系在真空中激发的矢势为

$$\boldsymbol{A}(\boldsymbol{x})=\frac{\mu_0}{4\pi}\int_V\frac{\boldsymbol{J}(\boldsymbol{x}')\mathrm{d}V'}{r} \tag{3.29}$$

上式中的体积分遍及电流分布的整个区域，r 为场点 $\boldsymbol{x}$ 到源点 $\boldsymbol{x}'$ 的距

离，我们令坐标原点取于 V 内，我们求远处的场，场点位于 V 外远处。如同第二章中电多极矩一节中的操作类似，可将 $1/r$ 作近似展开

$$\begin{aligned}\frac{1}{r}&=\frac{1}{R}-\sum_{i=1}^{3}x'_i\frac{\partial}{\partial x_i}\frac{1}{R}+\frac{1}{2!}\sum_{i=1}^{3}\sum_{j=1}^{3}x'_ix'_j\frac{\partial}{\partial x_i}\frac{\partial}{\partial x_j}\frac{1}{R}+\cdots\\&=\frac{1}{R}-\boldsymbol{x}'\cdot\nabla\frac{1}{R}+\frac{1}{2!}(x'\cdot\nabla)^2\frac{1}{R}+\cdots\end{aligned}\tag{3.30}$$

则

$$\begin{aligned}\boldsymbol{A}(\boldsymbol{x})&=\boldsymbol{A}_0+\boldsymbol{A}_1+\cdots\\&=\frac{\mu_0}{4\pi R}\int_V\boldsymbol{J}(\boldsymbol{x}')\mathrm{d}V'+\frac{\mu_0}{4\pi R^3}\int_V\boldsymbol{J}(\boldsymbol{x}')\boldsymbol{x}'\cdot\boldsymbol{R}\mathrm{d}V'+\cdots\end{aligned}\tag{3.31}$$

令 $\boldsymbol{A}_0=\frac{\mu_0}{4\pi R}\int_V\boldsymbol{J}(\boldsymbol{x}')\mathrm{d}V'$。对稳恒电流 $\boldsymbol{A}_0=0$，这可以通过线电流理解，体分布的稳恒电流总可以看作是一堆的闭合线电流，于是有

$$\int_V\boldsymbol{J}(\boldsymbol{x}')\mathrm{d}V'=\sum\oint_L I\mathrm{d}\boldsymbol{l}=\sum I\oint_L\mathrm{d}\boldsymbol{l}=0$$

稳恒电流情况下，线电流就可以了，我们接下来用线电流情况来进行讨论。于是

$$\boldsymbol{A}_1=\frac{\mu_0}{4\pi R^3}\int_V\boldsymbol{J}(\boldsymbol{x}')\boldsymbol{x}'\cdot\boldsymbol{R}\mathrm{d}V'\tag{3.32}$$

可以写为

$$\boldsymbol{A}_1=\frac{\mu_0 I}{4\pi R^3}\oint_L(\boldsymbol{x}'\cdot\boldsymbol{R})\mathrm{d}\boldsymbol{l}\tag{3.33}$$

从图 3-3-1 可以看出 $\mathrm{d}\boldsymbol{l}=\mathrm{d}\boldsymbol{x}'$，于是有

$$\begin{aligned}\boldsymbol{A}_1&=\frac{\mu_0 I}{4\pi R^3}\oint_L(\boldsymbol{x}'\cdot\boldsymbol{R})\mathrm{d}\boldsymbol{l}\\&=\frac{\mu_0 I}{4\pi R^3}\frac{1}{2}\left\{\oint_L[\mathrm{d}\boldsymbol{x}'(\boldsymbol{x}'\cdot\boldsymbol{R})+\boldsymbol{x}'(\mathrm{d}\boldsymbol{x}'\cdot\boldsymbol{R})]+\right.\\&\qquad\left.\oint_L[\mathrm{d}\boldsymbol{x}'(\boldsymbol{x}'\cdot\boldsymbol{R})-\boldsymbol{x}'(\mathrm{d}\boldsymbol{x}'\cdot\boldsymbol{R})]\right\}\\&=\frac{\mu_0 I}{4\pi R^3}\frac{1}{2}\left\{\oint_L\mathrm{d}[\boldsymbol{x}'(\boldsymbol{x}'\cdot\boldsymbol{R})]+\oint_L[(\boldsymbol{x}'\times\mathrm{d}\boldsymbol{x}')\times\boldsymbol{R}]\right\}\\&=\frac{\mu_0 I}{4\pi R^3}\frac{1}{2}\oint_L[(\boldsymbol{x}'\times\mathrm{d}\boldsymbol{x}')\times\boldsymbol{R}]\\&=\frac{\mu_0}{4\pi R^3}\boldsymbol{m}\times\boldsymbol{R}\end{aligned}\tag{3.34}$$

以上推导的最后一步，我们定义了电流系统的磁偶极矩

$$\boldsymbol{m} \equiv \frac{I}{2}\oint_L \boldsymbol{x}' \times \mathrm{d}\boldsymbol{l} \tag{3.35}$$

对于体电流分布，利用 $I\mathrm{d}\boldsymbol{l} \to \boldsymbol{J}\mathrm{d}V$，有

$$\boldsymbol{m} \equiv \frac{1}{2}\int_V \boldsymbol{x}' \times \boldsymbol{J}(x')\mathrm{d}V' \tag{3.36}$$

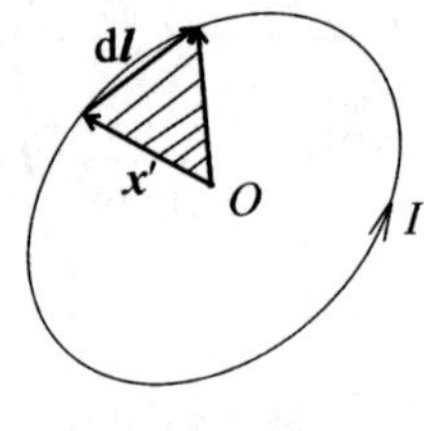

图 3-3-1

一个小线圈，它围成的小面元为(图 3-3-1)

$$\Delta \boldsymbol{S} = \frac{1}{2}\oint_L \boldsymbol{x}' \times \mathrm{d}\boldsymbol{l} \tag{3.37}$$

这样，一个小载流线圈的磁偶极矩即为电流乘以面元矢量

$$\boldsymbol{m} = I\boldsymbol{S} \tag{3.38}$$

它对应的矢势为

$$\boldsymbol{A}_1 = \frac{\mu_0}{4\pi R^3} I\boldsymbol{S} \times \boldsymbol{R} \tag{3.39}$$

这和式(3.27)一致。一个小的载流线圈可以近似看作是一个磁偶极子。

磁偶极子产生的磁场为

$$\boldsymbol{B}_1 = \nabla \times \boldsymbol{A}_1(\boldsymbol{x}) = \frac{\mu_0}{4\pi}\nabla \times \left(\frac{\boldsymbol{m} \times \boldsymbol{R}}{R^3}\right) \tag{3.40}$$

使用公式

$$\nabla \times (\boldsymbol{A} \times \boldsymbol{B}) = (\boldsymbol{B} \cdot \nabla)\boldsymbol{A} - (\boldsymbol{A} \cdot \nabla)\boldsymbol{B} - \boldsymbol{B}(\nabla \cdot \boldsymbol{A}) + \boldsymbol{A}(\nabla \cdot \boldsymbol{B}) \tag{3.41}$$

(这一公式在附录的常用公式 14)可得

$$\boldsymbol{B}_1 = \frac{\mu_0}{4\pi}\left[\left(\frac{\boldsymbol{R}}{R^3} \cdot \nabla\right)\boldsymbol{m} + \left(\nabla \cdot \frac{\boldsymbol{R}}{R^3}\right)\boldsymbol{m} - (\boldsymbol{m} \cdot \nabla)\frac{\boldsymbol{R}}{R^3} - (\nabla \cdot \boldsymbol{m})\frac{\boldsymbol{R}}{R^3}\right] \tag{3.42}$$

上式第一项和第四项为零，因为常矢量 $\boldsymbol{m}$ 位于微分操作之后；第二项也为零，因为它只有在 $\boldsymbol{R}=0$ 处才不为零，我们不考虑 $\boldsymbol{R}=0$ 那个地方。于是我们有

$$\boldsymbol{B}_1=-\frac{\mu_0}{4\pi}(\boldsymbol{m}\cdot\nabla)\frac{\boldsymbol{R}}{R^3} \tag{3.43}$$

由公式

$$\nabla(\boldsymbol{A}\cdot\boldsymbol{B})=\boldsymbol{A}\times(\nabla\times\boldsymbol{B})+(\boldsymbol{A}\cdot\nabla)\boldsymbol{B}+\boldsymbol{B}\times(\nabla\times\boldsymbol{A})+(\boldsymbol{B}\cdot\nabla)\boldsymbol{A} \tag{3.44}$$

可得

$$\nabla\left(\boldsymbol{m}\cdot\frac{\boldsymbol{R}}{R^3}\right)=\boldsymbol{m}\times\left(\nabla\times\frac{\boldsymbol{R}}{R^3}\right)+(\boldsymbol{m}\cdot\nabla)\frac{\boldsymbol{R}}{R^3}+\frac{\boldsymbol{R}}{R^3}\times(\nabla\times\boldsymbol{m})+\left(\frac{\boldsymbol{R}}{R^3}\cdot\nabla\right)\boldsymbol{m} \tag{3.45}$$

等式右边第三项第四项为零，因为常矢量 $\boldsymbol{m}$ 位于微分操作之后；第一项为零，第一章第四节中我们得到过该结论。于是有

$$\nabla\left(\boldsymbol{m}\cdot\frac{\boldsymbol{R}}{R^3}\right)=(\boldsymbol{m}\cdot\nabla)\frac{\boldsymbol{R}}{R^3} \tag{3.46}$$

结合式(3.43)，我们知道

$$\boldsymbol{B}_1=-\frac{\mu_0}{4\pi}\nabla\left(\boldsymbol{m}\cdot\frac{\boldsymbol{R}}{R^3}\right) \tag{3.47}$$

如果读者将书翻回到静电场那一章的静电场标势那一节，就会发现上式和电偶极对应情况形式上一样，电偶极电场为

$$\boldsymbol{E}=-\nabla\varphi=-\frac{1}{4\pi\varepsilon_0}\nabla\frac{\boldsymbol{p}\cdot\boldsymbol{r}}{r^3}=-\frac{1}{4\pi\varepsilon_0}\left[\frac{\boldsymbol{p}}{r^3}-\frac{3\boldsymbol{r}}{r^5}(\boldsymbol{p}\cdot\boldsymbol{r})\right]$$

同样的，我们有

$$\boldsymbol{B}_1=-\frac{\mu_0}{4\pi}\nabla\left(\boldsymbol{m}\cdot\frac{\boldsymbol{R}}{R^3}\right)=-\frac{\mu_0}{4\pi}\left[\frac{\boldsymbol{m}}{R^3}-\frac{3\boldsymbol{R}}{R^5}(\boldsymbol{m}\cdot\boldsymbol{R})\right] \tag{3.48}$$

上式有值得注意的地方，我们发现磁偶极子磁场也可以写成一个标量场的梯度，我们把它称为磁标势，磁偶极子的磁标势可以写为

$$\varphi_m=\frac{1}{4\pi}\frac{\boldsymbol{m}\cdot\boldsymbol{R}}{R^3} \tag{3.49}$$

我们下一节详细讨论磁标势。

第四节　磁标势

稳恒磁场是有旋无散场,是否也可以引入标势来求解静磁场的问题呢?在静磁场空间的某些局部区域内是可以做到的。一般地,$\nabla\times\boldsymbol{H}=\boldsymbol{J}_f$,在自由电流为零的区域,有$\nabla\times\boldsymbol{H}=0$。若我们令 $\boldsymbol{H}=-\nabla\varphi_m$,则 $\boldsymbol{H}$ 为一保守场,保守场沿任意闭合回路的环量为零,即 $\oint_L\boldsymbol{H}\cdot\mathrm{d}l=0$。因此要求求解区域内所有回路 L 都没有链环着电流,也就是说不仅要把电流占据的区间去掉,还得把电流回路圈出的面去掉,这种空间被称为线单连通区域,意味着你在这一区间任意画一个回路,该回路可以光滑地收缩成一个点。去掉电流和它圈出的面就会引入边界,要确定磁场分布就得给出边界条件,所以说去掉电流带来的便利是建立在补充边界条件的麻烦上的。我们在静电场镜像法一节中已经提到了,可以改变电荷的分布(利用镜像电荷)来替代边界条件对唯一解的要求。这里你可以改变电流分布(把电流去掉),但是你得给出去掉电流而增加的边界的条件。我们很难有既简又易的情况,要不就是简难,要不就是繁易。

我们接着考虑 $\boldsymbol{H}$ 的散度,虽然 $\boldsymbol{B}$ 的散度为零,但是 $\boldsymbol{H}$ 的散度却不为零,根据场方程$\nabla\cdot\boldsymbol{B}=0$ 和状态方程 $\boldsymbol{B}=\mu_0(\boldsymbol{H}+\boldsymbol{M})$,有

$$\nabla\cdot\boldsymbol{H}=-\nabla\cdot\boldsymbol{M}\tag{3.50}$$

我们根据电介质的起名方法,对应极化电荷密度$-\nabla\cdot\boldsymbol{P}=\rho_p$,把磁荷密度定义为

$$\rho_m=-\mu_0\nabla\cdot\boldsymbol{M}\tag{3.51}$$

不要想这个磁荷到底是什么,我建议就把它简单认为是磁化强度矢量的散度即可,那么显然只有在磁介质中才存在,就像极化电荷在电介质中存在一样。这样磁场强度的散度即为

$$\nabla\cdot\boldsymbol{H}=\frac{\rho_m}{\mu_0}\tag{3.52}$$

为了便于与静电场进行比较,将磁标势法中有关公式与静电场公式对比总结如表 3-4-1 所示。

表 3-4-1

静电场	静磁场
$\nabla\times\boldsymbol{E}=0$	$\nabla\times\boldsymbol{H}=0$
$\nabla\cdot\boldsymbol{E}=(\rho_f+\rho_p)/\varepsilon_0$	$\nabla\cdot\boldsymbol{H}=\rho_m/\mu_0$
$\rho_p=-\nabla\cdot\boldsymbol{P}$	$\rho_m=-\mu_0\nabla\cdot\boldsymbol{M}$
$\boldsymbol{D}=\varepsilon_0\boldsymbol{E}+\boldsymbol{P}$	$\boldsymbol{B}=\mu_0\boldsymbol{H}+\mu_0\boldsymbol{M}$
$\boldsymbol{E}=-\nabla\varphi$	$\boldsymbol{H}=-\nabla\varphi_m$
$\nabla^2\varphi=-(\rho_f+\rho_p)/\varepsilon_0$	$\nabla^2\varphi_m=-\rho_m/\mu_0$

可以看到，磁场没有自由磁荷，除此之外和电场在形式上一致。

磁标势的边值关系可以由磁场的边值关系推得：

$$\boldsymbol{n}\times(\boldsymbol{H}_2-\boldsymbol{H}_1)=\boldsymbol{\alpha}_f$$

$$\Rightarrow\boldsymbol{n}\times[\nabla(\varphi_{m2}-\varphi_{m1})]=-\boldsymbol{\alpha}_f \tag{3.53}$$

当$\boldsymbol{\alpha}_f=0$，则上式变为

$$\varphi_{m2}=\varphi_{m1} \tag{3.54}$$

另一边值关系由 $\boldsymbol{n}\cdot(\boldsymbol{B}_2-\boldsymbol{B}_1)=0$ 推导得到，非磁性材料

$$\boldsymbol{n}\cdot(\boldsymbol{B}_2-\boldsymbol{B}_1)=0$$

$$\Rightarrow\boldsymbol{n}\cdot(\mu_2\boldsymbol{H}_2-\mu_1\boldsymbol{H}_1)=0$$

$$\Rightarrow\boldsymbol{n}\cdot(\mu_2\nabla\varphi_{m2}-\mu_1\nabla\varphi_{m1})=0$$

$$\Rightarrow\mu_2\frac{\partial\varphi_{m2}}{\partial n}=\mu_1\frac{\partial\varphi_{m1}}{\partial n} \tag{3.55}$$

磁性材料：

$$\boldsymbol{n}\cdot(\boldsymbol{B}_2-\boldsymbol{B}_1)=0$$

$$\Rightarrow\boldsymbol{n}\cdot(\mu_0\boldsymbol{H}_2+\mu_0\boldsymbol{M}_2-\mu_0\boldsymbol{H}_1-\mu_0\boldsymbol{M}_1)=0$$

$$\Rightarrow\boldsymbol{n}\cdot(\mu_0\nabla\varphi_{m2}-\mu_0\nabla\varphi_{m1})=\boldsymbol{n}\cdot(\boldsymbol{M}_2-\boldsymbol{M}_1)$$

$$\Rightarrow\frac{\partial\varphi_{m2}}{\partial n}-\frac{\partial\varphi_{m1}}{\partial n}=\boldsymbol{n}\cdot(\boldsymbol{M}_2-\boldsymbol{M}_1) \tag{3.56}$$

有了磁标势满足的方程和边值关系，就可以求解了。求解手段类似于静电场中所介绍的，这里就不多说了。

第五节　静磁场能量，电荷体系在外电场中的能量，小区域电流在外磁场中的能量

我们回顾讨论静电场能量时的推导

$$\left.\begin{aligned}\boldsymbol{E}\cdot\boldsymbol{D}=-\nabla\varphi\cdot\boldsymbol{D}\\ \nabla\cdot(\varphi\boldsymbol{D})=\nabla\varphi\cdot\boldsymbol{D}+\varphi\,\nabla\cdot\boldsymbol{D}\end{aligned}\right\}$$

$$\left.\begin{aligned}\Rightarrow\boldsymbol{E}\cdot\boldsymbol{D}=-\nabla\cdot(\varphi\boldsymbol{D})+\varphi\,\nabla\cdot\boldsymbol{D}\\ \nabla\cdot\boldsymbol{D}=\rho_f\end{aligned}\right\}$$

$$\left.\begin{aligned}\Rightarrow\boldsymbol{E}\cdot\boldsymbol{D}=-\nabla\cdot(\varphi\boldsymbol{D})+\rho_f\varphi\\ W=\frac{1}{2}\int_{\infty}\boldsymbol{E}\cdot\boldsymbol{D}\,\mathrm{d}V\end{aligned}\right\}$$

$$\Rightarrow W=-\frac{1}{2}\int_{\infty}\nabla\cdot(\varphi\boldsymbol{D})\,\mathrm{d}V+\frac{1}{2}\int_{\infty}\rho_f\varphi\,\mathrm{d}V$$

上面推导的最后一行等式右边的第一式是求矢量的散度的体积分，根据高斯散度定理，它可以化为一个面积分

$$\int_V\nabla\cdot(\varphi\boldsymbol{D})\,\mathrm{d}V=\oint_S\varphi\boldsymbol{D}\cdot\mathrm{d}\boldsymbol{S}$$

由于 $\varphi\sim1/r$，$D\sim1/r^2$ 且 $S\sim r^2$，所以，当 $r\to\infty$ 时，上式中的面积分为零。所以有

$$W=\frac{1}{2}\int\rho_f\varphi\,\mathrm{d}V$$

几乎形式上完全一样，只是把对应的项换一下。已知磁场的能量密度为 $w=\frac{1}{2}\boldsymbol{B}\cdot\boldsymbol{H}$；总能量为 $W=\frac{1}{2}\int_{\infty}\boldsymbol{B}\cdot\boldsymbol{H}\,\mathrm{d}V$。在静磁场条件下

$$\begin{aligned}W&=\frac{1}{2}\int(\nabla\times\boldsymbol{A})\cdot\boldsymbol{H}\,\mathrm{d}V\\&=\frac{1}{2}\int\nabla\cdot(\boldsymbol{A}\times\boldsymbol{H})\,\mathrm{d}V+\frac{1}{2}\int\nabla\times\boldsymbol{H}\cdot\boldsymbol{A}\,\mathrm{d}V\\&=\frac{1}{2}\oint_S\boldsymbol{A}\times\boldsymbol{H}\cdot\mathrm{d}\boldsymbol{S}+\frac{1}{2}\int\boldsymbol{J}_f\cdot\boldsymbol{A}\,\mathrm{d}V\end{aligned}\tag{3.57}$$

和电场的讨论一样，当界面为无限远时，$(\boldsymbol{A}\times\boldsymbol{H})\cdot \mathrm{d}\boldsymbol{S}\propto\frac{1}{r}\rightarrow 0$，则磁场的总能量为

$$W=\frac{1}{2}\int \boldsymbol{J}\cdot\boldsymbol{A}\,\mathrm{d}V \tag{3.58}$$

如果系统由两部分构成，则可以写为

$$\begin{aligned}W&=\frac{1}{2}\int(\boldsymbol{J}_1+\boldsymbol{J}_2)\cdot(\boldsymbol{A}_1+\boldsymbol{A}_2)\mathrm{d}V\\&=\frac{1}{2}\int\boldsymbol{J}_1\cdot\boldsymbol{A}_1\mathrm{d}V+\frac{1}{2}\int\boldsymbol{J}_2\cdot\boldsymbol{A}_2\mathrm{d}V+\frac{1}{2}\int\boldsymbol{J}_1\cdot\boldsymbol{A}_2\mathrm{d}V+\frac{1}{2}\int\boldsymbol{J}_2\cdot\boldsymbol{A}_1\mathrm{d}V\end{aligned} \tag{3.59}$$

其中，

$$\int\boldsymbol{J}_1\cdot\boldsymbol{A}_2\mathrm{d}V=\int\boldsymbol{J}_1\cdot\int\frac{\mu_0}{4\pi}\frac{\boldsymbol{J}_2}{r}\mathrm{d}V'\mathrm{d}V=\frac{\mu_0}{4\pi}\iint\boldsymbol{J}_1\cdot\boldsymbol{J}_2\frac{1}{r}\mathrm{d}V'\mathrm{d}V \tag{3.60}$$

同样的，

$$\int\boldsymbol{J}_2\cdot\boldsymbol{A}_1\mathrm{d}V=\int\boldsymbol{J}_2\cdot\int\frac{\mu_0}{4\pi}\frac{\boldsymbol{J}_1}{r}\mathrm{d}V'\mathrm{d}V=\frac{\mu_0}{4\pi}\iint\boldsymbol{J}_2\cdot\boldsymbol{J}_1\frac{1}{r}\mathrm{d}V'\mathrm{d}V \tag{3.61}$$

这两项是相等的。所以，磁场的总能量可表示为

$$\begin{aligned}W&=W_1+W_2+W_I\\&=\frac{1}{2}\int\boldsymbol{J}_1\cdot\boldsymbol{A}_1\mathrm{d}V+\frac{1}{2}\int\boldsymbol{J}_2\cdot\boldsymbol{A}_2\mathrm{d}V+\int\boldsymbol{J}_1\cdot\boldsymbol{A}_2\mathrm{d}V\end{aligned} \tag{3.62}$$

最后一项被称为相互作用能。即电流$\boldsymbol{J}_1$在场$\boldsymbol{A}_2$中的相互作用能。但是更多时候我们选择将相互作用能写成平衡形式

$$W_I=\frac{1}{2}\int\boldsymbol{J}_1\cdot\boldsymbol{A}_2\mathrm{d}V+\frac{1}{2}\int\boldsymbol{J}_2\cdot\boldsymbol{A}_1\mathrm{d}V \tag{3.63}$$

或许读者会回想起我们在第二章谈及电场能量的时候没有讨论这个事情，我们这里建议读者可以自己根据以上的样子做一次。我们直接把结果写出来

$$\begin{aligned}W_e&=W_{e1}+W_{e2}+W_{eI}\\&=\frac{1}{2}\int\rho_1\varphi_1\mathrm{d}V+\frac{1}{2}\int\rho_2\varphi_2\mathrm{d}V+\int\rho_1\varphi_2\mathrm{d}V\end{aligned} \tag{3.64}$$

我们用下标e表示电场。等号右侧第一项表示电荷体系ρ_1的自能，第

二项表示电荷体系 ρ_2 的自能，而第三项为电荷体系 ρ_1 在外场 φ_2 的相互作用能。

现在我们考虑小电荷体系在外电场中的能量。电荷体系 ρ 在外电场 φ 中的相互作用能为

$$W_{eI}=\int\rho\varphi\,\mathrm{d}V \tag{3.65}$$

若考虑小电荷体系，并将坐标原点设在电荷体系的中心，我们只需要外场在原点附近的性质，于是考虑在原点附近展开，并且讨论前几项。

利用我们在第二章静电场讨论电多极矩展开时用到的一个公式

$$f(\boldsymbol{x}-\boldsymbol{x}')=f(\boldsymbol{x}-\boldsymbol{x}')\Big|_{x'=0}+\sum_{i=1}^{3}x'_i\frac{\partial}{\partial x'_i}f(\boldsymbol{x}-\boldsymbol{x}')\Big|_{x'=0}+\cdots$$

上式是在 $\boldsymbol{x}'=0$ 处做展开，这里我们要在 $\boldsymbol{x}=0$ 做展开，做一点修改

$$f(\boldsymbol{x})=f(\boldsymbol{x})\Big|_{x=0}+\sum_{i=1}^{3}x_i\frac{\partial}{\partial x_i}f(\boldsymbol{x})\Big|_{x=0}+\cdots \tag{3.66}$$

于是有

$$\varphi(\boldsymbol{x})=\varphi(\boldsymbol{x})\Big|_{x=0}+\sum_{i=1}^{3}x_i\frac{\partial}{\partial x_i}\varphi(\boldsymbol{x})\Big|_{x=0}+\cdots \tag{3.67}$$

代入式(3.65)，有

$$W_{eI}=\varphi(0)\int\rho\,\mathrm{d}V+\sum_{i=1}^{3}\int\rho x_i\frac{\partial}{\partial x_i}\varphi(\boldsymbol{x})\Big|_{x=0}\mathrm{d}V+\cdots \tag{3.68}$$

其中，$\frac{\partial}{\partial x_i}\varphi(\boldsymbol{x})\Big|_{x=0}$ 已不再是空间变量 $\boldsymbol{x}$ 的函数，所以可以从积分号中拿出。作用能可以写为

$$\begin{aligned}W_{eI}&=\varphi(0)Q+\sum_{i=1}^{3}P_i\frac{\partial}{\partial x_i}\varphi(\boldsymbol{x})\Big|_{x=0}+\cdots\\&=Q\varphi(0)+\boldsymbol{P}\cdot\nabla\varphi(0)+\cdots\\&=Q\varphi(0)-\boldsymbol{P}\cdot E+\cdots\end{aligned} \tag{3.69}$$

容易看到第一项是电荷集中于原点的外场中与外场相互作用能，第二项是电偶极子在外场中与外场相互作用能

$$W_{eI}^{(1)}=-\boldsymbol{P}\cdot\boldsymbol{E} \tag{3.70}$$

现在来讨论电偶极子在外场中受力的情况。我们考虑偶极子的平动和转动。先来讨论平动。假设偶极子有一任意虚位移 $\delta\boldsymbol{r}$，并且偶极子的大小和方向都不变以及外场的方向大小都不变。电场对偶极子的力所做的虚功 δA 为 $\boldsymbol{F}\cdot\delta\boldsymbol{r}$，偶极子的大小和方向都不变以及外场的方

向大小都不变意味着偶极子和电场各自的自能不变，由虚功原理知，该虚功应等于相互作用能的虚减少，即$-\delta W_{el}^{(1)}$，从而

$$\delta A=-\delta W_{el}^{(1)} \tag{3.71}$$

进一步推导：

$$\begin{aligned}-\delta W_{el}^{(1)}&=\delta(\boldsymbol{P}\cdot\boldsymbol{E})\\&=\frac{\partial(\boldsymbol{P}\cdot\boldsymbol{E})}{\partial x}\delta x+\frac{\partial(\boldsymbol{P}\cdot\boldsymbol{E})}{\partial y}\delta y+\frac{\partial(\boldsymbol{P}\cdot\boldsymbol{E})}{\partial z}\delta z\\&=\nabla(\boldsymbol{P}\cdot\boldsymbol{E})\cdot\delta\boldsymbol{r}\end{aligned} \tag{3.72}$$

于是有

$$\boldsymbol{F}\cdot\delta\boldsymbol{r}=\nabla(\boldsymbol{P}\cdot\boldsymbol{E})\cdot\delta\boldsymbol{r} \tag{3.73}$$

$\delta\boldsymbol{r}$ 是任意的，于是有

$$\boldsymbol{F}=\nabla(\boldsymbol{P}\cdot\boldsymbol{E}) \tag{3.74}$$

如果定义势函数为：力是势函数负梯度那么这里的势函数为

$$\boldsymbol{U}=-\boldsymbol{P}\cdot\boldsymbol{E} \tag{3.75}$$

接下来讨论转动，假设偶极子有一虚转动 $\delta\boldsymbol{\theta}$，并且偶极子的大小以及外场的方向大小都不变。由于虚转动 $\delta\boldsymbol{\theta}$ 从而偶极矩 $\boldsymbol{P}$ 有一个虚改变 $\delta\boldsymbol{P}$，几何上，这三者之间的关系为

$$\delta\boldsymbol{P}=\delta\boldsymbol{\theta}\times\boldsymbol{P} \tag{3.76}$$

电场对偶极子的力矩 $\boldsymbol{L}$ 所做的虚功为 $\boldsymbol{L}\cdot\delta\boldsymbol{\theta}$，由虚功原理可知该虚功应等于相互作用能的虚减少$-\delta W_{el}^{(1)}$，进一步推导：

$$\begin{aligned}-\delta W_{el}^{(1)}&=\delta(\boldsymbol{P}\cdot\boldsymbol{E})\\&=(\delta\boldsymbol{P})\cdot\boldsymbol{E}\\&=(\delta\boldsymbol{\theta}\times\boldsymbol{P})\cdot\boldsymbol{E}\\&=(\boldsymbol{P}\times\boldsymbol{E})\cdot\delta\boldsymbol{\theta}\end{aligned} \tag{3.77}$$

于是有

$$\boldsymbol{L}\cdot\delta\boldsymbol{\theta}=(\boldsymbol{P}\times\boldsymbol{E})\cdot\delta\boldsymbol{\theta} \tag{3.78}$$

$\delta\boldsymbol{\theta}$ 是任意的，于是有

$$\boldsymbol{L}=\boldsymbol{P}\times\boldsymbol{E} \tag{3.79}$$

接下来考虑小电流体系在外磁场中的能量。由电流体系 $\boldsymbol{J}$ 在外磁场$\boldsymbol{A}_e$ 中的相互作用能是

$$W_I=\int\boldsymbol{J}\cdot\boldsymbol{A}_e\mathrm{d}V \tag{3.80}$$

对于载流回路，上式变为

$$W_I = I\oint_L \boldsymbol{A}_e \cdot \mathrm{d}\boldsymbol{l} = I\int_S \boldsymbol{B}_e \cdot \mathrm{d}\boldsymbol{S} = I\Phi_e \tag{3.81}$$

其中，Φ_e 为外磁场对线圈 L 的磁通量。将坐标原点设置在线圈内的合适点上，线圈线度远小于磁场变化的线度时，可以使用原点的磁场的值 $\boldsymbol{B}_e(0)$来替代$\boldsymbol{B}_e$。这样，W_I 可以近似为电流线圈的磁偶极矩与原点处磁感应强度的点乘

$$W_I \approx I\,\boldsymbol{B}_e(0)\cdot\int_S \mathrm{d}\boldsymbol{S} = \boldsymbol{m}\cdot\boldsymbol{B}_e \tag{3.82}$$

上式和电偶极子在外电场中的相互作用能相差一个符号，但是这并不意味着磁偶极子受到外磁场力时，将会倾向于外磁场的相反方向。也就是说这里我们不能把相互作用能项作为势函数，因为我们在讨论电偶极和电场情况时的一个前提条件在磁的对应情况下不能被满足了。那个前提条件是"假设偶极子有一任意虚位移，并且偶极子的大小和方向都不变以及外场的方向大小都不变。"但是当载流线圈发生运动时，由于感生电动势的出现，载流线圈和产生外磁场的线圈电流都会变化，磁偶极矩和外磁场都会发生变化。所以磁场对线圈位移做功就不再等于相互作用能的减少，而是整个能量的减少。当然我们可以顺着这个思路去考虑(我建议读者可以课下顺着这个思路做一下)，不过，有一个很有意思的技巧可以帮助我们来讨论这个问题。

我们现在假设产生外磁场的载流线圈 L_e 上电流为 I_e。在以上讨论的做虚功的过程中如果保持产生外磁场的载流线圈 L_e 和受力线圈 L 上的电流 I_e 和 I 不变，那么 I_e 和 I 单独存在时的磁能不变，总能量的改变就等于相互作用的磁能的改变。我们使用平衡形式的公式(3.63)，写出两个线圈的相互作用能

$$\begin{aligned} W_I &= \frac{1}{2}I\oint_L \boldsymbol{A}_e \cdot \mathrm{d}\boldsymbol{l} + \frac{1}{2}I_e\oint_{L_e} \boldsymbol{A}\cdot \mathrm{d}\boldsymbol{l} \\ &= \frac{1}{2}I\Phi_e + \frac{1}{2}I_e\Phi \end{aligned} \tag{3.83}$$

其中，Φ 为线圈 L 上的电流产生的磁场对线圈 L_e 的磁通量，Φ_e 为线圈 L_e 上的电流产生的磁场对线圈 L 的磁通量。线圈运动时保持电流 I_e 和 I 不变，磁能的改变(这里也是相互作用能的改变)为

$$\delta W = \delta W_I = \frac{1}{2}(I\delta\Phi_e + I_e\delta\Phi) \tag{3.84}$$

线圈上磁通量变化，线圈上就会产生电动势，电流就会变化。为保持电

流不变，应当在两个线圈上都设置电源提供能量以抵抗感应电动势做功。线圈 L 和 L_e 上的感应电动势分别为

$$\varepsilon=-\frac{\mathrm{d}\Phi_e}{\mathrm{d}t},\varepsilon_e=-\frac{\mathrm{d}\Phi}{\mathrm{d}t} \tag{3.85}$$

时间 δt 内感应电动势所做功为

$$\varepsilon I\delta t+\varepsilon_e I_e\delta t=-(I\delta\Phi_e+I_e\delta\Phi) \tag{3.86}$$

电源抵抗该感应电动势需提供能量

$$\delta W_s=I\delta\Phi_e+I_e\delta\Phi \tag{3.87}$$

才能保证电流不变。

由虚功原理可知该虚功应等于相互作用能的虚减少加上电源提供的能量，进一步计算知

$$\begin{aligned}\delta A&=-\delta W_I+\delta W_s\\&=-\frac{1}{2}(I\delta\Phi_e+I_e\delta\Phi)+I\delta\Phi_e+I_e\delta\Phi\\&=\delta W_I\end{aligned} \tag{3.88}$$

以上计算知磁场情况虚功形式上等于相互作用能的增加，而不是像电场情况那样的减少，两者相差个负号。所以我们这里定义势函数为相互作用能的负值

$$U=-\boldsymbol{m}\cdot\boldsymbol{B}_e \tag{3.89}$$

剩下的讨论和电场情况就类似了，读者可以自己去做，这里把结果写出

$$\begin{aligned}\boldsymbol{F}&=\nabla(\boldsymbol{m}\cdot\boldsymbol{B}_e)\\\boldsymbol{L}&=\boldsymbol{m}\times\boldsymbol{B}_e\end{aligned} \tag{3.90}$$

第四章　电磁波的传播

本章从麦克斯韦方程组出发，推导出真空中的波动方程、时谐电磁波满足的亥姆霍兹方程；介绍了平面电磁波的电磁场；利用电磁场边值关系，研究平面电磁波的反射和折射，推出菲涅耳公式；讨论导体内的电磁波，引入复波矢量的概念，讨论电磁波在导体表面的反射和折射；求解波导中的电磁场并理解和掌握其特性。

第一节　波动方程和亥姆霍兹方程

本章我们将讨论电磁波的传播，我们先把电磁波传播的空间准备好，最简单的空间是没有电荷和电流分布的真空，这时麦克斯韦方程组可写为

$$\nabla\times\boldsymbol{E}=-\frac{\partial\boldsymbol{B}}{\partial t}$$

$$\nabla\cdot\boldsymbol{E}=0$$

$$\nabla\times\boldsymbol{B}=\mu_0\varepsilon_0\frac{\partial\boldsymbol{E}}{\partial t}$$

$$\nabla\cdot\boldsymbol{B}=0 \tag{4.1}$$

可以看出，没有电荷和电流分布的真空中，电场和磁场满足的方程形式上是一致的，我们只需要考虑其中一个，另一个满足相同的规律，这种情况下我们没有办法区分电场和磁场。将式(4.1)的第一式两边取旋度，左边利用矢量公式分成两项，

$$\nabla\times(\nabla\times\boldsymbol{E})=\nabla(\nabla\cdot\boldsymbol{E})-\nabla^2\boldsymbol{E} \tag{4.2}$$

将式(4.1)第二式$\nabla\cdot\boldsymbol{E}=0$代入上式，得

$$\nabla\times(\nabla\times\boldsymbol{E})=-\nabla^2\boldsymbol{E} \tag{4.3}$$

等式右边,空间的偏导和时间的偏导顺序可以互换,得

$$-\frac{\partial}{\partial t}(\nabla\times\boldsymbol{B})=-\frac{\partial}{\partial t}\left(\mu_0\varepsilon_0\frac{\partial}{\partial t}\boldsymbol{E}\right)=-\mu_0\varepsilon_0\frac{\partial^2\boldsymbol{E}}{\partial t^2}$$

于是可得

$$\nabla^2\boldsymbol{E}=\mu_0\varepsilon_0\frac{\partial^2\boldsymbol{E}}{\partial t^2} \tag{4.4}$$

如果考虑 $\boldsymbol{E}$ 只随着 x 而改变,上式中的拉普拉斯算子变为对空间的求两次导,即

$$\frac{\partial^2\boldsymbol{E}}{\partial x^2}=\mu_0\varepsilon_0\frac{\partial^2\boldsymbol{E}}{\partial t^2} \tag{4.5}$$

明显,这正是我们熟悉的波动方程,他有一个我们熟悉的解

$$\cos(kx-\omega t) \tag{4.6}$$

将解代入方程中,可知解的参数必须满足

$$\begin{aligned}&\frac{\partial^2\boldsymbol{E}}{\partial x^2}=\mu_0\varepsilon_0\frac{\partial^2\boldsymbol{E}}{\partial t^2}\\&\quad\Rightarrow-k^2\cos(kx-\omega t)=-\mu_0\varepsilon_0\omega^2\cos(kx-\omega t)\\&\quad\Rightarrow k^2=\mu_0\varepsilon_0\omega^2\\&\quad\Rightarrow\frac{\omega}{k}=\frac{1}{\sqrt{\mu_0\varepsilon_0}}\end{aligned} \tag{4.7}$$

$1/\sqrt{\mu_0\varepsilon_0}$ 是一个常数,为书写方便,设这一常数是 c(我们将要看到,它是真空中的光速)。$\cos(kx-\omega t)$ 可以描写一个波函数,其中一个波峰在 $x=0,t=0$。随着时间增加,波峰位置也在改变,其满足 $kx-\omega t=0$,于是有

$$v=\frac{\mathrm{d}x}{\mathrm{d}t}=\frac{\omega}{k}=c \tag{4.8}$$

我们可以看出,随时间变化的电场满足波动方程,波速为 c,而这正是真空中的光速。

考虑介质存在的情况,即使是线性各向同性均匀介质,ε 和 μ 一般也是电磁波频率的函数,即介质的电或磁响应与其中的电磁场频率有关:

$$\begin{aligned}\boldsymbol{D}(\omega)&=\varepsilon(\omega)\boldsymbol{E}(\omega)\\\boldsymbol{B}(\omega)&=\mu(\omega)\boldsymbol{H}(\omega)\end{aligned} \tag{4.9}$$

如果我们考虑确定频率 ω 作简谐振荡的情况,那么可以把 ε 和 μ 看作是

常数。于是可以得到波函数

$$\nabla^2 \boldsymbol{E}=\mu\varepsilon \frac{\partial^2 \boldsymbol{E}}{\partial t^2}$$

$$\nabla^2 \boldsymbol{B}=\mu\varepsilon \frac{\partial^2 \boldsymbol{B}}{\partial t^2} \tag{4.10}$$

以确定频率做简谐振荡的电磁波称为时谐电磁波。形式上我们将其写为

$$\boldsymbol{E}(\boldsymbol{x},t)=\boldsymbol{E}(\boldsymbol{x})\mathrm{e}^{-\mathrm{i}\omega t}$$

$$\boldsymbol{B}(\boldsymbol{x},t)=\boldsymbol{B}(\boldsymbol{x})\mathrm{e}^{-\mathrm{i}\omega t} \tag{4.11}$$

对于任意形式的电磁波,可以由时谐电磁波叠加而成。本章只研究时谐电磁波的情形。电场磁场写成复数形式,我们可以这样理解:我们取其实部来描写电磁场。那么,场的叠加我们不用考虑更多,因为实部之和等于和之实部。遇到场量相乘的情况要注意。

将式(4.11)代入式(4.10),或者直接代入无源麦克斯韦方程,我这里采用后者,读者自己应该使用前者得出相同结果。

$$\nabla\times\boldsymbol{E}(\boldsymbol{x},t)=-\frac{\partial\boldsymbol{B}(\boldsymbol{x},t)}{\partial t}=\mathrm{i}\omega\boldsymbol{B}(\boldsymbol{x},t)=\mathrm{i}\omega\mu\boldsymbol{H}(\boldsymbol{x},t)$$

$$\nabla\times\boldsymbol{H}(\boldsymbol{x},t)=\varepsilon\frac{\partial\boldsymbol{E}(\boldsymbol{x},t)}{\partial t}=-\mathrm{i}\omega\varepsilon\boldsymbol{E}(\boldsymbol{x},t) \tag{4.12}$$

对式(4.12)第一式求散度

$$\nabla\times(\nabla\times\boldsymbol{E}(\boldsymbol{x},t))=\nabla\times\mathrm{i}\omega\mu\boldsymbol{H}(\boldsymbol{x},t)$$

$$\Rightarrow\nabla(\nabla\cdot\boldsymbol{E}(\boldsymbol{x},t))-\nabla^2\boldsymbol{E}(\boldsymbol{x},t)=\mathrm{i}\omega\mu\varepsilon\frac{\partial\boldsymbol{E}(\boldsymbol{x},t)}{\partial t}$$

$$\Rightarrow\nabla^2\boldsymbol{E}(\boldsymbol{x},t)+\omega^2\mu\varepsilon\boldsymbol{E}(\boldsymbol{x},t)=0 \tag{4.13}$$

注意到最后一步的推导,我们使用了条件$\nabla\cdot\boldsymbol{E}=0$,我们把该条件称为横场条件(散度为零)。令$k=\omega\sqrt{\varepsilon'\mu}$,可以得到时谐电磁波电场满足的亥姆霍兹方程:

$$\nabla^2\boldsymbol{E}+k^2\boldsymbol{E}=0 \tag{4.14}$$

上式中,我们消去了已知时间依赖项$\mathrm{e}^{-\mathrm{i}\omega t}$,本章我们将一直采用这种做法,如果看到那么意味着只是它的空间依赖。知道了电场就可以由(4.12)得到磁场:

$$\boldsymbol{B}=-\frac{\mathrm{i}}{\omega}\nabla\times\boldsymbol{E} \tag{4.15}$$

这样,我们得到了一定频率下的麦克斯韦方程,即亥姆霍兹方程、电磁关

系和电场无散条件：

$$\begin{cases}\nabla^2 \boldsymbol{E}+k^2\boldsymbol{E}=0\\ \boldsymbol{B}=-\dfrac{\mathrm{i}}{\omega}\nabla\times\boldsymbol{E}\\ \nabla\cdot\boldsymbol{E}=0\end{cases}\tag{4.16}$$

以上方程组的每一个解（当然，是在一定的边界条件下）都表示电场在空间的一个可能的分布模式。使用同样的办法可以得到磁感应强度的类似方程

$$\begin{cases}\nabla^2 \boldsymbol{B}+k^2\boldsymbol{B}=0\\ \boldsymbol{E}=-\dfrac{\mathrm{i}}{\omega\mu\varepsilon}\nabla\times\boldsymbol{B}\\ \nabla\cdot\boldsymbol{B}=0\end{cases}\tag{4.17}$$

这两组方程组是完全等价的。

亥姆霍兹方程的解是多样的，其具体形式由电磁波的激发条件和传播条件决定。下一节我们讨论一种最基本的解，它是存在于全空间的平面波。

第二节　平面电磁波能量能流

设电磁波沿 x 方向传播，其场强在与 x 方向正交的平面上具有相同的值，即 $\boldsymbol{E}$、$\boldsymbol{B}$ 只与 x 和 t 有关，而与 y 和 z 无关。这种电磁波称为平面电磁波，其波阵面为与 x 方向正交的平面，如图 4-2-1。在这情形下，电场只与 x 有关，与 y 和 z 无关。亥姆霍兹方程化为一维的常微分方程

$$\frac{\mathrm{d}^2}{\mathrm{d}x^2}\boldsymbol{E}(\boldsymbol{x})+k^2\boldsymbol{E}(\boldsymbol{x})=0\tag{4.18}$$

有一个解

$$\boldsymbol{E}(\boldsymbol{x})=\boldsymbol{E}_0\mathrm{e}^{\mathrm{i}kx}\tag{4.19}$$

由条件 $\nabla\cdot\boldsymbol{E}=0$，得 $\mathrm{i}k\,\boldsymbol{e}_x\cdot\boldsymbol{E}=0$，从而要求电场方向与 $\boldsymbol{x}$ 方向垂直。添加上时间项，将 $\boldsymbol{E}(\boldsymbol{x},t)$ 写成实数形式，则 $\boldsymbol{E}(\boldsymbol{x},t)=\boldsymbol{E}_0\mathrm{e}^{\mathrm{i}(kx-\omega t)}$ 变为

$$\boldsymbol{E}(\boldsymbol{x},t)=\boldsymbol{E}_0\cos(kx-\omega t)\tag{4.20}$$

在 $t=0$ 时，$x=0$ 的平面处于波峰，在另一时刻 t，同一波峰处于 $x=\frac{\omega}{k}t$ 处，相速度为

$$v=\frac{x}{t}=\frac{\omega}{k}=\frac{1}{\sqrt{\varepsilon\mu}} \tag{4.21}$$

如果是在真空中则有

$$v=c=\frac{1}{\sqrt{\varepsilon_0\mu_0}} \tag{4.22}$$

沿传播方向，相距为 $\lambda=\frac{2\pi}{k}$ 的两点的相位差为 2π，因而场强相同，称 λ 为波长，$k=\frac{2\pi}{\lambda}$ 称为圆波数。

一般化，平面电磁波的表示式是

$$\boldsymbol{E}(\boldsymbol{x},t)=\boldsymbol{E}_0\mathrm{e}^{\mathrm{i}(\boldsymbol{k}\cdot\boldsymbol{x}-\omega t)} \tag{4.23}$$

$\boldsymbol{k}$ 称为波矢量，它的方向是电磁波的传播方向，大小为 $k=\frac{2\pi}{\lambda}$。明显，当 $\boldsymbol{x}$ 位于垂直于 $\boldsymbol{k}$ 方向的平面上时，$\boldsymbol{x}\cdot\boldsymbol{k}$ 为一定值，这意味着给定时刻下，任何垂直于 $\boldsymbol{k}$ 方向的平面上的 $\boldsymbol{E}$ 都相等。利用 $\nabla\cdot\boldsymbol{E}=0$，可以得到 $i\boldsymbol{k}\cdot\boldsymbol{E}=0$。这说明电磁波是横波，我们将 $\boldsymbol{E}$ 的取向称为电磁波的偏振方向。

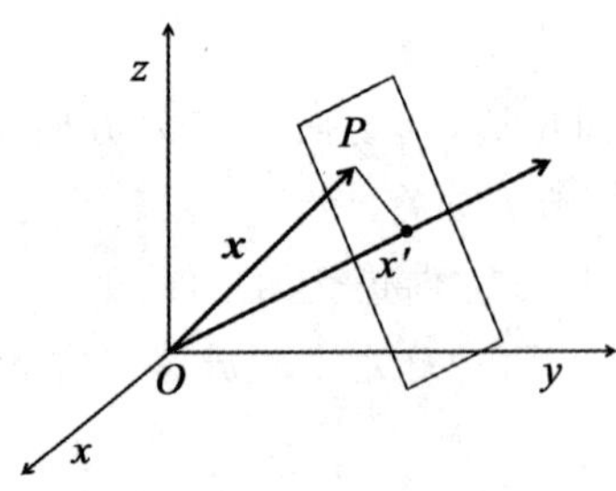

图 4-2-1

虽然我们只是把平面电磁波的电场写了出来，但是所有的场量 $\boldsymbol{E}$、$\boldsymbol{D}$、$\boldsymbol{B}$ 和 $\boldsymbol{H}$ 都可以写成如 $\boldsymbol{X}(\boldsymbol{x},t)=\boldsymbol{X}_0\mathrm{e}^{\mathrm{i}(\boldsymbol{k}\cdot\boldsymbol{x}-\omega t)}$ 的形式，即使它们之间初始相位不相等也可以折合到 $\boldsymbol{X}_0$ 中。

对于每个确定的波矢量，存在着两个独立的偏振方向。平面电磁波的磁场，可由式中的第二式算出

$$\boldsymbol{B}=-\frac{i}{\omega}\nabla\times\boldsymbol{E}=\frac{\boldsymbol{k}}{\omega}\times\boldsymbol{E}=\frac{1}{v}\boldsymbol{n}\times\boldsymbol{E}=\sqrt{\varepsilon\mu}\,\boldsymbol{n}\times\boldsymbol{E} \tag{4.24}$$

其中 $\boldsymbol{n}$ 为电磁波传播方向的单位矢量。显然,$\boldsymbol{k}\cdot\boldsymbol{B}=0$,即磁场的波动亦为横波。

接下来我们讨论电磁波的能量

$$w=\frac{1}{2}\left(\varepsilon E^2+\frac{B^2}{\mu}\right) \tag{4.25}$$

对于平面电磁波,$B^2/\mu=\varepsilon E^2$,所以

$$w=\varepsilon E^2=\frac{B^2}{\mu} \tag{4.26}$$

这表明平面电磁波的电场能量和磁场能量相等。

再讨论能流

$$\boldsymbol{S}=\boldsymbol{E}\times\boldsymbol{H}=\boldsymbol{E}\times\frac{\boldsymbol{B}}{\mu}=\sqrt{\frac{\varepsilon}{\mu}}\boldsymbol{E}\times(\boldsymbol{n}\times\boldsymbol{E})=\sqrt{\frac{\varepsilon}{\mu}}E^2\boldsymbol{n}=v\varepsilon E^2=vw\boldsymbol{n} \tag{4.27}$$

能流密度方向为电磁波传播方向,大小为能量密度乘以波速。计算能量和能流的瞬时值时,场强应取实部

$$\begin{aligned}\boldsymbol{E}&=\boldsymbol{E}_0\cos(\boldsymbol{k}\cdot\boldsymbol{x}-\omega t)\\ \boldsymbol{B}&=\boldsymbol{B}_0\cos(\boldsymbol{k}\cdot\boldsymbol{x}-\omega t)\end{aligned} \tag{4.28}$$

于是有

$$w=\varepsilon E_0^2\cos^2(\boldsymbol{k}\cdot\boldsymbol{x}-\omega t)=\frac{B_0^2}{\mu}\cos^2(\boldsymbol{k}\cdot\boldsymbol{x}-\omega t) \tag{4.29}$$

更多的时候我们愿意知道上述物理量对时间的平均值。平均值可以直接使用复数相乘。然后取其实部即可,接下来,我们做一个简单的证明。设

$$\begin{aligned}f(t)&=f_0\mathrm{e}^{-\mathrm{i}\omega t}\\ g(t)&=g_0\mathrm{e}^{-\mathrm{i}\omega t+\mathrm{i}\varphi}\end{aligned} \tag{4.30}$$

它们的实部分别是

$$\begin{aligned}\mathrm{Re}f(t)&=f_0\cos\omega t\\ \mathrm{Re}g(t)&=g_0\cos(\omega t-\varphi)\end{aligned} \tag{4.31}$$

有

$$\overline{\mathrm{Re}f(t)\cdot\mathrm{Re}g(t)}=\frac{1}{T}\int_0^T f_0 g_0\cos\omega t\cos(\omega t-\varphi)\mathrm{d}t$$
$$=\frac{1}{2}f_0 g_0\cos\varphi$$
$$=\frac{1}{2}\mathrm{Re}(f^* g) \tag{4.32}$$

由此可得

$$\bar{w}=\frac{1}{2}\varepsilon\mathrm{Re}(E\cdot E^*)=\frac{1}{2}\varepsilon E_0^2=\frac{1}{2}\frac{B_0^2}{\mu} \tag{4.33}$$

和

$$\bar{\boldsymbol{S}}=\frac{1}{2}\mathrm{Re}(\boldsymbol{E}^*\times\boldsymbol{H})=\frac{1}{2}\sqrt{\frac{\varepsilon}{\mu}}\boldsymbol{E}_0^2 n \tag{4.34}$$

第三节　电磁波在介质界面上的反射和折射

一、反射定律和折射定律

本节我们使用由麦克斯韦方程组得到的边值关系推导出光学中的反射定律和折射定律以及入射、反射和折射光之间的振幅关系。

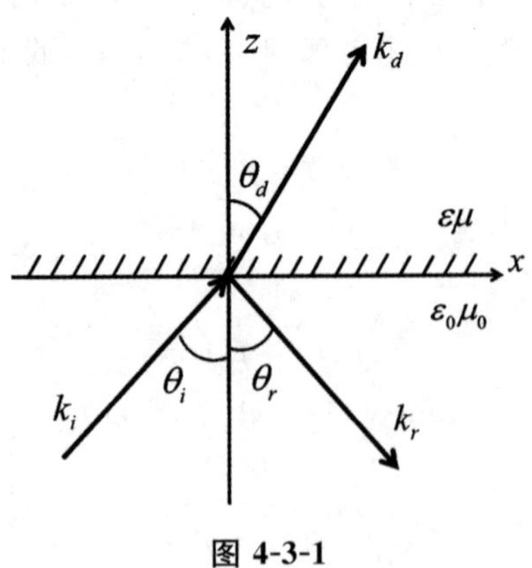

图 4-3-1

如图 4-3-1 所示，设一束平面电磁波真空入射到介质的分界面上。设入射波为$\boldsymbol{E}_i=\boldsymbol{E}_{i0}\mathrm{e}^{\mathrm{i}(\boldsymbol{k}_i\cdot\boldsymbol{x}-\omega_i t)}$，反射波为$\boldsymbol{E}_r=\boldsymbol{E}_{0r}\mathrm{e}^{\mathrm{i}(\boldsymbol{k}_r\cdot\boldsymbol{x}-\omega_r t)}$，折射波为$\boldsymbol{E}_d=\boldsymbol{E}_{0\mathrm{d}}\mathrm{e}^{\mathrm{i}(\boldsymbol{k}_d\cdot\boldsymbol{x}-\omega_d t)}$。并设 $z=0$ 的平面为折射面，入射面在 xoz 平面，则 $k_{ry}=0$。由于边值关系

$$\hat{n}\times(\boldsymbol{E}_2-\boldsymbol{E}_1)=0 \tag{4.35}$$

在这里，脚标 2 代表介质，脚标 1 代表了真空。注意到在介质表面并没有电流和电荷分布。真空中的电场包括入射波$\boldsymbol{E}_{0i}\mathrm{e}^{\mathrm{i}(\boldsymbol{k}_i\cdot\boldsymbol{x}-\omega_i t)}$和反射波$\boldsymbol{E}_{0r}\mathrm{e}^{\mathrm{i}(\boldsymbol{k}_r\cdot\boldsymbol{x}-\omega_r t)}$，介质中只有折射波$\boldsymbol{E}_{0\mathrm{d}}\mathrm{e}^{\mathrm{i}(\boldsymbol{k}_d\cdot\boldsymbol{x}-\omega_d t)}$，根据上式边值关系中的第一式，有

$$\hat{n}\times\left[\boldsymbol{E}_{0i}\mathrm{e}^{\mathrm{i}(\boldsymbol{k}_i\cdot\boldsymbol{x}-\omega_i t)}+\boldsymbol{E}_{0r}\mathrm{e}^{\mathrm{i}(\boldsymbol{k}_r\cdot\boldsymbol{x}-\omega_r t)}\right]=\hat{n}\times\boldsymbol{E}_{0d}\mathrm{e}^{\mathrm{i}(\boldsymbol{k}_d\cdot\boldsymbol{x}-\omega_d t)} \tag{4.36}$$

可以看到振幅与坐标无关，与坐标有关的因子在相位上。以上关系式在 $z=0$ 的平面上任意时刻处处成立，所以

$$\boldsymbol{k}_i\cdot\boldsymbol{x}-\omega_i t=\boldsymbol{k}_r\cdot\boldsymbol{x}-\omega_r t=\boldsymbol{k}_d\cdot\boldsymbol{x}-\omega_d t$$

这意味着

$$\omega_i=\omega_r=\omega_d=\omega \tag{4.37}$$

说明：(1)入射波和反射波折射波频率相同；同时，也有

$$k_{ix}=k_{rx}=k_{\mathrm{d}x}$$

$$k_{iy}=k_{ry}=k_{\mathrm{d}y}=0 \tag{4.38}$$

(2)入射、反射、折射线共面；另外，我们知道

$$k_i=k_r=\frac{\omega}{c}=\frac{2\pi}{\lambda_i};\ k_{\mathrm{d}}=\frac{\omega}{v}=\frac{2\pi}{\lambda_{\mathrm{d}}}$$

这意味着入射、反射波波长相同

由几何关系，有

$$k_{ix}=k_i\sin\theta_i=k_{rx}=k_r\sin\theta_r$$

又因为 $k_i=k_r$ 所以有 $\theta_i=\theta_r$，这便是反射定律，入射角与反射角相等；另有

$$k_{ix}=k_i\sin\theta_i=k_{\mathrm{d}x}=k_{\mathrm{d}}\sin\theta_{\mathrm{d}}$$

从而有

$$\frac{\sin\theta_i}{\sin\theta_{\mathrm{d}}}=\frac{k_{\mathrm{d}}}{k_i}=\frac{c}{v}=n \tag{4.39}$$

这便是折射定律。n 被称为折射率，严格来说应该说是介质相对于真空的折射率。它由介质的电磁参数确定

$$n=\frac{c}{v}=\frac{\sqrt{\varepsilon\mu}}{\sqrt{\varepsilon_0\mu_0}} \tag{4.40}$$

它是一个大于 1 的数，普通的窗户玻璃大约是 1.44 左右。如果电磁波由介质 1 进入介质 2，介质 2 相对于介质 1 的折射率

$$n_{21}=\frac{v_1}{v_2}=\frac{\sqrt{\varepsilon_2\mu_2}}{\sqrt{\varepsilon_1\mu_1}}=\frac{n_2}{n_1}=\frac{\sin\theta_i}{\sin\theta_\mathrm{d}} \tag{4.41}$$

对于非铁磁介质 $\mu\approx\mu_0$，于是对应式(4.40)和式(4.41)，分别近似有

$$n=\frac{\sin\theta_i}{\sin\theta_\mathrm{d}}=\frac{\sqrt{\varepsilon}}{\sqrt{\varepsilon_0}} \tag{4.42}$$

和

$$n_{21}=\frac{\sqrt{\varepsilon_2}}{\sqrt{\varepsilon_1}}=\frac{n_2}{n_1}=\frac{\sin\theta_i}{\sin\theta_\mathrm{d}} \tag{4.43}$$

二、振幅关系 菲涅耳公式

给定 $\boldsymbol{k}$ 则电场有两个独立方向与其垂直，电场 $\boldsymbol{E}$ 可以在其中任意一个方向上，从而对应有两个独立的偏振波。可以把它分解为垂直于入射面和平行于入射面两个独立的分量。这里分别讨论 $\boldsymbol{E}$ 垂直于入射面(垂直偏振)和平行于入射面情况(平行偏振)。若入射波是垂直偏振，则反射、折射波也是垂直偏振；若入射波是平行偏振，则反射、折射波也是平行偏振。

(1)$\boldsymbol{E}\perp$入射面(与交界面平行)，即垂直偏振，如图 4-3-2 所示。

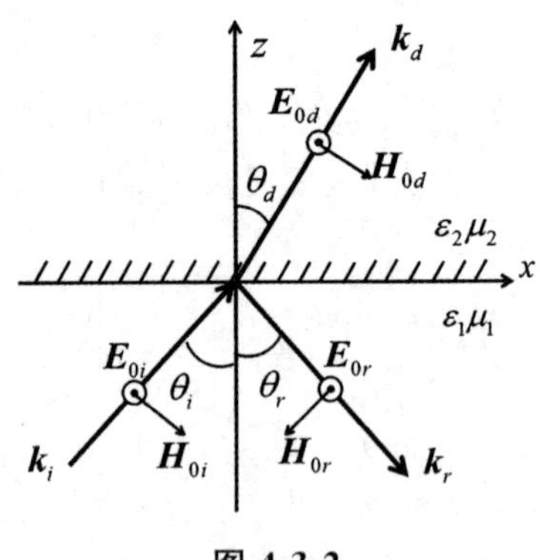

图 4-3-2

由平行分量边值关系

$$\hat{n}\times(\boldsymbol{E}_2-\boldsymbol{E}_1)=0$$

$$\hat{n}\times(\boldsymbol{H}_2-\boldsymbol{H}_1)=\boldsymbol{\alpha} \tag{4.44}$$

得到

$$E_{0i}+E_{0r}=E_{0\mathrm{d}} \tag{4.45}$$

$$H_{0i}\cos\theta_i-H_{0r}\cos\theta_r=H_{0\mathrm{d}}\cos\theta_{\mathrm{d}} \tag{4.46}$$

上式推导中我们采用了交界面上没有电流的情况(读者可以设想,如果交界面上存在电流,是否可以通过控制电流而控制折射情况呢)。由式(4.24)可以得到平面波电场振幅和磁场振幅大小关系

$$\boldsymbol{B}=\mu\boldsymbol{H}=\sqrt{\varepsilon\mu}\,\boldsymbol{n}\times\boldsymbol{E}$$

$$\Rightarrow H_0=\sqrt{\varepsilon/\mu}\,E_0\approx\sqrt{\varepsilon/\mu_0}\,E_0 \tag{4.47}$$

这样,式(4.46)可写为

$$\sqrt{\varepsilon_1}\,(E_{0i}-E_{0r})\cos\theta-\sqrt{\varepsilon_2}\,E_{0\mathrm{d}}\cos\theta_{\mathrm{d}}=0 \tag{4.48}$$

由式(4.45)和式(4.48)并使用上节得到的折射定理$\sqrt{\varepsilon_1}\sin\theta_i=\sqrt{\varepsilon_2}\sin\theta_{\mathrm{d}}$可解出

$$\frac{E_{0r}}{E_{0i}}=\frac{\sqrt{\varepsilon_1}\cos\theta_i-\sqrt{\varepsilon_2}\cos\theta_d}{\sqrt{\varepsilon_1}\cos\theta_i+\sqrt{\varepsilon_2}\cos\theta_d}=-\frac{\sin(\theta_i-\theta_d)}{\sin(\theta_i+\theta_d)} \tag{4.49}$$

和

$$\frac{E_{0d}}{E_{0i}}=\frac{2\sqrt{\varepsilon_1}\cos\theta_i}{\sqrt{\varepsilon_1}\cos\theta_i+\sqrt{\varepsilon_2}\cos\theta_d}=\frac{2\cos\theta_i\sin\theta_d}{\sin(\theta_i+\theta_d)} \tag{4.50}$$

(2)$\boldsymbol{E}$∥入射面(与交界面平行),即垂直偏振,如图4-3-3所示。

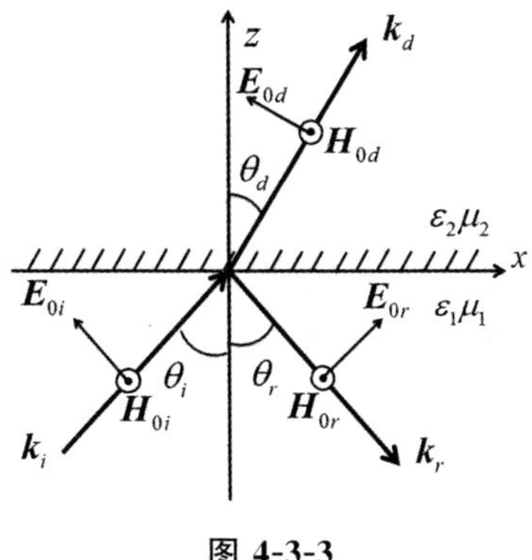

图 4-3-3

还是由平行分量边值关系式(4.44),有

$$\begin{cases}-E_{0i}\cos\theta_i+E_{0r}\cos\theta_r+E_{0\mathrm{d}}\cos\theta_{\mathrm{d}}=0\\ H_{0i}+H_{0r}-H_{0\mathrm{d}}=0\end{cases}\tag{4.51}$$

利用 $H_0=\sqrt{\frac{\varepsilon}{\mu}}E_0\approx\sqrt{\frac{\varepsilon}{\mu_0}}E_0$ 式(4.5.1)的第二式可以写为

$$\sqrt{\varepsilon_1}(E_{0i}+E_{0r})-\sqrt{\varepsilon_2}E_{0\mathrm{d}}=0\tag{4.52}$$

于是有

$$\frac{E_{0r}}{E_{0i}}=\frac{\sqrt{\varepsilon_2}\cos\theta_i-\sqrt{\varepsilon_1}\cos\theta_{\mathrm{d}}}{\sqrt{\varepsilon_2}\cos\theta_i+\sqrt{\varepsilon_1}\cos\theta_{\mathrm{d}}}=\frac{\sin\theta_i\cos\theta_i-\sin\theta_{\mathrm{d}}\cos\theta_{\mathrm{d}}}{\sin\theta_i\cos\theta_i+\sin\theta_{\mathrm{d}}\cos\theta_{\mathrm{d}}}=\frac{\tan(\theta_i-\theta_{\mathrm{d}})}{\tan(\theta_i+\theta_{\mathrm{d}})}\tag{4.53}$$

$$\begin{aligned}\frac{E_{0\mathrm{d}}}{E_{0i}}&=\frac{2\sqrt{\varepsilon_1}\cos\theta_i}{\sqrt{\varepsilon_2}\cos\theta_i+\sqrt{\varepsilon_1}\cos\theta_{\mathrm{d}}}=\frac{2\cos\theta_i\sin\theta_{\mathrm{d}}}{\sin\theta_i\cos\theta_i+\sin\theta_{\mathrm{d}}\cos\theta_{\mathrm{d}}}\\&=\frac{2\cos\theta_i\sin\theta_{\mathrm{d}}}{\sin(\theta_i+\theta_{\mathrm{d}})\cos(\theta_i-\theta_{\mathrm{d}})}\end{aligned}\tag{4.54}$$

如果入射电磁波的电场方向是任意的,我们可以把它分解为“⊥”分量(s 分量)和“//”分量(p 分量),上述的垂直和平行是相对于入射面的垂直分量满足:

$$\begin{aligned}r_s&\equiv\frac{E_{0r}}{E_{0i}}=-\frac{\sin(\theta_i-\theta_{\mathrm{d}})}{\sin(\theta_i+\theta_{\mathrm{d}})}\\ t_s&\equiv\frac{E_{0\mathrm{d}}}{E_{0i}}=\frac{2\cos\theta_i\sin\theta_{\mathrm{d}}}{\sin(\theta_i+\theta_{\mathrm{d}})}\end{aligned}\tag{4.55}$$

平行分量满足:

$$\begin{aligned}r_p&\equiv\frac{E_{0r}}{E_{0i}}=\frac{\tan(\theta_i-\theta_{\mathrm{d}})}{\tan(\theta_i+\theta_{\mathrm{d}})}\\ t_p&\equiv\frac{E_{0\mathrm{d}}}{E_{0i}}=\frac{2\cos\theta_i\sin\theta_{\mathrm{d}}}{\sin(\theta_i+\theta_{\mathrm{d}})\cos(\theta_i-\theta_{\mathrm{d}})}\end{aligned}\tag{4.56}$$

这就是光学中的菲涅耳公式。

三、菲涅耳公式的有关讨论

(一)半波损失

当光由光疏介质入射到光密介质($n_1<n_2$),则有 $\theta_{\mathrm{d}}<\theta_i$,从而

$$\frac{E_{0r}}{E_{0i}}=-\frac{\sin(\theta_i-\theta_d)}{\sin(\theta_i+\theta_d)}<0 \tag{4.57}$$

可见反射光与入射光的垂直分量方向相反，或者说它们相位相反，或者说它们有相当于半个波长的光程差，我们将其称为半波损失。

（二）布儒斯特定律

当 $\theta_1+\theta_3=\frac{\pi}{2}$ 时，$\tan(\theta_i+\theta_d)\to\infty$，反射光的平行分量为 0。可推得

$$\theta_i=\theta_{Brewster}\equiv\tan^{-1}\left(\frac{n_2}{n_1}\right) \tag{4.58}$$

$\theta_{Brewster}$ 为布儒斯特角。布儒斯特定理为：当入射角为布儒斯特角时，电场只有 s 波反射，是完全偏振光。

（三）全反射

电磁波由光密介质 1 入射到光疏介质 2，即 $n_2<n_1(\theta_i<\theta_d)$，当 θ_i 增大，一直到 $\sin\theta_i=n_{21}$，这是可以的，因为 $n_2<n_1\Rightarrow n_{21}<1$，这时有 $\sin\theta_d=\frac{\sin\theta_i}{n_{21}}=1$，则折射角为 90°，透射波沿界面掠过。如果入射角 θ_i 进一步增大，一直到 $\sin\theta_i>n_{21}$，光线不再折射，全部反射回光密介质 1 中，称为全反射。我们令 $\theta_c=\sin^{-1}n_{21}$ 为全反射阈值角，当 $\theta_i>\theta_c$ 时发生全反射。

发生全反射时，$\sin\theta_i>n_{12}$，然而

$$k_{dx}=k_{ix}=k_i\sin\theta_i$$

$$k_d=k_i\frac{v_1}{v_2}=k_in_{21} \tag{4.59}$$

形式上仍然成立，这样 $k_{dx}>k_d$（分量大于总量），$k_{dy}=0$，于是有

$$k_{dz}=\sqrt{k_d^2-k_{dx}^2}=\mathrm{i}\sqrt{k_{dx}^2-k_d^2}=\mathrm{i}k_i\sqrt{\sin^2\theta_i-n_{21}^2} \tag{4.60}$$

令

$$k_{dz}=\mathrm{i}\kappa,\kappa\equiv k_i\sqrt{\sin^2\theta_i-n_{21}^2} \tag{4.61}$$

由此可知，折射波的电磁场为

$$\boldsymbol{E}_d=\boldsymbol{E}_{0d}\mathrm{e}^{-\kappa z}\mathrm{e}^{\mathrm{i}(k_{dx}x-\omega t)} \tag{4.62}$$

它的振幅带有负指数因子，电磁波进入光疏介质将迅速衰减，形成所谓“表面波”。当 $z=\frac{1}{\kappa}$ 时振幅衰减为界面处的$\frac{1}{e}$，此 z 值称为透入深度。用 d 表示

$$d=\frac{\lambda_1}{2\pi}\frac{1}{\sqrt{\sin^2\theta_i-n_{21}^2}} \tag{4.63}$$

透入深度与波长同数量级，可见折射波衰减的很快。

玻印亭矢量在介质 2 中沿 z 方向的分量为

$$\begin{aligned}\boldsymbol{e}_z\cdot\bar{\boldsymbol{S}}&=\frac{1}{2\mu}\mathrm{Re}(\boldsymbol{E}_\mathrm{d}\times\boldsymbol{B}_\mathrm{d}^*)\cdot\boldsymbol{e}_z\\&=\frac{1}{2\mu\omega}\mathrm{Re}[\boldsymbol{E}_\mathrm{d}\times(\boldsymbol{k}_\mathrm{d}\times\boldsymbol{E}_\mathrm{d})^*]\cdot\boldsymbol{e}_z\\&=\frac{1}{2\mu\omega}\mathrm{Re}[\boldsymbol{k}_\mathrm{d}|\boldsymbol{E}_\mathrm{d}|^2-\boldsymbol{E}_\mathrm{d}^*(k_\mathrm{d}\cdot\boldsymbol{E}_\mathrm{d})]\cdot\boldsymbol{e}_z\\&=\frac{1}{2\mu\omega}\mathrm{Re}(\boldsymbol{e}_z\cdot\boldsymbol{k}_\mathrm{d}|\boldsymbol{E}_\mathrm{d}|^2)=0\end{aligned} \tag{4.64}$$

最后一个推导为零是因为 $\boldsymbol{k}_\mathrm{d}$ 在 z 方向上投影($k_{\mathrm{d}z}=\mathrm{i}\kappa$)为虚数。平均能流为零并不意味着没有瞬时能流。全反射可以纳入到反射和折射公式中，折射角为

$$\sin\theta_\mathrm{d}=\frac{k_{\mathrm{d}x}}{k_\mathrm{d}}=\frac{\sin\theta_i}{n_{21}}$$

$$\cos\theta_\mathrm{d}=\frac{k_{\mathrm{d}z}}{k_\mathrm{d}}=\mathrm{i}\sqrt{\frac{\sin^2\theta_i}{n_{21}^2}-1} \tag{4.65}$$

当 S 波时，

$$\begin{aligned}\frac{E_{0r}}{E_{0i}}&=\frac{\sqrt{\varepsilon_1}\cos\theta_i-\sqrt{\varepsilon_2}\cos\theta_\mathrm{d}}{\sqrt{\varepsilon_1}\cos\theta_i+\sqrt{\varepsilon_2}\cos\theta_\mathrm{d}}=\frac{n_1\cos\theta_i-n_2\cos\theta_\mathrm{d}}{n_1\cos\theta_i+n_2\cos\theta_\mathrm{d}}\\&=\frac{\cos\theta_i-\mathrm{i}\sqrt{\sin^2\theta_i-n_{21}^2}}{\cos\theta_i+\mathrm{i}\sqrt{\sin^2\theta_i-n_{21}^2}}=\mathrm{e}^{-2\mathrm{i}\varphi}\end{aligned} \tag{4.66}$$

其中 $\tan\varphi=\frac{\sqrt{\sin^2\theta_i-n_{21}^2}}{\cos\theta_i}$。对于全反射，入射和反射波振幅相同但相位发生了变化。入射波和反射波振幅相等，但相位不同，因此反射波与入射波的瞬时能流值是不同的。能流密度的平均值为零，其瞬时值不为零。由此可见，在全反射过程中第二介质是起作用的。在半周内，电磁

能量透入第二介质，在界面附近薄层内储存起来，在另一半周内，该能量释放出来变为反射波能量。

第四节　有导体存在时的电磁波传播

一、导体内的电荷分布

导体内的电磁波会衰减，导体内有自由电子，在电磁波电场作用下，自由电子运动形成传导电流，产生焦耳热，使电磁波能量不断消耗，因此，在导体内部的电磁波是一种衰减波，在传播过程中，电磁能量转化为热能。导体内电磁波的传播过程是交变电磁场与自由电子运动互相制约的过程，这种相互作用决定导体内电磁波的存在形式。

先研究导体内自由电荷分布的特点，导体在静电情况，自由电荷只能分布在导体表面上，那么随时间变化的场呢？考虑导体内有电荷 ρ，电场为 $\boldsymbol{E}$，它们之间的关系为 $\varepsilon\nabla\cdot\boldsymbol{E}=\rho$，结合欧姆定理 $\boldsymbol{J}=\sigma\boldsymbol{E}$，可得

$$\nabla\cdot\boldsymbol{J}=\frac{\sigma}{\varepsilon}\rho \tag{4.67}$$

其中 σ 是导体的电导率。由电荷守恒定律

$$\nabla\cdot\boldsymbol{J}=-\frac{\partial\rho}{\partial t} \tag{4.68}$$

可以得到电荷密度满足的微分方程

$$\frac{\partial\rho}{\partial t}=-\frac{\sigma}{\varepsilon}\rho \tag{4.69}$$

它的解为

$$\rho(t)=\rho_0\mathrm{e}^{-\frac{\sigma}{\varepsilon}t} \tag{4.70}$$

其中 ρ_0 为初始时刻的电荷密度。上式说明导体内部电荷密度随时间指数衰减，特征时间为 $\tau=\dfrac{\varepsilon}{\sigma}$。只要电磁波的频率满足

$$\omega\ll\tau^{-1}=\frac{\sigma}{\varepsilon}\text{或}\frac{\sigma}{\omega\varepsilon}\gg1 \tag{4.71}$$

就可以看作良导体。也就是说，与电磁场变化比较，电荷的衰减极快，电

荷还没有体会到电磁波的变换影响就衰减了。所以在低频时可以把金属近似为良导体。一般金属的 τ 大约是 10^{-17} s 左右，对于比可见光频率低的电磁波而言，一般金属算良导体，良导体是内部没有自由电荷分布，电荷只能分布在表面的导体。

二、导体内的电磁波

导体内 $\rho=0$，$\boldsymbol{J}=\sigma\boldsymbol{E}$，麦克斯韦方程为

$$
\begin{aligned}
\nabla\cdot\boldsymbol{D}&=0\\
\nabla\cdot\boldsymbol{B}&=0\\
\nabla\times\boldsymbol{E}&=-\frac{\partial\boldsymbol{B}}{\partial t}\\
\nabla\times\boldsymbol{H}&=\boldsymbol{J}+\frac{\partial\boldsymbol{D}}{\partial t}
\end{aligned}
\tag{4.72}
$$

对于固定频率的电磁波 $\boldsymbol{D}=\varepsilon\boldsymbol{E}$，$\boldsymbol{B}=\mu\boldsymbol{H}$，将

$$
\begin{aligned}
\boldsymbol{E}(\boldsymbol{x},t)&=\boldsymbol{E}(\boldsymbol{x})\mathrm{e}^{-\mathrm{i}\omega t}\\
\boldsymbol{B}(\boldsymbol{x},t)&=\vec{B}(\boldsymbol{x})\mathrm{e}^{-\mathrm{i}\omega t}
\end{aligned}
\tag{4.73}
$$

代入上面的麦克斯韦方程，有

$$
\begin{aligned}
\nabla^2\boldsymbol{E}&=-\mathrm{i}\sigma\mu\omega\boldsymbol{E}-\varepsilon\mu\omega^2\boldsymbol{E}\\
\nabla^2\boldsymbol{B}&=-\mathrm{i}\sigma\mu\omega\boldsymbol{B}-\varepsilon\mu\omega^2\boldsymbol{B}
\end{aligned}
\tag{4.74}
$$

进一步整理，有

$$
\begin{aligned}
\nabla^2\boldsymbol{E}&=-\mu\omega^2\left(\varepsilon+\mathrm{i}\,\frac{\sigma}{\omega}\right)\boldsymbol{E}\\
\nabla^2\boldsymbol{B}&=-\mu\omega^2\left(\varepsilon+\mathrm{i}\,\frac{\sigma}{\omega}\right)\boldsymbol{B}
\end{aligned}
\tag{4.75}
$$

引入复电容率

$$
\varepsilon'=\varepsilon+\mathrm{i}\,\frac{\sigma}{\omega},\quad k=\omega\sqrt{\mu\varepsilon'}
\tag{4.76}
$$

上式变为

$$
\begin{aligned}
\nabla^2\boldsymbol{E}+k^2\boldsymbol{E}&=0\\
\boldsymbol{B}&=-\frac{\mathrm{i}}{\omega}\nabla\times\boldsymbol{E}
\end{aligned}
\tag{4.77}
$$

但是要时刻注意电磁波要满足$\nabla\cdot\boldsymbol{E}=0$。

上述的亥姆霍兹方程有平面波解

$$\boldsymbol{E}=\boldsymbol{E}_0 \mathrm{e}^{\mathrm{i}(\boldsymbol{k}\cdot\boldsymbol{x}-\omega t)}$$

$$\boldsymbol{B}=\boldsymbol{B}_0 \mathrm{e}^{\mathrm{i}(\boldsymbol{k}\cdot\boldsymbol{x}-\omega t)} \tag{4.78}$$

由于 k 是复数，可将波矢量 $\boldsymbol{k}$ 写成

$$\boldsymbol{k}=\boldsymbol{\beta}+\mathrm{i}\boldsymbol{\alpha} \tag{4.79}$$

因而，导体中的电磁场可写成

$$\boldsymbol{E}(\boldsymbol{x},\boldsymbol{t})=\boldsymbol{E}_0 \mathrm{e}^{-\boldsymbol{\alpha}\cdot\boldsymbol{x}} \mathrm{e}^{\mathrm{i}(\boldsymbol{\beta}\cdot\boldsymbol{x}-\omega t)}$$

$$\boldsymbol{B}(\boldsymbol{x},\boldsymbol{t})=\boldsymbol{B}_0 \mathrm{e}^{-\boldsymbol{\alpha}\cdot\boldsymbol{x}} \mathrm{e}^{\mathrm{i}(\boldsymbol{\beta}\cdot\boldsymbol{x}-\omega t)} \tag{4.80}$$

在导体内部，电磁波的振幅以指数形式衰减，波矢量 $\boldsymbol{k}$ 的虚部 $\boldsymbol{\alpha}$ 描述波的衰减快慢，称为衰减常数。沿着 $\boldsymbol{\alpha}$ 方向每前进 $\dfrac{1}{\alpha}$ 距离，电磁波振幅衰减为原来的 $\dfrac{1}{\mathrm{e}}$。为此定义

$$\delta=\frac{1}{\alpha} \tag{4.81}$$

为穿透深度（又称衰减长度）。

与 $\boldsymbol{\beta}$ 垂直的面是等相面，$\boldsymbol{\beta}$ 的方向就是电磁波相位传播的方向。沿着 $\boldsymbol{\beta}$ 方向每前进 $\dfrac{2\pi}{\beta}$ 距离，对应电磁波的相位改变 2π，相位传播速度称为相速，定义为

$$v_p=\frac{\omega}{\beta} \tag{4.82}$$

波矢量 $\boldsymbol{k}$ 的虚部 $\boldsymbol{\alpha}$ 与实部 $\boldsymbol{\beta}$ 有一定的联系，由式(4.76)和式(4.79)可得

$$k^2=\boldsymbol{k}\cdot\boldsymbol{k}=\beta^2-\alpha^2+2\mathrm{i}\boldsymbol{\beta}\cdot\boldsymbol{\alpha}=\omega^2\mu\left(\varepsilon+\mathrm{i}\,\frac{\sigma}{\omega}\right) \tag{4.83}$$

比较上式两边的实部和虚部，可得

$$\beta^2-\alpha^2=\omega^2\mu\varepsilon$$

$$\boldsymbol{\beta}\cdot\boldsymbol{\alpha}=\frac{1}{2}\omega\mu\sigma \tag{4.84}$$

需要说明的是，$\boldsymbol{\alpha}$ 与 $\boldsymbol{\beta}$ 的方向一般并不一致，上面方程还需利用边值关系才可以解出。

例如：当电磁波从真空入射到导体时，设入射面为 xz 面，z 轴为指向导体内部的法向，有边值关系

$$k_x^{(0)}=k_x=\beta_x+\mathrm{i}\alpha_x$$

$$\Rightarrow\beta_x=k_x,\alpha_x=0 \tag{4.85}$$

再结合式(4.84),有

$$\beta_x^2+\beta_z^2-\alpha_z^2=\omega^2\mu\varepsilon$$

$$\alpha_z\beta_z=\frac{1}{2}\omega\mu\sigma \tag{4.86}$$

于是可得到各个分量。

在电磁波垂直入射到导体表面时,等相面和等振幅面都平行于导体表面,他们的方向一致,方程就可以直接解出。

三、趋肤效应

为讨论简单,假定电磁波垂直入射到导体表面,取 z 轴垂直指向导体内部,则 $\boldsymbol{\alpha}$ 与 $\boldsymbol{\beta}$ 都沿 z 轴方向。电磁场的表示式为

$$\boldsymbol{E}(\boldsymbol{x},t)=\boldsymbol{E}_0\mathrm{e}^{-\alpha z}\mathrm{e}^{\mathrm{i}(\beta z-\omega t)}$$

$$\boldsymbol{B}(\boldsymbol{x},t)=\boldsymbol{B}_0\mathrm{e}^{-\alpha z}\mathrm{e}^{\mathrm{i}(\beta z-\omega t)} \tag{4.87}$$

由式(4.84)可得

$$\beta=\omega\sqrt{\mu\varepsilon}\left[\frac{1}{2}\left(\sqrt{1+\frac{\sigma^2}{\varepsilon^2\omega^2}}+1\right)\right]^{\frac{1}{2}}$$

$$\alpha=\omega\sqrt{\mu\varepsilon}\left[\frac{1}{2}\left(\sqrt{1+\frac{\sigma^2}{\varepsilon^2\omega^2}}-1\right)\right]^{\frac{1}{2}} \tag{4.88}$$

由此得到相速度

$$v_p=\frac{\omega}{\beta}=\frac{1}{\sqrt{\varepsilon\mu}}\left[\frac{1}{2}\left(\sqrt{1+\frac{\sigma^2}{\varepsilon^2\omega^2}}-1\right)\right]^{\frac{-1}{2}} \tag{4.89}$$

可见电磁波在导体中的传播的相速度和它的频率有关,这种现象称为色散。

考虑两种不同条件:

(1)$\dfrac{\sigma}{\varepsilon\omega}\ll1$。

这相当于介质或电磁波的频率极高的情形。我们知道位移电流

$$\boldsymbol{j}_D\propto\frac{\partial\boldsymbol{D}}{\partial t}\propto\omega\varepsilon\boldsymbol{E} \tag{4.90}$$

传导电流

$$\boldsymbol{j}_f=\sigma\boldsymbol{E} \tag{4.91}$$

它们之比为

$$\left|\frac{j_f}{j_D}\right|\propto\frac{\sigma}{\varepsilon\omega}\ll 1 \tag{4.92}$$

说明传导电流远小于位移电流。导体中能量消耗是传导电流导致的。

把$\frac{\sigma}{\varepsilon\omega}$当作小量作近似展开

$$\beta\approx\omega\sqrt{\varepsilon\mu}\left[1+\frac{\sigma^2}{8\varepsilon^2\omega^2}\right]\approx\omega\sqrt{\varepsilon\mu}$$

$$\alpha\approx\frac{\sigma}{2}\sqrt{\frac{\mu}{\varepsilon}} \tag{4.93}$$

由此得到

$$\frac{\lambda}{\delta}\propto\frac{\alpha}{\beta}\propto\frac{\sigma}{\varepsilon\omega}\ll 1 \tag{4.94}$$

说明在介质中或电磁波频率极高时，电磁波的穿透深度远大于波长，电磁波能进入介质的深部。

(2)$\frac{\sigma}{\varepsilon\omega}\gg 1$

这种情况相当于良导体情况，对于良导体，波矢量的虚部远远大于实部：

$$k^2=\beta^2-\alpha^2+2\mathrm{i}\boldsymbol{\beta}\cdot\boldsymbol{\alpha}=\omega^2\mu\left(\varepsilon+\mathrm{i}\frac{\sigma}{\omega}\right) \tag{4.95}$$

于是只保留虚部

$$k^2\approx\mathrm{i}\omega\mu\sigma \tag{4.96}$$

得到

$$\alpha=\beta\approx\sqrt{\frac{\mu\sigma\omega}{2}} \tag{4.97}$$

这样，波长和穿透深度为同一数量级

$$\lambda\approx\delta\approx\sqrt{\frac{2}{\mu\sigma\omega}} \tag{4.98}$$

上式表明，在导体中电磁波仅分布在表面层，例如对于铜，σ 约为 $5\times10^7\ \frac{\mathrm{S}}{m}$，当频率为 50 Hz 时，$\delta=0.9$ cm，当频率为 100 MHz 时，$\delta\approx10^{-3}$ cm。因

此高频电磁波和响应的高频电流分布在导体很薄的表面层中，这一现象称为趋肤效应。这也是用金属来屏蔽电磁波的原理。

四、反射系数

取入射波的电场 $\boldsymbol{E}_i$ 的方向为 x 轴，波矢量 $\boldsymbol{k}_i$ 的方向为 z 轴，导体表面 $z=0$，$\boldsymbol{B}$ 的方向为 y 轴，由边值关系可得

$$E_{0i}-E_{0r}=E_{0\mathrm{d}}$$

$$\frac{1}{\mu_0}\left(\frac{k_i}{\omega}E_{0i}+\frac{k_i}{\omega}E_{0r}\right)=\frac{1}{\mu}\frac{k_\mathrm{d}}{\omega}E_{0\mathrm{d}} \tag{4.99}$$

由以上两式可解出

$$\frac{E_{0r}}{E_{0i}}=-\frac{\mu k_i-\mu_0 k_\mathrm{d}}{\mu k_i+\mu_0 k_\mathrm{d}} \tag{4.100}$$

反射系数定义为反射与入射能流之比，即

$$R=\left|\frac{E_{0r}}{E_{0i}}\right|^2=\left|\frac{\mu k_i-\mu_0 k_\mathrm{d}}{\mu k_i+\mu_0 k_\mathrm{d}}\right|=\left|\frac{\mu k_i-\mu_0(\beta+\mathrm{i}\alpha)}{\mu k_i+\mu_0(\beta+\mathrm{i}\alpha)}\right|=\frac{1+\dfrac{(\mu k_i-\mu_0\beta)^2}{\mu_0^2\alpha^2}}{1+\dfrac{(\mu k_i+\mu_0\beta)^2}{\mu_0^2\alpha^2}} \tag{4.101}$$

对于良导体，$\dfrac{\sigma}{\varepsilon\omega}\gg 1$，$\alpha$ 与 β 同数量级，并有

$$\frac{\mu k_1}{\mu_0\beta}\sim\frac{\mu\omega}{c\mu_0\sqrt{\dfrac{\sigma\mu\omega}{2}}}\sim\frac{\sqrt{2}\,\omega}{c\sqrt{\sigma\mu\omega}}\sim\sqrt{\frac{\varepsilon\omega}{\sigma}}\frac{1}{c\sqrt{\varepsilon\mu}}\sim\sqrt{\frac{\varepsilon\omega}{\sigma}}\ll 1 \tag{4.102}$$

所以，对于良导体，反射系数 $R\approx 1$。

从电磁波与导体的相互作用可知，电磁波主要是在导体以外的空间或绝缘介质内传播的，只有很小部分电磁能量透入导体表层内。对于理想导体，电磁波全部被导体反射，穿透深度趋于零，因此，导体表面自然构成电磁波存在的边界。接下来我们考虑理想导体边界条件。考虑时谐电磁波(单色波)：

$$\begin{cases}\nabla\times\boldsymbol{E}=-\dfrac{\partial\boldsymbol{B}}{\partial t}=\mathrm{i}\omega\boldsymbol{B}\\[2ex]\nabla\times\boldsymbol{H}=\dfrac{\partial\boldsymbol{D}}{\partial t}+=-\mathrm{i}\omega\boldsymbol{D}+\boldsymbol{J}\end{cases} \tag{4.103}$$

利用电荷守恒定律$\nabla \cdot \boldsymbol{J}+\frac{\partial \rho}{\partial t}=0$，得

$$\begin{cases}\nabla \cdot \boldsymbol{D}=\rho \\ \nabla \cdot \boldsymbol{B}=0\end{cases} \tag{4.104}$$

时谐电磁波在两不同介质界面上的边值关系如下

$$\begin{aligned}&\boldsymbol{n} \times (\boldsymbol{E}_2-\boldsymbol{E}_1)=0 \\ &\boldsymbol{n} \times (\boldsymbol{H}_2-\boldsymbol{H}_1)=\boldsymbol{\alpha} \\ &\boldsymbol{n} \cdot (\boldsymbol{D}_2-\boldsymbol{D}_1)=\sigma \\ &\boldsymbol{n} \cdot (\boldsymbol{B}_2-\boldsymbol{B}_1)=0\end{aligned} \tag{4.105}$$

取角标 1 代表理想导体，角标 2 代表介质。这样就有 $\boldsymbol{E}_1=\boldsymbol{H}_1=0$

$$\begin{aligned}&\boldsymbol{n} \times \boldsymbol{E}_2=0 \\ &\boldsymbol{n} \times \boldsymbol{H}_2=\boldsymbol{\alpha} \\ &\boldsymbol{n} \cdot \boldsymbol{D}_2=\sigma \\ &\boldsymbol{n} \cdot \boldsymbol{B}_2=0\end{aligned} \tag{4.106}$$

从上式知电场垂直于(理想)导体表面，磁场平行于(理想)导体表面。先看方程$\nabla \cdot \boldsymbol{E}=0$ 对边界电场的限制：在边界面上，若取 x，y 轴在切面上，z 轴沿法线方向。$E_x=E_y=0$，因此方程$\nabla \cdot \boldsymbol{E}=0$ 在靠近界面为

$$\frac{\partial E_n}{\partial n}=0 \tag{4.107}$$

考虑导体边界的电磁波方程，真空(均匀介质)电磁波方程

$$\begin{aligned}&\nabla^2 \boldsymbol{E}+k^2 \boldsymbol{E}=0,(k^2=\varepsilon\mu\omega^2) \\ &\nabla \cdot \boldsymbol{E}=0\end{aligned} \tag{4.108}$$

导体边界条件：

$$\begin{cases}E_{/\!/}=0 \\ \dfrac{\partial E_n}{\partial n}=0\end{cases} \tag{4.109}$$

即电场的平行分量为 0，电场的垂直分量法向导数为 0。其他物理量也可以得到：

$$\boldsymbol{B}=-\frac{\mathrm{i}}{\omega}\nabla \times \boldsymbol{E}$$

$$\boldsymbol{H}=\frac{1}{\mu}\boldsymbol{B}$$

$$\boldsymbol{D}=\varepsilon \boldsymbol{E}$$

$$\boldsymbol{\alpha}=\boldsymbol{n}\times\boldsymbol{H}$$
$$\sigma=\boldsymbol{n}\cdot\boldsymbol{D} \tag{4.110}$$

接下来考虑一个矩形的谐振腔,金属壁内表面 $x=0$ 和 $x=L_1$;$y=0$ 和 $y=L_2$;$z=0$ 和 $z=L_3$。设 $u(x,y,z)$为电磁场的任一直角分量,有

$$\nabla^2 u+k^2u=0 \quad (k^2=\omega^2\mu\varepsilon) \tag{4.111}$$

令 $u(x,y,z)=X(x)Y(y)Z(z)$,于是有

$$\left.\begin{aligned}\frac{\mathrm{d}^2X}{\mathrm{d}x^2}+k_x^2X=0\\ \frac{\mathrm{d}^2Y}{\mathrm{d}y^2}+k_y^2Y=0\\ \frac{\mathrm{d}^2Z}{\mathrm{d}z^2}+k_z^2Z=0\end{aligned}\right\}$$
$$k_x^2+k_y^2+k_z^2=\omega^2\mu\varepsilon \tag{4.112}$$

其有驻波解通解

$$u(x,y,z)=(C_1\cos k_xx+D_1\sin k_xx)(C_2\cos k_yy+D_2\sin k_yy)$$
$$(C_3\cos k_zz+D_3\sin k_zz) \tag{4.113}$$

若 $u(x,y,z)$为 E_x,利用边界要求

$$\left(\left.\frac{\partial E_x}{\partial x}\right|_{x=0}=0,\quad E_x\big|_{y=0}=0,\quad E_x\big|_{z=0}=0\right) \tag{4.114}$$

可得

$$E_x=A_1\cos k_xx\sin k_yy\sin k_zz \tag{4.115}$$

同理,由边界要求

$$\begin{cases}E_y\big|_{x=0}=0 & \left.\dfrac{\partial E_y}{\partial y}\right|_{y=0}=0 & E_y\big|_{z=0}=0\\ E_z\big|_{x=0}=0 & E_z\big|_{y=0}=0 & \left.\dfrac{\partial E_z}{\partial z}\right|_{z=0}=0\end{cases} \tag{4.116}$$

可得

$$E_y=A_2\sin k_xx\cos k_yy\sin k_zz$$
$$E_z=A_3\sin k_xx\sin k_yy\cos k_zz \tag{4.117}$$

另外六个面的边界要求对 $\boldsymbol{k}$ 的取值做了限制,由

$$\begin{cases} \left.\dfrac{\partial E_x}{\partial x}\right|_{x=L_1}=0 & E_x\big|_{y=L_2}=0 & E_x\big|_{z=L_3}=0 \\ E_y\big|_{x=L_1}=0 & \left.\dfrac{\partial E_y}{\partial y}\right|_{y=L_2}=0 & E_y\big|_{z=L_3}=0 \\ E_z\big|_{x=L_1}=0 & E_z\big|_{y=L_2}=0 & \left.\dfrac{\partial E_z}{\partial z}\right|_{z=L_3}=0 \end{cases} \tag{4.118}$$

可得

$$k_x=\frac{m\pi}{L_1},k_y=\frac{n\pi}{L_2},k_z=\frac{p\pi}{L_3}$$

$$m,n,p=0,1,2,\cdots \tag{4.119}$$

可见，空间的约束使得 $\boldsymbol{k}$ 只能取分立的值。给定了(m,n,p)的值就给定了 $\boldsymbol{k}$，也就给定了频率

$$k_x^2+k_y^2+k_z^2=\omega^2\mu\varepsilon \tag{4.120}$$

任意常数 A_1，A_2 和 A_3 之间满足关系

$$\nabla\cdot\boldsymbol{E}=\frac{\partial E_x}{\partial x}+\frac{\partial E_y}{\partial y}+\frac{\partial E_z}{\partial z}=0$$

$$\Rightarrow k_xA_1+k_yA_2+k_zA_3=0 \tag{4.121}$$

A_1，A_2 和 A_3 中只有两个是独立的。式(4.117)和式(4.115)中的电场分量式代表腔内的一种谐振波模，或称为腔内电磁波的一种本征振荡模式。对每一组(m,n,p)值，有两种独立偏振波模。

谐振腔的本征频率由式(4.120)与式(4.121)给定：

$$\omega_{mnp}=\frac{\pi}{\sqrt{\mu\varepsilon}}\sqrt{\left(\frac{m}{L_1}\right)^2+\left(\frac{n}{L_2}\right)^2+\left(\frac{p}{L_3}\right)^2} \tag{4.122}$$

注意到这个频率是分立的。若 $L_1\geqslant L_2\geqslant L_3$，则最低频率的谐振波模为(1,1,0)其谐振频率为

$$\omega_{110}=\frac{\pi}{\sqrt{\mu\varepsilon}}\sqrt{\frac{1}{L_1^2}+\frac{1}{L_2^2}} \tag{4.123}$$

对应的波长为

$$\lambda_{110}=\frac{2}{\sqrt{\dfrac{1}{L_1^2}+\dfrac{1}{L_2^2}}} \tag{4.124}$$

此波长与谐振腔的线度同一数量级

本征模式是谐振腔中电磁波可以存在的模式，具体某个模式是否存在依赖于外激发条件，一般情况为各种本征模式的叠加。

第五节　波导管

波导管是用良导体做成的金属管,它主要传输波长在厘米数量级的电磁波。根据管的横截面的形状,可以分为矩形波导和圆柱形波导等类型。波导的传输特性在微波技术中很有用的。

设矩形波导管的内壁用理想导体制成,内壁长为 a,宽为 b。波导内时谐电磁波满足的亥姆霍兹方程为

$$(\nabla^2+k^2)\boldsymbol{E}=0$$

$$(\nabla^2+k^2)\boldsymbol{B}=0 \tag{4.125}$$

将方程化为直角坐标系中的分量形式

$$(\nabla^2+k^2)u=0 \tag{4.126}$$

用分离变量法求解,令 $u(x,y,z)=X(x)Y(y)Z(z)$,z 方向开放,所以采用行波解

$$Z(z)=\mathrm{e}^{\mathrm{i}k_z z} \tag{4.127}$$

得到

$$u(x,y,z,t)=(\alpha_1\cos k_x x+\alpha_2\sin k_x x)(\beta_1\cos k_y y+\beta_2\sin k_y y)\mathrm{e}^{\mathrm{i}(k_z z-\omega t)} \tag{4.128}$$

下面将证明,在矩形波导中的电磁波,只要求出 E_z 和 B_z 两个分量,其余四个分量随之确定。由于

$$\frac{\partial u}{\partial z}=\mathrm{i}k_z u;\frac{\partial u}{\partial t}=-\mathrm{i}\omega u$$

$$(\nabla\times\boldsymbol{B})_x=\frac{\partial B_z}{\partial y}-\frac{\partial B_y}{\partial z}=\frac{\partial B_z}{\partial y}-\mathrm{i}k_z B_y$$

$$(\nabla\times\boldsymbol{B})_y=\frac{\partial B_x}{\partial z}-\frac{\partial B_z}{\partial x}=\mathrm{i}k_z B_x-\frac{\partial B_z}{\partial x}$$

$$(\nabla\times\boldsymbol{E})_x=\frac{\partial E_z}{\partial y}-\frac{\partial E_y}{\partial z}=\frac{\partial E_z}{\partial y}-\mathrm{i}k_z E_y$$

$$(\nabla\times\boldsymbol{E})_y=\frac{\partial E_x}{\partial z}-\frac{\partial E_z}{\partial x}=\mathrm{i}k_z E_x-\frac{\partial E_z}{\partial x} \tag{4.129}$$

对时谐电磁波,$\boldsymbol{B}$、$\boldsymbol{E}$ 间满足

$$\nabla\times\boldsymbol{B}=-\mathrm{i}\omega\mu\varepsilon\boldsymbol{E}$$
$$\nabla\times\boldsymbol{E}=\mathrm{i}\omega\boldsymbol{B} \tag{4.130}$$

由此可得

$$\frac{\partial B_z}{\partial y}-\mathrm{i}k_zB_y=-\mathrm{i}\omega\mu\varepsilon E_x$$
$$\mathrm{i}k_zB_x-\frac{\partial B_z}{\partial x}=-\mathrm{i}\omega\mu\varepsilon E_y$$
$$\frac{\partial E_z}{\partial y}-\mathrm{i}k_zE_y=\mathrm{i}\omega B_x$$
$$\mathrm{i}k_zE_x-\frac{\partial E_z}{\partial x}=\mathrm{i}\omega B_y \tag{4.131}$$

由以上各式可解得

$$E_x=\mathrm{i}\frac{k_z}{k_x^2+k_y^2}\frac{\partial E_z}{\partial x}+\mathrm{i}\frac{\omega}{k_x^2+k_y^2}\frac{\partial B_z}{\partial y}$$
$$E_y=\mathrm{i}\frac{k_z}{k_x^2+k_y^2}\frac{\partial E_z}{\partial y}-\mathrm{i}\frac{\omega}{k_x^2+k_y^2}\frac{\partial B_z}{\partial x}$$
$$B_x=\mathrm{i}\frac{k_z}{k_x^2+k_y^2}\frac{\partial B_z}{\partial x}-\mathrm{i}\frac{\omega\mu\varepsilon}{k_x^2+k_y^2}\frac{\partial E_z}{\partial y}$$
$$B_y=\mathrm{i}\frac{k_z}{k_x^2+k_y^2}\frac{\partial B_z}{\partial y}+\mathrm{i}\frac{\omega\mu\varepsilon}{k_x^2+k_y^2}\frac{\partial E_z}{\partial x}$$
$$k^2=\omega^2\mu\varepsilon=k_x^2+k_y^2+k_z^2 \tag{4.132}$$

可以看出，只要求出 E_z 和 B_z 两个分量，其余四个分量可由它们确定。此外，若 $E_z=B_z=0$，则电磁场的其他全部分量都为 0，因而波导中没有电磁波。$E_z=B_z=0$ 的电磁波称为横电磁波（TEM 波），这说明波导中不存在横电磁波。$E_z=0, B_z\neq0$ 的波称为横电波（TE 波）；$B_z=0$，$E_z\neq0$ 的波称为横磁波（TM 波）。这两种形式的波都可以在波导中存在。

一、横磁波（TM 波）

横磁波（TM 波）的条件为：$B_z=0, E_z\neq0$，由式（4.128）

$$E_z(x,y,z,t)=(\alpha_1\cos k_xx+\alpha_2\sin k_xx)(\beta_1\cos k_yy+\beta_2\sin k_yy)\mathrm{e}^{\mathrm{i}(k_zz-\omega t)} \tag{4.133}$$

利用电场在边界面上切向分量连续的边值关系，考虑到理想导体内不存在电场，

$$(E_z|_{x=0}=0 \quad E_z|_{y=0}=0 \quad E_z|_{x=a}=0 \quad E_z|_{y=b}=0) \tag{4.134}$$

于是，由此得到：

$$\alpha_1=\beta_1=0; k_x=\frac{m\pi}{a}; k_y=\frac{n\pi}{b} \tag{4.135}$$

m,n 于是为整数。在这样的条件下，电磁场分别为

$$E_z(x,y,z,t)=A\sin\left(\frac{m\pi}{a}x\right)\sin\left(\frac{n\pi}{b}y\right)e^{i(k_z z-\omega t)}$$

$$E_x=\frac{Ak_z}{k_x^2+k_y^2}\left(\frac{m\pi}{a}\right)\cos\left(\frac{m\pi}{a}x\right)\sin\left(\frac{n\pi}{b}y\right)e^{i\left(k_z z-\omega t+\frac{\pi}{2}\right)}$$

$$E_y=\frac{Ak_z}{k_x^2+k_y^2}\left(\frac{n\pi}{b}\right)\sin\left(\frac{m\pi}{a}x\right)\cos\left(\frac{n\pi}{b}y\right)e^{i\left(k_z z-\omega t+\frac{\pi}{2}\right)}$$

$$B_x=\frac{\omega\mu\varepsilon}{k_x^2+k_y^2}\left(\frac{n\pi}{b}\right)\sin\left(\frac{m\pi}{a}x\right)\cos\left(\frac{n\pi}{b}y\right)e^{i\left(k_z z-\omega t-\frac{\pi}{2}\right)}$$

$$B_y=\frac{\omega\mu\varepsilon}{k_x^2+k_y^2}\left(\frac{m\pi}{a}\right)\cos\left(\frac{m\pi}{a}x\right)\sin\left(\frac{n\pi}{b}y\right)e^{i\left(k_z z-\omega t+\frac{\pi}{2}\right)}$$

$$B_z=0 \tag{4.136}$$

式中

$$k_z^2=\omega^2\mu\varepsilon-k_x^2-k_y^2=\omega^2\mu\varepsilon-\left(\frac{m\pi}{a}\right)^2-\left(\frac{n\pi}{b}\right)^2 \tag{4.137}$$

对于某一确定波型(m,n)，当 $k_z=0$ 时，对应一个最小的频率

$$\omega_c=\frac{1}{\sqrt{\mu\varepsilon}}\sqrt{\left(\frac{m\pi}{a}\right)^2+\left(\frac{n\pi}{b}\right)^2} \tag{4.138}$$

ω_c 是在确定波型(m,n)下的临界频率。于是有

$$k_z=\sqrt{\mu\varepsilon(\omega^2-\omega_c^2)} \tag{4.139}$$

当 $\omega<\omega_c$ 时，即外加电磁波频率小于波导中(m,n)型波的临界频率时，相位因子变为衰减因子，$e^{ik_z z}=e^{-\alpha z}$，式中 α 为实数。这种频率的电磁波在波导中以指数形式衰减，它不能在波导中传输。

当 $\omega>\omega_c$ 时，即外加电磁波频率大于波导中(m,n)型波的临界频率时，k_z 为实数，这样的电磁波可以无衰减地在波导中传输。

对应 m、n 值的波型(模式)记为 TM_{mn}，例如 TM_{11}、TM_{12} 等。当 m

或 n 有一个为 0，则横磁波的电磁场全为 0，因此波导中传输横磁波时 m、n 不能取 0。在 TM_{mn} 波中，当 m、n 都取 1 时，临界频率最小

$$\omega_c=\frac{1}{\sqrt{\mu\varepsilon}}\sqrt{\left(\frac{\pi}{a}\right)^2+\left(\frac{\pi}{b}\right)^2} \tag{4.140}$$

矩形波导在传输 TM 波时，频率小于上式的均不能传输。

二、横电波(TE 波)

横电波的条件为 $E_z=0, B_z\neq 0$，和横磁波类似，B_z 的通解为

$$B_z(x,y,z,t)=(\alpha_1\cos k_x x+\alpha_2\sin k_x x)(\beta_1\cos k_y y+\beta_2\sin k_y y)e^{i(k_z z-\omega t)} \tag{4.141}$$

利用电场的边值关系：

$$(E_y|_{x=0}=0\quad E_x|_{y=0}=0\quad E_y|_{x=a}=0\quad E_x|_{y=b}=0) \tag{4.142}$$

由 $E_x\propto\dfrac{\partial B_z}{\partial y}$ 和 $E_y\propto\dfrac{\partial B_z}{\partial x}$ 可以得到磁感应强度波导四壁边界上的边值关系为

$$\left(\left.\frac{\partial B_z}{\partial x}\right|_{x=0}=0\quad \left.\frac{\partial B_z}{\partial y}\right|_{y=0}=0\quad \left.\frac{\partial B_z}{\partial x}\right|_{x=a}=0\quad \left.\frac{\partial B_z}{\partial y}\right|_{y=b}=0\right) \tag{4.143}$$

由此可得

$$\alpha_2=\beta_2=0,\quad k_x=\frac{m\pi}{a},\quad k_y=\frac{n\pi}{b} \tag{4.144}$$

场量为

$$E_x=\frac{A\omega}{k_x^2+k_y^2}\left(\frac{n\pi}{b}\right)\cos\left(\frac{m\pi}{a}x\right)\sin\left(\frac{n\pi}{b}y\right)e^{i\left(k_z z-\omega t-\frac{\pi}{2}\right)}$$

$$E_y=\frac{A\omega}{k_x^2+k_y^2}\left(\frac{m\pi}{a}\right)\sin\left(\frac{m\pi}{a}x\right)\cos\left(\frac{n\pi}{b}y\right)e^{i\left(k_z z-\omega t+\frac{\pi}{2}\right)}$$

$$E_z=0$$

$$B_x=\frac{k_z A}{k_x^2+k_y^2}\left(\frac{m\pi}{a}\right)\sin\left(\frac{m\pi}{a}x\right)\cos\left(\frac{n\pi}{b}y\right)e^{i\left(k_z z-\omega t+\frac{\pi}{2}\right)}$$

$$B_y=\frac{k_z A}{k_x^2+k_y^2}\left(\frac{n\pi}{b}\right)\cos\left(\frac{m\pi}{a}x\right)\sin\left(\frac{n\pi}{b}y\right)e^{i\left(k_z z-\omega t-\frac{\pi}{2}\right)}$$

$$B_z(x,y,z,t)=A\cos\left(\frac{m\pi}{a}x\right)\cos\left(\frac{n\pi}{b}y\right)e^{i(k_z z-\omega t)} \tag{4.145}$$

由此可知，$m=0,n\neq0$ 或 $m\neq0,n=0$ 的横电波在波导中是存在的。这与横磁波是不同的。于是各种模式的横电波可以记为 TE_{10}、TE_{11}、TE_{01} 等等。对横电波，有两个临界频率

$$\begin{aligned}\omega_{c1}&=\frac{1}{\sqrt{\mu\varepsilon}}\frac{\pi}{a}\quad(m=1,n=0)\\ \omega_{c2}&=\frac{1}{\sqrt{\mu\varepsilon}}\frac{\pi}{b}\quad(m=0,n=1)\end{aligned}\tag{4.146}$$

取 a 大于 b，于是 ω_{c1} 给出波导的最小临界频率，凡是频率比 ω_{c1} 小的电磁波不能在波导内传输。和 ω_{c1} 对应的波长为

$$\lambda_{c1}=2a\tag{4.147}$$

这就是波导管中能够传输的最长波长。由于波导的几何尺寸受到各种条件的限制，通常用波导传输的电磁波的波长在厘米数量级，即微波波段。在实际应用中，可以选择适当的尺寸使波导中只存在 TE 波，这种模式的波称为主波。主波具有最大的波长，且理论和实践都证明，在波导中传输单一模式的主波具有损耗小、场的结构简单、传输过程稳定的优点。因此主波成为波导中主要的传输模式。

第五章 电磁波的辐射

这一章将从麦克斯方程组出发，引入变化电磁场的势；在洛仑兹规范条件下得出势的达朗贝尔方程；求出达朗贝尔方程的推迟势解并理解和掌握其物理意义；利用推迟势公式求电偶极振子的辐射电磁场并理解和掌握其特性。

第一节 电磁场的势，达朗贝尔方程

我们讨论在电磁场随时间变化不可忽略情况下的势函数，仍然试图用势函数来描述电磁场。由于磁场是无源场，所以总可以引入矢势 $\boldsymbol{A}$，使 $\nabla\times\boldsymbol{A}=\boldsymbol{B}$。而一般情况下，电场不是无旋场，但 $\nabla\times\boldsymbol{E}+\partial\boldsymbol{B}/\partial t=0$，即 $\nabla\times(\boldsymbol{E}+\partial\boldsymbol{A}/\partial t)=0$，表明 $\boldsymbol{E}+\partial\boldsymbol{A}/\partial t$ 是无旋场，为此引入标势 φ，使 $-\nabla\varphi=\boldsymbol{E}+\partial\boldsymbol{A}/\partial t$，即

$$\boldsymbol{E}=-\nabla\varphi-\frac{\partial\boldsymbol{A}}{\partial t} \tag{5.1}$$

进一步，

$$\nabla\cdot\boldsymbol{E}=-\nabla^2\varphi-\nabla\cdot\frac{\partial\boldsymbol{A}}{\partial t}=\frac{\rho}{\varepsilon} \tag{5.2}$$

于是有

$$\nabla^2\varphi+\nabla\cdot\frac{\partial\boldsymbol{A}}{\partial t}=-\frac{\rho}{\varepsilon} \tag{5.3}$$

注意到这和我们第二章中的静电场的泊松方程比较，上式多了一个随时间变化项 $\nabla\cdot(\partial\boldsymbol{A}/\partial t)$，我们接下来试图用电势或电荷将其替代。注意到

$$\nabla\times\boldsymbol{B}=\nabla\times\nabla\times\boldsymbol{A}=-\nabla^2\boldsymbol{A}+\nabla(\nabla\cdot\boldsymbol{A})=\mu\boldsymbol{j}+\mu\frac{\partial\boldsymbol{D}}{\partial t} \tag{5.4}$$

最后一项可以由势来表达

$$\mu\frac{\partial\boldsymbol{D}}{\partial t}=-\mu\varepsilon\nabla\frac{\partial\varphi}{\partial t}-\mu\varepsilon\frac{\partial^2\boldsymbol{A}}{\partial t^2} \tag{5.5}$$

这样,有

$$\nabla^2\boldsymbol{A}-\mu\varepsilon\frac{\partial^2\boldsymbol{A}}{\partial t^2}-\nabla(\nabla\cdot\boldsymbol{A}+\mu\varepsilon\frac{\partial\varphi}{\partial t})=-\mu\boldsymbol{j} \tag{5.6}$$

当满足条件

$$\nabla\cdot\boldsymbol{A}+\mu\varepsilon\frac{\partial\varphi}{\partial t}=0 \tag{5.7}$$

我们将会看到这一条件定会得到满足,由于存在多个势形式反映相同的电场强度和磁感应强度,我们可以找到适合上述的条件的势。则式(5.3)和式(5.6)化为达朗贝尔方程

$$\nabla^2\varphi-\mu\varepsilon\frac{\partial^2\varphi}{\partial t^2}=-\frac{\rho}{\varepsilon}$$

$$\nabla^2\boldsymbol{A}-\mu\varepsilon\frac{\partial^2\boldsymbol{A}}{\partial t^2}=-\mu\boldsymbol{j} \tag{5.8}$$

式波动方程比较,达朗贝尔方程有等号右边的源项,电磁波的传播速度 $v=1/\sqrt{\varepsilon\mu}$。接下来我们讨论式(5.7)的条件。

迅变场 $\boldsymbol{B}$ 仍然可以表示为 $\nabla\times\boldsymbol{A}$,这与静磁场时一样。如果我们取一个新的矢势

$$\boldsymbol{A}'=\boldsymbol{A}+\nabla\psi \tag{5.9}$$

显然有

$$\nabla\times\boldsymbol{A}'=\nabla\times\boldsymbol{A}+\nabla\times\nabla\psi=\nabla\times\boldsymbol{A}=\boldsymbol{B} \tag{5.10}$$

这表明,表明 $\boldsymbol{A}'$ 与 $\boldsymbol{A}$ 对应同一个磁场。若令

$$\varphi'=\varphi-\frac{\partial\psi}{\partial t} \tag{5.11}$$

则有

$$\boldsymbol{E}'=-\nabla\varphi'-\frac{\partial\boldsymbol{A}'}{\partial t}=-\nabla\left(\varphi-\frac{\partial\psi}{\partial t}\right)-\frac{\partial}{\partial t}(\boldsymbol{A}+\nabla\psi)=-\nabla\varphi-\frac{\partial\boldsymbol{A}}{\partial t}=\boldsymbol{E} \tag{5.12}$$

这表明 $(\boldsymbol{A},\varphi)$ 与 $(\boldsymbol{A}',\varphi')$ 对应的是同一个电磁场。

变换

$$\begin{cases}\boldsymbol{A}'=\boldsymbol{A}+\nabla\psi\\ \varphi'=\varphi-\dfrac{\partial\psi}{\partial t}\end{cases}\tag{5.13}$$

被称为规范变换，当势作规范变换时，电磁场保持不变，当然麦克斯韦方程组也保持不变，这种性质称为规范不变性。从数学上说，规范变换自由度的存在是由于在势的定义中只给出了矢势的旋度，对其散度没有限制(事实上，给定了一个矢量场的旋度和散度并不足以唯一确定矢量场。这个问题我们在第一章的第六节讨论过，并介绍了一个相关的定理：亥姆霍兹定理)为了确定 $\boldsymbol{A}$，还必须给出 $\boldsymbol{A}$ 的散度。$\boldsymbol{A}$ 的散度是可以任意选择的，每一种选择对应一种规范。常用的规范有库仑规范和洛伦兹规范，在本章我们选择洛仑兹规范。即势总是满足(5.7)式的条件。

现在证明满足洛伦兹规范条件的势总是存在。若

$$\nabla\cdot\boldsymbol{A}+\mu\varepsilon\frac{\partial\varphi}{\partial t}\neq 0\tag{5.14}$$

选择适当的 ψ，使得$\nabla\cdot\boldsymbol{A}'+\mu\varepsilon\dfrac{\partial\varphi'}{\partial t}=0$，这要求

$$\nabla\cdot(\boldsymbol{A}+\nabla\psi)+\varepsilon\mu\frac{\partial}{\partial t}\left(\varphi-\frac{\partial\psi}{\partial t}\right)=0\tag{5.15}$$

从理论上说，给定 $\boldsymbol{A}$，φ，总可以求得 ψ，因而满足洛伦兹规范条件的势总是存在的。

库仑规范条件为

$$\nabla\cdot\boldsymbol{A}=0\tag{5.16}$$

库仑规范一定可以得到，若对某组势，库仑规范不成立：

$$\nabla\cdot\boldsymbol{A}=u\neq 0\tag{5.17}$$

作规范变换

$$\begin{cases}\boldsymbol{A}'=\boldsymbol{A}+\nabla\psi\\ \varphi'=\varphi-\dfrac{\partial\psi}{\partial t}\end{cases}\tag{5.18}$$

发现要求

$$\nabla\cdot\boldsymbol{A}'=\nabla\cdot\boldsymbol{A}+\nabla^2\psi=u+\nabla^2\psi=0\tag{5.19}$$

上式总能实现，$\nabla^2\psi=-u$ 总有解。

库仑规范下,电磁场(电磁势)的运动方程为

$$\nabla^2 \boldsymbol{A} - \mu\varepsilon \frac{\partial^2 \boldsymbol{A}}{\partial t^2} - \mu\varepsilon \frac{\partial}{\partial t}\nabla\varphi = -\mu \boldsymbol{J}$$

$$\nabla^2 \varphi = -\frac{\rho}{\varepsilon_0} \tag{5.20}$$

第二节　平面波的势

这一节求平面电磁波的势,平面电磁波在没有电荷电流的空间中传播,从而达朗贝尔方程变为波动方程。其平面解为

$$\boldsymbol{A} = \boldsymbol{A}_0 \mathrm{e}^{\mathrm{i}(\boldsymbol{k}\cdot\boldsymbol{x}-\omega t)}$$

$$\varphi = \varphi_0 \mathrm{e}^{\mathrm{i}(\boldsymbol{k}\cdot\boldsymbol{x}-\omega t)} \tag{5.21}$$

对 $\boldsymbol{A}$ 和 φ 加上洛伦兹规范

$$\nabla\cdot\boldsymbol{A} + \frac{1}{c^2}\frac{\partial\varphi}{\partial t} = 0$$

$$\Rightarrow \mathrm{i}\boldsymbol{k}\cdot\boldsymbol{A}_0 \mathrm{e}^{\mathrm{i}(\boldsymbol{k}\cdot\boldsymbol{x}-\omega t)} - \frac{\mathrm{i}\omega}{c^2}\varphi_0 \mathrm{e}^{\mathrm{i}(\boldsymbol{k}\cdot\boldsymbol{x}-\omega t)} = 0$$

$$\Rightarrow \varphi_0 = \frac{c^2}{\omega}\boldsymbol{k}\cdot\boldsymbol{A}_0 \tag{5.22}$$

这样,给定$\boldsymbol{A}_0$ 就给出了 φ_0。接下来由 $\boldsymbol{A}$ 和 φ 得到 $\boldsymbol{E}$ 和 $\boldsymbol{B}$:

$$\boldsymbol{B} = \nabla\times\boldsymbol{A} = \mathrm{i}\boldsymbol{k}\times\boldsymbol{A} \tag{5.23}$$

$$\begin{aligned}\boldsymbol{E} &= -\nabla\varphi - \frac{\partial\boldsymbol{A}}{\partial t} = -\mathrm{i}\boldsymbol{k}\varphi + \mathrm{i}\omega\boldsymbol{A} \\ &= -\frac{\mathrm{i}c^2}{\omega}[\boldsymbol{k}(\boldsymbol{k}\cdot\boldsymbol{A}) - k^2\boldsymbol{A}] = -\frac{\mathrm{i}c^2}{\omega}\boldsymbol{k}\times(\boldsymbol{k}\times\boldsymbol{A}) \\ &= -\frac{c^2}{\omega}\boldsymbol{k}\times\boldsymbol{B} = -c\boldsymbol{n}\times\boldsymbol{B}\end{aligned} \tag{5.24}$$

洛仑兹规范下,描述平面波的势仍有变换的自由度,

$$\nabla\cdot\boldsymbol{A} + \frac{1}{c^2}\frac{\partial\varphi}{\partial t} = 0 \Rightarrow \mathrm{i}\boldsymbol{k}\cdot\boldsymbol{A} - \frac{\mathrm{i}\omega}{c^2}\varphi = 0 \tag{5.25}$$

可以取

$$\varphi = \left(\frac{\omega}{k^2}\right)\boldsymbol{k}\cdot\boldsymbol{A} = 0 \tag{5.26}$$

这时磁场和电场都可以用 $\boldsymbol{A}$ 简单的表达出来

$$\boldsymbol{B}=\mathrm{i}\boldsymbol{k}\times\boldsymbol{A}$$

$$\boldsymbol{E}=\mathrm{i}\omega\boldsymbol{A}\,(\boldsymbol{k}\cdot\boldsymbol{A}=0) \tag{5.27}$$

采用库仑规范,势的方程式在自由空间中变为

$$\nabla^2\boldsymbol{A}-\mu\varepsilon\frac{\partial^2\boldsymbol{A}}{\partial t^2}-\mu\varepsilon\frac{\partial}{\partial t}\nabla\varphi=0$$

$$\nabla^2\varphi=0$$

$$(\nabla\cdot\boldsymbol{A}=0) \tag{5.28}$$

当全空间没有电荷分布时,库仑场的标势 $\varphi=0$。而失势满足的方程变成无源的波动方程

$$\nabla^2\boldsymbol{A}-\frac{1}{c^2}\frac{\partial^2\boldsymbol{A}}{\partial t^2}=0$$

它的平面波解为 $\boldsymbol{A}=\boldsymbol{A}_0\mathrm{e}^{\mathrm{i}(\boldsymbol{k}\cdot\boldsymbol{x}-\omega t)}$,库仑条件要求 $\boldsymbol{A}$ 只有横向分量:

$$\nabla\cdot\boldsymbol{A}=0\Rightarrow\boldsymbol{k}\cdot\boldsymbol{A}=0 \tag{5.29}$$

可以看到,库仑规范和洛伦兹规范是一致的。

第三节 推迟势

我们先来求变化点电荷的势。设原点处有一假想的变化电荷,首先求解标势的达朗伯方程

$$\nabla^2\varphi-\mu\varepsilon\frac{\partial^2\varphi}{\partial t^2}=-\frac{\rho}{\varepsilon} \tag{5.30}$$

设点电荷电量随时间变化 $q(t)$,它的电荷密度可以写为 $\rho(\boldsymbol{x},\boldsymbol{t})=q(t)\delta(\boldsymbol{x})$,由球对称性可知,$\varphi$ 与 r、t 有关,与 θ、φ 无关。将上式中的标势的达朗伯方程在球坐标中展开,有

$$\frac{1}{r^2}\frac{\partial}{\partial r}\left(r^2\frac{\partial\varphi}{\partial r}\right)-\frac{1}{c^2}\frac{\partial^2\varphi}{\partial t^2}=-\frac{1}{\varepsilon_0}q(t)\delta(r) \tag{5.31}$$

除原点外,

$$\frac{1}{r^2}\frac{\partial}{\partial r}\left(r^2\frac{\partial\varphi}{\partial r}\right)-\frac{1}{c^2}\frac{\partial^2\varphi}{\partial t^2}=0 \tag{5.32}$$

作代换 $\varphi(r,t)=\dfrac{u(r,t)}{r}$,可得

$$\frac{1}{r^2}\frac{\partial}{\partial r}\left[r^2\left(\frac{1}{r}\frac{\partial u}{\partial r}-\frac{u}{r^2}\right)\right]-\frac{1}{c^2}\frac{\partial^2\varphi}{\partial t^2}=0$$

$$\Rightarrow\frac{1}{r^2}\left[r\frac{\partial^2 u}{\partial r^2}+\frac{\partial u}{\partial r}-\frac{\partial u}{\partial r}\right]-\frac{1}{c^2}\frac{\partial^2\varphi}{\partial t^2}=0$$

$$\Rightarrow\frac{1}{r}\frac{\partial^2 u}{\partial r^2}-\frac{1}{c^2}\frac{1}{r}\frac{\partial^2 u}{\partial t^2}=0$$

$$\Rightarrow\frac{\partial^2 u}{\partial r^2}-\frac{1}{c^2}\frac{\partial^2 u}{\partial t^2}=0 \tag{5.33}$$

上式是一维形式的波动方程，其通解为 $u(r,t)=f(t-r/c)+g(t+r/c)$，所以

$$\varphi(r,t)=\frac{f(t-r/c)}{r}+\frac{g(t+r/c)}{r} \tag{5.34}$$

上式右边第一项表示向外辐射的波；第二项是向内会聚的波。研究电磁波辐射问题时，可取第二项为零。f 的函数形式可由具体问题的条件来确定。

我们知道在静电场的情况下点电荷的势，可以推想出它应该具有如下形式：

$$\varphi=\frac{q(t-r/c)}{4\pi\varepsilon_0 r} \tag{5.35}$$

可以证明，上式所表示的势是满足方程(5.30)的解，这一证明这里先不叙述，接下来我们将介绍一个更为一般的证明。

电荷在 $\boldsymbol{x}'$点上，令 r 为 $\boldsymbol{x}'$点到场点 $\boldsymbol{x}$ 的距离，则有

$$\varphi(\boldsymbol{x},t)=\frac{q(\boldsymbol{x}',t-r/c)}{4\pi\varepsilon_0 r} \tag{5.36}$$

对于分布在区域 V 内，密度为 $\rho(\boldsymbol{x}',t)$的电荷体系，其电势为

$$\varphi(\boldsymbol{x},t)=\frac{1}{4\pi\varepsilon_0}\int_V\frac{\rho(\boldsymbol{x}',t-r/c)}{r}\mathrm{d}\boldsymbol{V}' \tag{5.37}$$

由于 $\boldsymbol{A}$ 与 φ 所满足的方程具有相同的形式，可知密度为 $\boldsymbol{J}(\boldsymbol{x}',t)$的电流分布所激发的矢势为

$$\boldsymbol{A}(\boldsymbol{x},t)=\frac{\mu_0}{4\pi}\int_V\frac{\boldsymbol{J}(\boldsymbol{x}',t-r/c)}{r}\mathrm{d}\boldsymbol{V}' \tag{5.38}$$

由上两式可以看出，t 时刻 $\boldsymbol{x}$ 点处的势，是由 $t-r/c$ 时刻位于 $\boldsymbol{x}'$处的源电荷 ρ 和电流 $\boldsymbol{J}$ 来确定的；或者说 $t-r/c$ 时刻的电荷和电流并不确定该时刻的势，它的作用是以有限的速度 c 传播，经过 r/c 时间后才传到

场点的，即它确定较迟的 t 时刻场点处的势，辐射场某点的势决定于较早时刻的电荷电流分布，因而称为推迟势。

推迟势表明源点对场点的作用是有限速度传递的，超距作用观点在电磁作用这个层面是错误的。场点在 t 时刻的势与同一时刻的源的状态无关，有以下结论：电磁场在真空中以有限速度 $c=1/\sqrt{\varepsilon_0\mu_0}$ 向外传播；电磁场一旦从源中辐射出来，就可独立于源而单独存在。

现在证明式(5.37)和(5.38)中的 $\boldsymbol{A}$ 和 φ 满足达朗贝尔方程。首先，

$$\begin{aligned}\nabla^2\varphi &= \frac{1}{4\pi\varepsilon_0}\nabla^2\int_V \frac{\rho(\boldsymbol{x}',t-r/c)}{r}\mathrm{d}V' \\ &= \frac{1}{4\pi\varepsilon_0}\int_V \nabla\cdot\left[\nabla\frac{\rho(\boldsymbol{x}',t-r/c)}{r}\right]\mathrm{d}V'\end{aligned} \tag{5.39}$$

积分内的部分可以分解为

$$\begin{aligned}&\nabla\cdot\left[\nabla\frac{\rho(\boldsymbol{x}',t-r/c)}{r}\right]=\nabla\cdot\left[\rho(\boldsymbol{x}',t-r/c)\nabla\frac{1}{r}+\frac{1}{r}\nabla\rho(\boldsymbol{x}',t-r/c)\right] \\ &=\nabla\cdot\left[\rho(\boldsymbol{x}',t-r/c)\nabla\frac{1}{r}\right]+\nabla\cdot\left[\frac{1}{r}\nabla\rho(\boldsymbol{x}',t-r/c)\right] \\ &=2\left[\nabla\rho(\boldsymbol{x}',t-r/c)\right]\cdot\nabla\frac{1}{r}+\rho(\boldsymbol{x}',t-r/c)\nabla^2\frac{1}{r}+\frac{1}{r}\nabla^2\rho(\boldsymbol{x}',t-r/c)\end{aligned} \tag{5.40}$$

其中一些项可以简单地进一步运算

$$\nabla\frac{1}{r}=-\frac{\boldsymbol{r}}{r^3},\nabla^2\frac{1}{r}=-4\pi\delta(\boldsymbol{x}-\boldsymbol{x}'),$$

$$\nabla\rho(\boldsymbol{x}',t-r/c)=\nabla(t-r/c)\frac{\partial\rho(\boldsymbol{x}',t-r/c)}{\partial(t-r/c)}=-\frac{\boldsymbol{r}}{cr}\frac{\partial\rho(\boldsymbol{x}',t-r/c)}{\partial(t-r/c)} \tag{5.41}$$

有些就稍微复杂些

$$\begin{aligned}&\frac{1}{r}\nabla^2\rho(\boldsymbol{x}',t-r/c)=\frac{1}{r}\nabla\cdot\nabla\rho(\boldsymbol{x}',t-r/c)=-\frac{1}{r}\nabla\cdot\frac{\boldsymbol{r}}{cr}\frac{\partial\rho(\boldsymbol{x}',t-r/c)}{\partial(t-r/c)} \\ &=-\frac{1}{r}\left[\left(\nabla\cdot\frac{\boldsymbol{r}}{cr}\right)\frac{\partial\rho(\boldsymbol{x}',t-r/c)}{\partial(t-r/c)}+\frac{\boldsymbol{r}}{cr}\cdot\nabla\frac{\partial\rho(\boldsymbol{x}',t-r/c)}{\partial(t-r/c)}\right] \\ &=-\frac{1}{r}\left[\frac{2}{cr}\frac{\partial\rho(\boldsymbol{x}',t-r/c)}{\partial(t-r/c)}+\frac{\boldsymbol{r}}{cr}\cdot\left(-\frac{\boldsymbol{r}}{cr}\right)\frac{\partial^2\rho(\boldsymbol{x}',t-r/c)}{\partial(t-r/c)^2}\right] \\ &=-\frac{2}{cr^2}\frac{\partial\rho(\boldsymbol{x}',t-r/c)}{\partial(t-r/c)}+\frac{1}{c^2}\frac{1}{r}\frac{\partial^2\rho(\boldsymbol{x}',t-r/c)}{\partial(t-r/c)^2}\end{aligned} \tag{5.42}$$

这样，

$$\nabla^2\varphi = 2\frac{1}{4\pi\varepsilon_0}\int_V \frac{\boldsymbol{r}}{cr}\frac{\partial\rho(\boldsymbol{x}',t-r/c)}{\partial(t-r/c)}\cdot\frac{\boldsymbol{r}}{r^3}\mathrm{d}\boldsymbol{V}'$$

$$-\frac{1}{4\pi\varepsilon_0}\int_V 4\pi\delta(\boldsymbol{x}-\boldsymbol{x}')\rho(\boldsymbol{x}',t-r/c)\mathrm{d}\boldsymbol{V}'$$

$$-\frac{1}{4\pi\varepsilon_0}\int_V \frac{2}{cr^2}\frac{\partial\rho(\boldsymbol{x}',t-r/c)}{\partial(t-r/c)}\mathrm{d}\boldsymbol{V}'$$

$$+\frac{1}{4\pi\varepsilon_0}\int_V \frac{1}{c^2}\frac{1}{r}\frac{\partial^2\rho(\boldsymbol{x}',t-r/c)}{\partial(t-r/c)^2}\mathrm{d}\boldsymbol{V}'$$

$$=-\frac{1}{\varepsilon_0}\rho(\boldsymbol{x},t)+\frac{1}{4\pi\varepsilon_0}\int_V \frac{1}{c^2}\frac{1}{r}\frac{\partial^2\rho(\boldsymbol{x}',t-r/c)}{\partial(t-r/c)^2}\mathrm{d}\boldsymbol{V}'$$

$$=-\frac{1}{\varepsilon_0}\rho(\boldsymbol{x},t)+\frac{1}{c^2}\frac{\partial^2\varphi}{\partial t^2} \tag{5.43}$$

得证，同理可证 $\boldsymbol{A}$ 也满足对应的达朗贝尔方程。

接下来由电荷守恒定律证明推迟势满足洛伦兹条件。

证明

令 $t'=t-r/c$，则 t' 时刻的电荷守恒定律为

$$[\nabla'\cdot\boldsymbol{J}(x',t')]_{t'\text{不变}}+\frac{\partial}{\partial t'}\rho(x',t')=0 \tag{5.44}$$

角标“t'不变”意味着上式只是求 t' 时刻 $\boldsymbol{J}$ 的散度，与 r，即场点与源点的距离无关。我们有以下关系

$$\nabla'\cdot\boldsymbol{J}(\boldsymbol{x}',t')=[\nabla'\cdot\boldsymbol{J}(\boldsymbol{x}',t')]_{t'\text{不变}}+\frac{\partial}{\partial t'}\boldsymbol{J}(\boldsymbol{x}',t')\cdot\nabla t'$$

$$=[\nabla'\cdot\boldsymbol{J}(\boldsymbol{x}',t')]_{t'\text{不变}}-\frac{1}{c}\frac{\partial\boldsymbol{J}(\boldsymbol{x}',t')}{\partial t'}\cdot\nabla' r \tag{5.45}$$

洛伦兹条件

$$\nabla\cdot\boldsymbol{A}(\boldsymbol{x},t)+\frac{1}{c^2}\frac{\partial\varphi}{\partial t}=0 \tag{5.46}$$

其中，矢势

$$\nabla\cdot\boldsymbol{A}(\boldsymbol{x},t)=\frac{\mu_0}{4\pi}\int\nabla\cdot\left[\frac{\boldsymbol{J}(\boldsymbol{x}',t')}{r}\right]\mathrm{d}V'=\frac{\mu_0}{4\pi}\int\left[\frac{1}{r}\nabla\cdot\boldsymbol{J}(\boldsymbol{x}',t')+\boldsymbol{J}\cdot\nabla\frac{1}{r}\right]\mathrm{d}V'$$

$$=\frac{\mu_0}{4\pi}\int\left[\frac{1}{r}\frac{\partial\boldsymbol{J}(\boldsymbol{x}',t')}{\partial t'}\cdot\nabla t'-\boldsymbol{J}\cdot\nabla'\frac{1}{r}\right]\mathrm{d}V'$$

$$=\frac{\mu_0}{4\pi}\int\left[-\frac{1}{cr}\frac{\partial\boldsymbol{J}}{\partial t'}\cdot\nabla r-\boldsymbol{J}\cdot\nabla'\frac{1}{r}\right]\mathrm{d}V'$$

$$=\frac{\mu_0}{4\pi}\int\left[\frac{1}{cr}\frac{\partial \boldsymbol{J}}{\partial t'}\cdot\nabla' r-\nabla'\cdot\left(\frac{\boldsymbol{J}}{r}\right)+\frac{1}{r}\nabla'\cdot\boldsymbol{J}\right]\mathrm{d}V'$$

$$=\frac{\mu_0}{4\pi}\int\left[\frac{[\nabla'\cdot\boldsymbol{J}]_{t'\text{不变}}}{r}\right]\mathrm{d}V'=\frac{\mu_0}{4\pi}\int\left[-\frac{1}{r}\frac{\partial\rho(\boldsymbol{x}',t')}{\partial t'}\right]\mathrm{d}V' \tag{5.47}$$

对标势的时间偏导

$$\frac{1}{c^2}\frac{\partial\varphi}{\partial t}=\frac{\mu_0}{4\pi}\int\frac{1}{r}\frac{\partial\rho(\boldsymbol{x}',t')}{\partial t}\mathrm{d}V'=\frac{\mu_0}{4\pi}\int\frac{1}{r}\frac{\partial\rho(\boldsymbol{x}',t')}{\partial t'}\mathrm{d}V' \tag{5.48}$$

证明结束。

根据推迟势公式，当电荷和电流给定以后，可求出任意一点的电磁场。需要注意的是，电磁场本身反过来也对电荷电流发生相互作用，因而激发区内的电荷电流分布是未知的，也不能任意规定。接下来的几节就讨论这方面的情况。

第四节　电偶极辐射

有限区间随时间变化的电荷系统作为电磁能量之源，可以在远处产生电磁场。若电流是一定频率的交变电流，则有

$$\boldsymbol{J}(\boldsymbol{x}',t)=\boldsymbol{J}(\boldsymbol{x}')\mathrm{e}^{-\mathrm{i}\omega t} \tag{5.49}$$

如果电流随时间变化是一般形式，可以看成是各种频率的叠加，在势中也可以进行叠加，因此简谐变化的假设具有一般意义。由电荷守恒定律，只要电流密度 $\boldsymbol{J}$ 给定，则电荷密度由 $\mathrm{i}\omega\rho=\nabla\cdot\boldsymbol{J}$ 也自然确定。因此，在这情况下，由矢势 $\boldsymbol{A}$ 的公式可以完全确定电磁场：$\boldsymbol{B}=\nabla\times\boldsymbol{A}$，$\boldsymbol{E}=(\mathrm{i}c/k)\nabla\times\boldsymbol{B}$。矢势为：

$$\boldsymbol{A}(\boldsymbol{x},t)=\frac{\mu_0}{4\pi}\int\frac{\boldsymbol{J}(\boldsymbol{x}',t-r/c)}{r}\mathrm{d}V'$$

$$=\frac{\mu_0}{4\pi}\int\frac{\boldsymbol{J}(\boldsymbol{x}')\mathrm{e}^{\mathrm{i}(kr-\omega t)}}{r}\mathrm{d}V' \tag{5.50}$$

可以看出矢势同样也简谐变化 $\boldsymbol{A}(\boldsymbol{x},t)=\boldsymbol{A}(\boldsymbol{x})\mathrm{e}^{-\mathrm{i}\omega t}$，进一步有

$$\boldsymbol{A}(\boldsymbol{x})=\frac{\mu_0}{4\pi}\int\frac{\boldsymbol{J}(\boldsymbol{x}')\mathrm{e}^{\mathrm{i}kr}}{r}\mathrm{d}V' \tag{5.51}$$

其中，因子 e^{ikr} 是推迟作用因子，它表示电磁波传至场点时有相位滞后 kr。在定态情况下，时间延迟体现为相位推迟。

在矢势公式(5.51)中，存在三个线度：电荷分布区域的线度 l，空间电磁波波长 $\lambda=2\pi/k$，电荷到场点的距离 r。现在考虑电荷分布区域很小的情况，即 $l\ll\lambda$，$l\ll r$。那么接下来就是考虑电荷到场点的距离 r 与电磁波波长的关系，可分成三个区域：$r\ll\lambda$ 近区、$r\sim\lambda$ 感应区（过渡区），和 $r\gg\lambda$ 远区（辐射区），这里我们只考虑远区。

对远区，可以对矢势进行展开。电荷到场点的距离可以表达为如图 5-4-1。

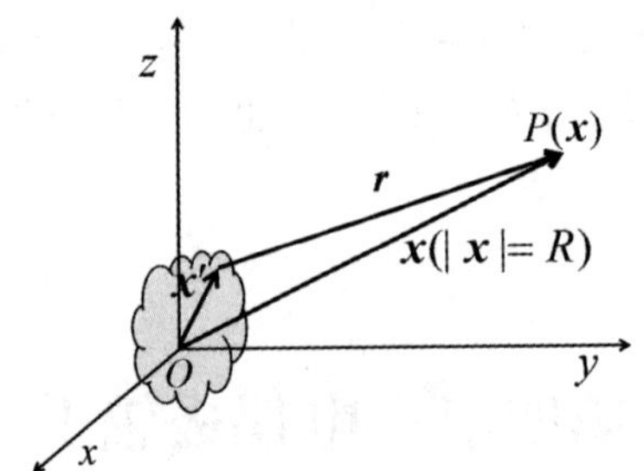

图 5-4-1

$$r=(|\boldsymbol{x}|^2+|\boldsymbol{x}'|^2-2\,\boldsymbol{x}\cdot\boldsymbol{x}')1/2$$
$$\approx|\boldsymbol{x}|-(\boldsymbol{x}/|\boldsymbol{x}|)\cdot\boldsymbol{x}'\approx R-\boldsymbol{e}_R\cdot\boldsymbol{x}' \tag{5.52}$$

于是矢势可以写为

$$\boldsymbol{A}(\boldsymbol{x})=\frac{\mu_0}{4\pi}\int\frac{\boldsymbol{J}(\boldsymbol{x}')\,e^{ik(\boldsymbol{R}-\boldsymbol{e}_R\cdot\boldsymbol{x}')}}{R-\boldsymbol{e}_R\cdot\boldsymbol{x}'}\mathrm{d}V' \tag{5.53}$$

相因子展开式中我们保留 $\boldsymbol{x}'/\lambda$ 的各级项（相位差一般是不能忽略的，而且 λ 很小，所以 k 并不小），分母中只保留 R，于是得到

$$\boldsymbol{A}(\boldsymbol{x})=\frac{\mu_0\,e^{ikR}}{4\pi R}\int\boldsymbol{J}(\boldsymbol{x}')\,(1-ik\,\boldsymbol{e}_R\cdot\boldsymbol{x}'+\cdots)\,\mathrm{d}V' \tag{5.54}$$

展开式中各项对应于各级电磁多级辐射。

接下来我们讨论第一项

$$\boldsymbol{A}(\boldsymbol{x})=\frac{\mu_0\,e^{ikR}}{4\pi R}\int\boldsymbol{J}(\boldsymbol{x}')\,\mathrm{d}V' \tag{5.55}$$

首先分析电流密度体积分的意义，考虑电流由运动的带电粒子组成，如果单位体积内有 n_i 个带电量为 q_i，速度为 $\boldsymbol{v}_i$ 的粒子，电流密度为

$$\boldsymbol{J}=\sum_{i}n_{i}q_{i}\boldsymbol{v}_{i} \tag{5.56}$$

其中的求和为对各类带电粒子求和。体积分可以表示为

$$\int\boldsymbol{J}(\boldsymbol{x}')\,\mathrm{d}V'=\sum q\boldsymbol{v}=\frac{\mathrm{d}}{\mathrm{d}t}\sum q\boldsymbol{x}=\frac{\mathrm{d}\boldsymbol{p}}{\mathrm{d}t} \tag{5.57}$$

第一项对应与电荷体系的偶极矩。

根据式(5.55)和(5.57),振荡电偶极矩产生的辐射为

$$\boldsymbol{A}(\boldsymbol{x})=\frac{\mu_0\mathrm{e}^{\mathrm{i}kR}}{4\pi R}\dot{\boldsymbol{p}} \tag{5.58}$$

在计算电磁场时,需要对矢势操作算符∇。由于我们只保留 $1/R$ 的最低次项,∇作用在 $1/R$ 上会使得的 $1/R$ 幂次上升,因而算符∇仅需要作用到相因子 $\mathrm{e}^{\mathrm{i}kR}$ 上,作用结果相当于代换

$$\nabla\rightarrow\mathrm{i}k\boldsymbol{e}_R \tag{5.59}$$

又知道

$$\boldsymbol{A}(\boldsymbol{x},t)=\boldsymbol{A}(\boldsymbol{x})\mathrm{e}^{-\mathrm{i}\omega t} \tag{5.60}$$

从而有

$$\frac{\partial}{\partial t}\rightarrow-\mathrm{i}\omega \tag{5.61}$$

据此可以得到辐射场

$$\begin{aligned}\boldsymbol{B}&=\nabla\times\boldsymbol{A}=\frac{\mu_0}{4\pi}\nabla\times\left(\frac{\mathrm{e}^{\mathrm{i}kR}}{R}\dot{\boldsymbol{p}}\right)=\frac{\mu_0}{4\pi}\nabla\left(\frac{\mathrm{e}^{\mathrm{i}kR}}{R}\right)\times\dot{p}\\&=-\frac{\mu_0\mathrm{e}^{\mathrm{i}kR}}{4\pi cR}\boldsymbol{e}_R\times\ddot{\boldsymbol{p}}=\frac{\mathrm{e}^{\mathrm{i}kR}}{4\pi\varepsilon_0c^3R}\ddot{\boldsymbol{p}}\times\boldsymbol{e}_R\end{aligned} \tag{5.62}$$

推导中,我们利用了关系式 $\dot{\boldsymbol{p}}=\mathrm{i}\ddot{\boldsymbol{p}}/\omega$,这一关系式可由 $\dot{\boldsymbol{p}}=\int\boldsymbol{J}(\boldsymbol{x}')\,\mathrm{d}V'$ 和 $\boldsymbol{J}(\boldsymbol{x},t)=\boldsymbol{J}(\boldsymbol{x})\mathrm{e}^{-\mathrm{i}\omega t}$ 得到

$$\dot{\boldsymbol{p}}\propto\mathrm{e}^{-\mathrm{i}\omega t}\Rightarrow\ddot{\boldsymbol{p}}=-\mathrm{i}\omega\dot{\boldsymbol{p}}\Rightarrow\dot{\boldsymbol{p}}=\mathrm{i}\ddot{\boldsymbol{p}}/\omega \tag{5.63}$$

电场为

$$\begin{aligned}\boldsymbol{E}&=\frac{\mathrm{i}c}{k}\nabla\times\boldsymbol{B}=\frac{\mathrm{i}c}{k}\nabla\times\left(\frac{\mathrm{e}^{\mathrm{i}kR}}{4\pi\varepsilon_0c^3R}\ddot{\boldsymbol{p}}\times\boldsymbol{e}_R\right)\\&=\frac{\mathrm{i}c}{k}\frac{1}{4\pi\varepsilon_0c^3}\left(\nabla\frac{\mathrm{e}^{\mathrm{i}kR}}{R}\right)\times(\ddot{\boldsymbol{p}}\times\boldsymbol{e}_R)\\&=\frac{\mathrm{i}c}{k}\frac{1}{4\pi\varepsilon_0c^3}\frac{\mathrm{e}^{\mathrm{i}kR}}{R}\mathrm{i}k\,e_R\times(\ddot{\boldsymbol{p}}\times\boldsymbol{e}_R)\end{aligned}$$

$$=\frac{e^{ikR}}{4\pi\varepsilon_0 c^2 R}(\ddot{\boldsymbol{p}}\times\boldsymbol{e}_R)\times\boldsymbol{e}_R \tag{5.64}$$

如果将球坐标原点设定在电荷分布区域中心，将极轴方向设定为 $\boldsymbol{p}$ 方向，则有

$$\boldsymbol{B}=\frac{e^{ikR}}{4\pi\varepsilon_0 c^3 R}\sin\theta\,\boldsymbol{e}_\varphi$$

$$\boldsymbol{E}=\frac{e^{ikR}}{4\pi\varepsilon_0 c^2 R}\sin\theta\,\boldsymbol{e}_\theta \tag{5.65}$$

可以看出辐射场强的一些主要性质：$|\boldsymbol{B}|=1/c\,|\boldsymbol{E}|$；$\boldsymbol{B}\perp\boldsymbol{E}$；$\boldsymbol{E}$、$\boldsymbol{B}$ 的大小均与 θ 有关，在 $\theta=\pi/2$ 时，电磁场的强度最大；在 $\theta=0$、π 时，$E=B=0$ 为最小。

电偶极辐射场的能流密度

$$\begin{aligned}\bar{\boldsymbol{S}}&=\frac{1}{2\mu_0}\mathrm{Re}(\boldsymbol{E}^*\times\boldsymbol{B})=\frac{c}{2\mu_0}\mathrm{Re}[(\boldsymbol{B}^*\times\boldsymbol{e}_R)\times\boldsymbol{B}]\\&=\frac{c}{2\mu_0}|\boldsymbol{B}|^2\,\boldsymbol{e}_R=\frac{\ddot{\boldsymbol{p}}^2}{32\pi^2\varepsilon_0 c^3 R^2}\sin^2\theta\,\boldsymbol{e}_R\end{aligned} \tag{5.66}$$

因子$\sin^2\theta$ 表示电偶极辐射的方向性，在 $\theta=90°$的平面上辐射最强，而沿电偶极矩轴线方向($\theta=0°$和 $\theta=180°$)没有辐射，这就是我们在日常生活中，经常通过拨动收音机或电视机天线的方位为获得最佳音响和清晰图像的缘故。总辐射功率为单位时间内穿过某一球面的能量：

$$\begin{aligned}P&=\oint|\boldsymbol{S}|R^2\,\mathrm{d}\Omega=\frac{\ddot{\boldsymbol{p}}^2}{32\pi^2\varepsilon_0 c^3}\oint\sin^2\theta\,\mathrm{d}\Omega\\&=\frac{\ddot{\boldsymbol{p}}^2}{32\pi^2\varepsilon_0 c^3}\int_0^{2\pi}\mathrm{d}\phi\int_0^{\pi}\sin^3\theta\,\mathrm{d}\theta\\&=\frac{\ddot{\boldsymbol{p}}^2}{16\pi\varepsilon_0 c^3}\int_0^{\pi}(1-\cos^2\theta)\,\mathrm{d}(-\cos\theta)\\&=\frac{\ddot{\boldsymbol{p}}^2}{16\pi\varepsilon_0 c^3}\left[-\cos\theta+\frac{1}{3}\cos^3\theta\right]_0^{\pi}\\&=\frac{\ddot{\boldsymbol{p}}^2}{16\pi\varepsilon_0 c^3}\left(2-\frac{2}{3}\right)=\frac{1}{4\pi\varepsilon_0}\frac{\ddot{\boldsymbol{p}}^2}{3c^3}\end{aligned} \tag{5.67}$$

由 $\boldsymbol{p}\sim e^{-i\omega t}$ 可以推出 $\ddot{\boldsymbol{p}}\propto\omega^2$，从而有 $P\propto\omega^4$，若保持电偶极矩振幅不变，则辐射正比于频率的四次方。频率变高时，辐射功率迅速增大。

这就是著名的瑞利蓝天定律，又称瑞利—金斯公式。上式说明，一

个振荡电偶极矩的平均辐射功率与其振荡频率的四次方成正比，或者与波长的四次方成反比。这可以解释为什么旭日东升时的太阳呈现红色，晴朗的天空为什么呈现蓝色等自然现象。当太阳光通过大气层时，大气中的粒子受到光波的激发，可近似看作被激振荡电偶极子，这些粒子吸收光波的能量以及再辐射的平均功率都遵守瑞利蓝天定律。早晚太阳光通过大气层的厚度比在中午时通过的厚度要大得多，因此早晚大气层中粒子的辐射（散射）现象要比中午明显。由瑞利蓝天定律可知，大气中粒子对蓝光的辐射要比对红光的辐射强得多，早晚太阳光通过大气层的厚度大，所以早晚透过大气层的红光相对说要多一些，于是早晚的太阳呈现红色。当然一个自然现象的形成是多种因素的综合，上面仅仅从电偶极辐射角度来解释。

偶极辐射对于原子辐射光是一个很好的模型，原子尺度10^{-10} m，可见光波长在10^{-7}，可以说 $l \ll \lambda$。接下来天线辐射电磁波，当然我们本节讨论短天线情况，即天线长度远远小于波长。这时它的辐射就是电偶极辐射。将坐标原点取在短天线的中点，z 轴方向取在 l 方向，沿天线上的电流分布近似为线性形式

$$I(z)=I_0\left(1-\frac{2}{l}|z|\right),\ |z|\leqslant l/2 \tag{5.68}$$

对应的电偶极矩变化率为

$$\begin{aligned}\dot{\boldsymbol{p}}&=\int \boldsymbol{J}(\boldsymbol{x}')\,\mathrm{d}V'=\int_{-l/2}^{l/2}\boldsymbol{I}(z)\,\mathrm{d}z\\&=\int_0^{l/2}\boldsymbol{I}_0\left(1-\frac{2}{l}z\right)\mathrm{d}z+\int_{-l/2}^{0}\boldsymbol{I}_0\left(1+\frac{2}{l}z\right)\mathrm{d}z=\frac{1}{2}I_0\boldsymbol{l}\end{aligned} \tag{5.69}$$

且由 $\dot{\boldsymbol{p}}(t)=(1/2)I_0\boldsymbol{l}\mathrm{e}^{-\mathrm{i}\omega t}$ 可得

$$\ddot{\boldsymbol{p}}(t)=-\mathrm{i}\omega\,\frac{1}{2}I_0\boldsymbol{l}\mathrm{e}^{-\mathrm{i}\omega t} \tag{5.70}$$

短天线的辐射功率为

$$P=\frac{\mu_0 I_0^2\omega^2 l^2}{48\pi c}=\frac{\pi}{12}\sqrt{\frac{\mu_0}{\varepsilon_0}}I_0^2\left(\frac{l}{\lambda}\right)^2 \tag{5.71}$$

若保持天线电流 I_0 不变，短天线的辐射功率正比于$(l/\lambda)^2$。辐射功率相当于一个等效电阻上的损耗功率，这个等效电阻称为辐射电阻 R_r。令

$$P=\frac{1}{2}R_r I_0^2 \tag{5.72}$$

容易得到

$$R_r=\frac{\pi}{6}\sqrt{\frac{\mu_0}{\varepsilon_0}}\left(\frac{l}{\lambda}\right)^2 \tag{5.73}$$

$$R_r=197\left(\frac{l}{\lambda}\right)^2\Omega \tag{5.74}$$

天线的辐射阻抗表示天线的辐射能力,阻抗越大,天线辐射能力越强。辐射阻抗,可视为天线电流驱动电路的负载电阻。由式(5.74)可知,要提高短天线的辐射功率,通常要增大天线的线度 l 和减小波长 λ。然而,当天线的线度和波长差不多大小时我们本节的讨论的就不再适用了,我们这一节是在 $l\ll\lambda$ 的前提下讨论的。

第五节　天线辐射

以上两节研究了小区域内高频电流所产生的辐射,要得到较大的辐射功率,必须使天线长度至少达到与波长同数量级。最常用的天线是半波天线,这种天线的长度约为半波长。本节计算半波天线的辐射。

当天线长度与波长同数量级时,须要直接用公式

$$\mathbf{A}(\boldsymbol{x})=\frac{\mu_0}{4\pi}\int\frac{\boldsymbol{J}(\boldsymbol{x}')\mathrm{e}^{ikr}}{r}\mathrm{d}V' \tag{5.75}$$

这样,首先要知道天线上的电流密度。由于天线上的电流是受到场作用的,这就要求把场和电流作为相互作用的两个方面一起求解,将天线表面上的边值关系联系起来,作为边值问题来求解。这类问题的理论分析往往是比较复杂的。但是,某些形状的天线可以用较简单的方法导出近似电流分布。本节只分析最简单的情况细长直线天线上电流分布的形式。

设有中心馈电的直线状天线,天线上的电流近似为驻波形式,两端为波节。设天线总长度为 $l=\lambda/2$,电流分布为

$$I(z)=I_0\cos kz,\ |Z|\leqslant\frac{\lambda}{4} \tag{5.76}$$

将上式的电流形式带入式(5.75)中有

$$A_z(\boldsymbol{x})=\frac{\mu_0}{4\pi}\int_{-\frac{\lambda}{4}}^{\frac{\lambda}{4}}\frac{\mathrm{e}^{\mathrm{i}kr}}{r}I_0\cos kz\,\mathrm{d}z \tag{5.77}$$

计算远场,令 $r=R-z\cos\theta$,其中 R 为原点到场点的距离。分母中的 r 可代为 R。这样有

$$A_z(x)=\frac{\mu_0}{4\pi}\frac{I_0\mathrm{e}^{\mathrm{i}kR}}{R}\int_{-\frac{\lambda}{4}}^{\frac{\lambda}{4}}\cos kz\,\mathrm{e}^{-\mathrm{i}kz\cos\theta}\mathrm{d}z \tag{5.78}$$

其中积分为

$$\begin{aligned}\int_{-\frac{\lambda}{4}}^{\frac{\lambda}{4}}\cos kz\,\mathrm{e}^{\mathrm{i}kz\cos\theta}\mathrm{d}z&=\int_{-\frac{\lambda}{4}}^{\frac{\lambda}{4}}\cos kz[\cos(kz\cos\theta)-\mathrm{i}\sin(kz\cos\theta)]\mathrm{d}z\\&=\frac{2\cos\left(\frac{\pi}{2}\cos\theta\right)}{k\sin^2\theta}\end{aligned} \tag{5.79}$$

这样就得到了矢势

$$\boldsymbol{A}(\boldsymbol{x})=\frac{\mu_0I_0\mathrm{e}^{\mathrm{i}kR}}{2\pi kR}\frac{\cos\left(\frac{\pi}{2}\cos\theta\right)}{\sin^2\theta}\boldsymbol{e}_z \tag{5.80}$$

据此可以进一步得到场量

$$\boldsymbol{B}(\boldsymbol{x})=-\mathrm{i}\frac{\mu_0I_0\mathrm{e}^{\mathrm{i}kR}}{2\pi R}\frac{\cos\left(\frac{\pi}{2}\cos\theta\right)}{\sin\theta}\boldsymbol{e}_\phi$$

$$\boldsymbol{E}(\boldsymbol{x})=-\mathrm{i}\frac{\mu_0cI_0\mathrm{e}^{\mathrm{i}kR}}{2\pi R}\frac{\cos\left(\frac{\pi}{2}\cos\theta\right)}{\sin\theta}\boldsymbol{e}_\theta=c\boldsymbol{B}\times\boldsymbol{e}_R \tag{5.81}$$

辐射能流密度为

$$\bar{\boldsymbol{S}}=\frac{1}{2}\mathrm{Re}(\boldsymbol{E}^*\times\boldsymbol{H})=\frac{\mu_0cI_0^2}{8\pi^2R^2}\frac{\cos^2\left(\frac{\pi}{2}\cos\theta\right)}{\sin^2\theta}\boldsymbol{e}_R \tag{5.82}$$

辐射角分布 $f(\theta)=\cos^2\left(\frac{\pi}{2}\cos\theta\right)/\sin^2\theta$ 由图 5-5-1 辐射角分布图给出。辐射角分布与偶极辐射相似,但较集中于 $\theta=90°$平面上。

总辐射功率为

$$P=\oint|\boldsymbol{S}|R^2\mathrm{d}\Omega=\frac{\mu_0cI_0^2}{4\pi}\int_0^\pi\frac{\cos^2\left(\frac{\pi}{2}\cos\theta\right)}{\sin\theta}\mathrm{d}\theta=\frac{\mu_0cI_0^2}{4\pi}1.22 \tag{5.83}$$

上式中积分直接由数学软件求得。对应辐射电阻为

$$R_r = \frac{\mu_0 c}{4\pi} \times 2.44 = 73.2\ \Omega \tag{5.84}$$

由此可见半波天线的辐射能力是相当强的。

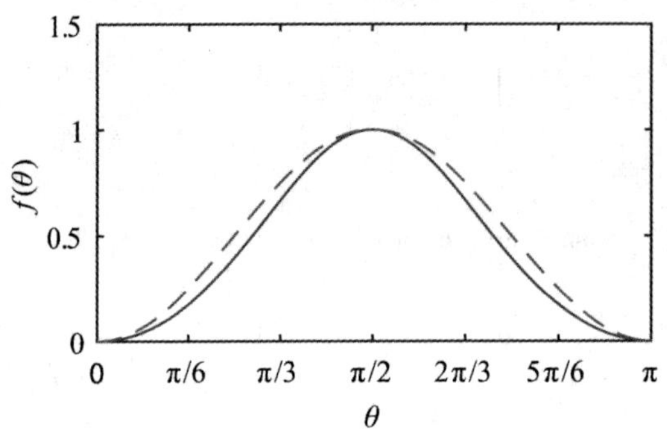

图 5-5-1　辐射角分布图

第六章　狭义相对论

第一节　伽利略变换

让我们考虑这样的情况：一个人（张三）面前有一个静止的点电荷，点电荷带电量为 Q。令坐标原点为点电荷处，那么这个人测得 $\boldsymbol{x}$ 处的的电场可表示为

$$\boldsymbol{E}=\frac{Q}{4\pi\varepsilon_0}\frac{\boldsymbol{x}}{x^3} \tag{6.1}$$

其中，x 为 $\boldsymbol{x}$ 的长度。当然这个人测得的磁场为零。如果这人正在乘着列车以速度 v 匀速运动，那么站台上的人（李四）看到的则是一个以 $\boldsymbol{v}$ 匀速运动的点电荷，它必然会产生磁场。在讨论这个问题之前，我们可以先使用电动力学的手段来计算一下站台上的人测到的电磁场是什么样的。在李四看来，这是一个位于坐标原点以速度匀速运动的点电荷，第一章第五节给出它的电流密度

$$\boldsymbol{J}(\boldsymbol{x})=\rho(\boldsymbol{x})\boldsymbol{v}=Q\delta(\boldsymbol{x})\boldsymbol{v} \tag{6.2}$$

利用毕奥—沙伐尔定律可以计算得到该电流密度产生的磁场

$$\begin{aligned}\boldsymbol{B}&=\frac{\mu_0}{4\pi}\int_V\frac{\boldsymbol{J}(\boldsymbol{x}')\times(\boldsymbol{x}-\boldsymbol{x}')}{|\boldsymbol{x}-\boldsymbol{x}'|^3}\mathrm{d}V'\\&=\frac{\mu_0}{4\pi}\int_V\frac{Q\delta(\boldsymbol{x}')\boldsymbol{v}\times(\boldsymbol{x}-\boldsymbol{x}')}{|\boldsymbol{x}-\boldsymbol{x}'|^3}\mathrm{d}V'\\&=\frac{\mu_0}{4\pi}\frac{Q\boldsymbol{v}\times\boldsymbol{x}}{|\boldsymbol{x}|^3}\end{aligned} \tag{6.3}$$

我们在第一章第五节曾不加证明地给出过这个结果。同时，在李四看来，位于坐标原点的点电荷产生的电场依然为式(6.1)给出的形式。

同样的客体，在不同的观测者看来结果不同。张三只看到了电场，

而李四不仅看到了同样的电场，还看到了磁场。

理解以上谈到的问题，我们将不得不考虑参照系。张三看到的点电荷静止，这是在他自己的参照系(列车参照系)中是静止。李四看到电荷做匀速运动，同样也是在他自己的参照系(站台参照系)中。以上谈到的“自己的参照系”指自己在其中是静止的参照系，它有个很贴切的昵称叫“粘着参照系”。静止具有相对性，在粘着参照系中静止的，在其他参照系中不一定静止。

19 世纪末以前，大家对于不同的惯性系中运动的理解是用伽利略变换来表示。我们先简单回顾一下。首先我们定义“事件”，物理学中的事件只有时间和地点两个因素，我们用一个时空坐标构成的数组(x,y,z,t)来表示一个事件。若有两个惯性系 Σ 和 Σ'，Σ'相对于 Σ 以匀速度 v 沿 x 方向运动，假定 $t=t'=0$ 时，Σ 和 Σ'的坐标原点重合。若在空间某点某一时刻发生了一个物理事件 P，在 Σ 参照系中为(x,y,z,t)，在 Σ'中为(x',y',z',t')，如图 6-1-1，则按照伽利略变换，这一事件它的时空坐标之间的关系为

$$\begin{cases}x'=x-vt\\ y'=y\\ z'=z\\ t'=t\end{cases}\tag{6.4}$$

或

$$\begin{cases}x=x'+vt'\\ y=y'\\ z=z'\\ t=t'\end{cases}\tag{6.5}$$

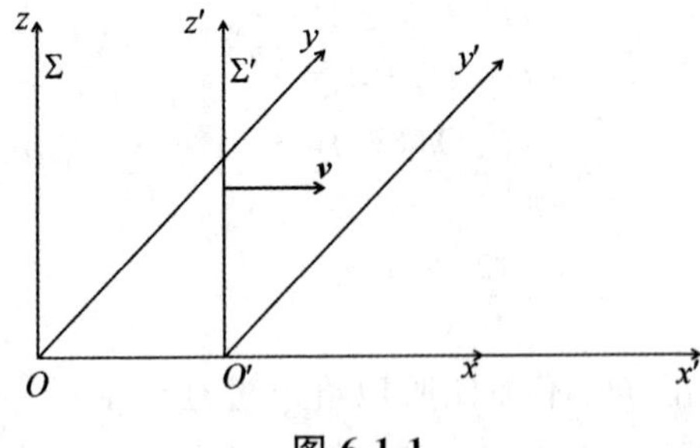

图 6-1-1

考虑两个事件 $P_1(x_1,y_1,z_1,t_1)$ 与 $P_2(x_2,y_2,z_2,t_2)$ 的时间间隔和空间间隔，稍微讲究一些，应该是时之间和空之隔，不过我们还是遵守约定俗成继续称其为时间间隔和空间间隔。明显，两件事件的时间间隔

$$\Delta t'=t_2'-t_1'=t_2-t_1=\Delta t \tag{6.6}$$

在不同参照系中是相同的，且发生前后顺序也不变，这就是牛顿时空观中的一个核心内容：时间间隔是绝对的。如果这两个事件在某一个参照系是同时的，那么在任何一个参照系它们都是同时的。由式可以得到同时事件的空间间隔：

$$\begin{aligned}|\Delta \boldsymbol{x}'| &= [(x_2'-x_1')^2+(y_2'-y_1')^2+(z_2'-z_1')^2]^{1/2}\\ &=\{[(x_2-vt_2)-(x_1-vt_1)]^2+(y_2-y_1)^2+(z_2-z_1)^2\}\\ &=\{[x_2-x_1-v(t_1-t_2)]^2+(y_2-y_1)^2+(z_2-z_1)^2\}\\ &=[(x_2-x_1)^2+(y_2-y_1)^2+(z_2-z_1)^2]=|\Delta x|\end{aligned} \tag{6.7}$$

明显，同时事件的空间间隔在所有参照系中都一样。这是牛顿时空观中的又一个核心内容：空间间隔是绝对的。以上两者就是牛顿时空观的物理核心，称为绝对时空观。

根据伽利略变换，由式(6.4)我们可以得到速度的变换公式

$$\begin{cases}\mathrm{d}x'=\mathrm{d}x-v\mathrm{d}t\\ \mathrm{d}y'=\mathrm{d}y\\ \mathrm{d}z'=\mathrm{d}z\\ \mathrm{d}t'=\mathrm{d}t\end{cases}\Rightarrow\begin{cases}\dfrac{\mathrm{d}x'}{\mathrm{d}t'}=\dfrac{\mathrm{d}x}{\mathrm{d}t'}-v\dfrac{\mathrm{d}t}{\mathrm{d}t'}\\ \dfrac{\mathrm{d}y'}{\mathrm{d}t'}=\dfrac{\mathrm{d}y}{\mathrm{d}t'}\\ \dfrac{\mathrm{d}z'}{\mathrm{d}t'}=\dfrac{\mathrm{d}z}{\mathrm{d}t'}\\ \mathrm{d}t'=\mathrm{d}t\end{cases}\Rightarrow\begin{cases}\dfrac{\mathrm{d}x'}{\mathrm{d}t'}=\dfrac{\mathrm{d}x}{\mathrm{d}t}-v\dfrac{\mathrm{d}t}{\mathrm{d}t}\\ \dfrac{\mathrm{d}y'}{\mathrm{d}t'}=\dfrac{\mathrm{d}y}{\mathrm{d}t}\\ \dfrac{\mathrm{d}z'}{\mathrm{d}t'}=\dfrac{\mathrm{d}z}{\mathrm{d}t}\\ \mathrm{d}t'=\mathrm{d}t\end{cases}$$

$$\Rightarrow\begin{cases}\dfrac{\mathrm{d}x'}{\mathrm{d}t'}=\dfrac{\mathrm{d}x}{\mathrm{d}t}-v\dfrac{\mathrm{d}t}{\mathrm{d}t}\\ \dfrac{\mathrm{d}y'}{\mathrm{d}t'}=\dfrac{\mathrm{d}y}{\mathrm{d}t}\\ \dfrac{\mathrm{d}z'}{\mathrm{d}t'}=\dfrac{\mathrm{d}z}{\mathrm{d}t}\end{cases}\Rightarrow\begin{cases}u_x'=u_x-v\\ u_y'=u_y\\ u_z'=u_z\end{cases} \tag{6.8}$$

最后一步推导中令 $(u_x,u_y,u_z)=\left(\dfrac{\mathrm{d}x}{\mathrm{d}t},\dfrac{\mathrm{d}y}{\mathrm{d}t},\dfrac{\mathrm{d}z}{\mathrm{d}t}\right)$ 和 $(u'_x,u'_y,u'_z)=\left(\dfrac{\mathrm{d}x'}{\mathrm{d}t'},\dfrac{\mathrm{d}y'}{\mathrm{d}t'},\dfrac{\mathrm{d}z'}{\mathrm{d}t'}\right)$，这就是被熟知的速度相加公式。

继续类似的操作，可以得到加速度的变换公式

$$\begin{cases}u'_x=u_x-v\\u'_y=u_y\\u'_z=u_z\end{cases}\Rightarrow\begin{cases}a'_x=a_x\\a'_y=a_y\\a'_z=a_z\end{cases}\tag{6.9}$$

加速度不随参照系的变换而变化，也没有发现质量随参照系变化，所以 $m=m'$ 是合适的，从而 $\boldsymbol{F}=m\boldsymbol{a}$ 与 $\boldsymbol{F}'=m'\boldsymbol{a}'$ 是完全相同的，这就表示经典力学定律在不同的惯性系中具有相同的形式，这称为力学相对性原理。这一原理有若干表达：力学定律在一切惯性系中数学形式不变；或对于描述力学规律而言，一切惯性系都是平权的、等价的；再或者在一个惯性系中所做的任何力学实验，都不能判断该惯性系相对于其它惯性系的运动，等等。

力学规律具有伽利略变换不变性，随之而来的想法是电磁学规律也应该具有伽利略变换不变性。然而在麦克斯韦方程组中出现了 $\varepsilon_0\mu_0$，$1/\sqrt{\varepsilon_0\mu_0}=c$ 是真空中的光速，按照速度相加公式，光的速度是与参考系的选择有关的。如果认为速度相加公式正确的话，那么麦克斯韦方程组就只能在某一个特殊的参照系中成立，这就意味着电磁现象不遵守相对性原理。

先介绍肯定经典的速度相加公式，否定电磁现象的相对性原理的思路。否定电磁现象的相对性原理即认为麦克斯韦方程组只对特定参照系成立。这就马上让人想起了“以太”。早在公元前 300 年左右的古希腊时代，亚里斯多德就认为天体间一定充满着一种煤质。到 1800 年左右，物理学家普遍认为光波和其他波一样一定要有一种载体，这种载体无所不在、绝对静止、极其稀薄，这就是以太。$1/\sqrt{\varepsilon_0\mu_0}=c$ 就是相对该参考系的光速，如果观察者相对“以太”运动，他所测得的光速就会发生变化，可能大于或小于 c。寻找“以太”的著名实验有光行差实验、迈克尔逊—莫雷实验等，最后都给出了否定的结果。和量子力学建立前的旧量子论一样，狭义相对论建立的前奏部分同样也是令人心动的。其中有令人苦笑的错误的路上的苦心探索，也有令人叹息的功败垂成。随便一本物理学史方面的书籍都有这方面的介绍。

速度叠加在高速时的不适用现在可以用一个简单的例子来说明。设有一事件 $P_1(x_1,t_1)$ 为扣下枪机，另一事件 $P_2(x_2,t_2)$ 为子弹出膛。枪机位置于原点，$x_1=0$，枪机与枪口的距离 Δl 很小，则有 $x_2=x_1+\Delta l$；扣下枪机时候开始计时，即设 $t_1=0$，扣下枪机后，子弹以 v 的速度在 t_2 时刻出膛。我们现在代入数据，$\Delta l=1\ \mathrm{m}$，$v=3\times10^{7}\ \mathrm{m/s}$。如果简单认为子弹在枪管内是匀加速的，则 $t_2=\dfrac{2\Delta l}{v}=6.67\times10^{-8}\ \mathrm{s}$。

扣动枪机的动作图像以光速传播，子弹出膛后子弹的图像由于速度叠加而以 $v+c$ 速度传播。我们来考虑距离枪口 $L=3\times10^{10}\ \mathrm{m}$ 的人观测到的 P_1 和 P_2 的发生时间 t_1' 和 t_2'。它们分别为

$$t_1'=\frac{L+\Delta l}{c}=\frac{3\times10^{10}\ \mathrm{m}+1\ \mathrm{m}}{3\times10^{8}\ \mathrm{m/s}}=100\ \mathrm{s} \tag{6.10}$$

和

$$t_2'=t_2+\frac{L}{c+v}=6.67\times10^{-8}\ \mathrm{s}+\frac{3\times10^{10}\ \mathrm{km}}{3\times10^{8}\ \mathrm{m/s}+3\times10^{7}\ \mathrm{m/s}}=90.91\ \mathrm{s} \tag{6.11}$$

位于远方的人在 90.91 s 时刻看到子弹在出膛，然后在 100 s 时刻看见扣下枪机。这显然违反了因果律。

读者可能说怎么会有那么快的子弹和那么远的观测距离呢？但是换一句话说，当考虑这么快的子弹和这么远的距离时候，速度叠加看来就得放弃了。

第二节　洛伦兹变换

上一节结束时我们要放弃速度叠加，当然是因为光速的困扰才让我们放弃速度叠加，我们现在可以认为真空中的光速不变，这样电磁现象也满足相对性原理了。这一节我们介绍基于真空中的光速不变和相对性原理的洛伦兹变换。

伽利略变换是牛顿时空观的具体表现，而洛伦兹变换是爱因斯坦相对时空观的具体表现。我们先介绍洛伦兹变换，以及由洛伦兹变换推导出来的速度变换公式。

和上一节的安排一样，若有两个惯性系 Σ 和 Σ'，Σ' 相对于 Σ 以匀速度 v 沿 x 方向运动，假定 $t=t'=0$ 时，Σ 和 Σ' 的坐标原点重合。若在空间某点某一时刻发生了一个物理事件 P，在 Σ 参照系中为 (x,y,z,t)，在 Σ' 中为 (x',y',z',t')。依据洛伦兹变换，这一事件它的不同的参照

系下时空坐标之间的关系为

$$\begin{cases} x'=\gamma(x-vt) \\ y'=y \\ z'=z \\ t'=\gamma\left(t-\dfrac{xv}{c^2}\right) \end{cases} \tag{6.12}$$

其中，$\gamma=\dfrac{1}{\sqrt{1-(v^2/c^2)}}$。更多的时候取 $\beta=\dfrac{v}{c}$，则进一步可以简写 $\gamma=\dfrac{1}{\sqrt{1-\beta^2}}$。

逆变换为

$$\begin{cases} x=\gamma(x'+vt') \\ y=y' \\ z=z' \\ t=\gamma(t'+x'\dfrac{v}{c^2}) \end{cases} \tag{6.13}$$

求逆变换，将带撇与不带撇的量互换，把 v 换成 $-v$ 即可得到，这是我们知道了物理意义所以才能这样简单，事实上数学求逆变换还是有一定计算量的，我们将会在下一节讲这个问题。在我们这样安排的两个惯性系 Σ 和 Σ' 中，有一个事件 $P_0(0,0,0,0)$ 是不变的，即 0 时刻发生在原点的事件，称其为原始事件（它是任意选定的，依赖于坐标系，这体现了狭义相对论的均匀时空观，即没有任何事件是特殊的）。

我们可以看到当 $v\ll c$ 时，洛伦兹变换可以过渡到伽利略变换。时空坐标是相互联系的，当惯性系变化时，时间和空间一样也在变换。时间是与参照系有关的，不是绝对的。洛伦兹变换中的长度收缩，甚至质量改变在爱因斯坦狭义相对论之前就出现了，但是时间是相对的，这一个观点只有爱因斯坦提了出来，时间是相对的这一观念在当时是让人难以接受的，而我们现在觉得时间是相对的却是很自然的，所以看待问题要用历史的眼光。

从洛伦兹变换，可以得到相对论的速度变换公式。将洛伦兹变换式中各式两边微分，得到

$$\begin{cases} dx'=\gamma(dx-v\,dt) \\ dy'=dy \\ dz'=dz \\ dt'=\gamma(dt-dx\,v/c^2) \end{cases} \tag{6.14}$$

进一步推导有

$$\begin{cases} \dfrac{dx'}{dt'}=\gamma\left(\dfrac{dx}{dt'}-v\dfrac{dt}{dt'}\right) \\ \dfrac{dy'}{dt'}=\dfrac{dy}{dt'} \\ \dfrac{dz'}{dt'}=\dfrac{dz}{dt'} \\ dt'=\gamma\left(dt-dx\dfrac{v}{c^2}\right) \end{cases} \Rightarrow \begin{cases} \dfrac{dx'}{dt'}=\dfrac{dx}{dt-dx\dfrac{v}{c^2}}-v\dfrac{dt}{dt-dx\dfrac{v}{c^2}} \\ \dfrac{dy'}{dt'}=\dfrac{dy}{\gamma\left(dt-dx\dfrac{v}{c^2}\right)} \\ \dfrac{dz'}{dt'}=\dfrac{dz}{\gamma\left(dt-dx\dfrac{v}{c^2}\right)} \end{cases}$$

$$\Rightarrow \begin{cases} \dfrac{dx'}{dt'}=\dfrac{\dfrac{dx}{dt}-v}{1-\dfrac{dx}{dt}\dfrac{v}{c^2}} \\ \dfrac{dy'}{dt'}=\dfrac{\dfrac{dy}{dt}}{\gamma\left(1-\dfrac{dx}{dt}\dfrac{v}{c^2}\right)} \\ \dfrac{dz'}{dt'}=\dfrac{dz}{\gamma\left(1-\dfrac{dx}{dt}\dfrac{v}{c^2}\right)} \end{cases} \Rightarrow \begin{cases} u'_x=\dfrac{u_x-v}{1-u_x\dfrac{v}{c^2}} \\ u'_y=\dfrac{u_y}{\gamma\left(1-u_x\dfrac{v}{c^2}\right)} \\ u'_z=\dfrac{u_z}{\gamma\left(1-u_z\dfrac{v}{c^2}\right)} \end{cases}$$

$$\Rightarrow \begin{cases} u'_x=\dfrac{u_x-v}{1-u_x\dfrac{v}{c^2}} \\ u'_y=\dfrac{u_y\sqrt{1-\dfrac{v^2}{c^2}}}{1-u_x\dfrac{v}{c^2}} \\ u'_z=\dfrac{u_z\sqrt{1-\dfrac{v^2}{c^2}}}{1-u_x\dfrac{v}{c^2}} \end{cases} \tag{6.15}$$

我们可以看到，速度叠加不再适用。而且我们也看到，在与参照系相对运动垂直的方向上的速度也发生了变化。逆变换也可以由上一节我们在伽利略变换时同样的手段求得。将带撇的量和不带撇的量互换，同时把 v 换成 $-v$ 可得逆变换

$$u_x=\frac{u'_x+v}{1+u'_x\frac{v}{c^2}},u_y=\frac{u'_y\sqrt{1-\frac{v^2}{c^2}}}{1+u'_x\frac{v}{c^2}},u_z=\frac{u'_z\sqrt{1-\frac{v^2}{c^2}}}{1+u'_x\frac{v}{c^2}} \tag{6.16}$$

我们可以看一下速度的合成，先考虑简单情况：$(u'_x,u'_y,u'_z)=(u'_x,0,0)$，这时

$$(u_x,u_y,u_z)=\left(\frac{u'_x+v}{1+u'_x\frac{v}{c^2}},0,0\right) \tag{6.17}$$

图 6-2-1 给出了 v 取不同值的时候，u_x 随着 u'_x 的变换，可以发现，只要 v 和 u'_x 不超过 c，u_x 就不会超过 c。

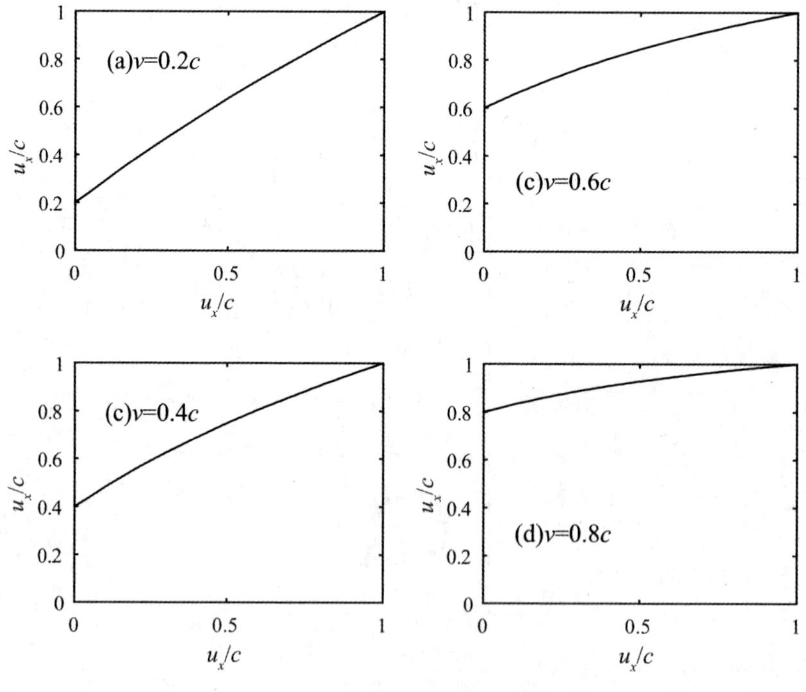

图 6-2-1

若 $u_x^2+u_y^2+u_z^2=c^2$，即在 Σ 系中，速度为真空光速，则有在 Σ' 系中，真空光速不变

$$
\begin{aligned}
& u'^2_x+u'^2_y+u'^2_z \\
=& \frac{1}{\left(1-u_x\frac{v}{c^2}\right)^2}\left[(u_x-v)^2+u_y^2\left(1-\frac{v^2}{c^2}\right)+u_z^2\left(1-\frac{v^2}{c^2}\right)\right] \\
=& \frac{1}{\left(1-u_x\frac{v}{c^2}\right)^2}\left[(u_x-v)^2+(c^2-u_x^2)\left(1-\frac{v^2}{c^2}\right)\right] \\
=& \frac{1}{\left(1-u_x\frac{v}{c^2}\right)^2}\left[1-\frac{2u_xv}{c^2}+\frac{u_x^2v^2}{c^4}\right]c^2 \\
=& c^2
\end{aligned}
\tag{6.18}
$$

第三节　由间隔不变性导出洛伦兹变换

这一节我们介绍洛伦兹变换的导出。上一节我们说洛伦兹变换基于真空中光速不变和相对性原理。真空中的光速不变和相对性原理是狭义相对论两条基本原理。这一节我们介绍由狭义相对论的两条基本原理导出时空间隔不变性，然后导出洛伦兹变换公式。

1905 年，爱因斯坦提出了两条相对论原理，一条为相对性原理，另一条为光速不变原理。相对性原理指出所有惯性参照系都是等价的。上一节中我们已经给出它的几种表述。光速不变原理指真空中的光速相对于任何惯性系沿任意方向恒定为 c，与光源运动无关。

相对性原理要求不同参照系之间的时空坐标的变换应该是线性的。我们可以举一个例子来理解。例如一个物体做匀速运动，那么它的空间坐标 $\boldsymbol{x}$ 与时间坐标 t 之间应为线性关系，在其他的惯性参照系中，该物体仍然做匀速运动。它的空间坐标 $\boldsymbol{x}'$ 与时间坐标 t' 仍然是线性关系。所以 $(\boldsymbol{x},t)$ 与 $(\boldsymbol{x}',t')$ 之间的变换应为线性变换

$$\begin{pmatrix} x' \\ y' \\ z' \\ t' \end{pmatrix} = \begin{pmatrix} a_{11} & a_{12} & a_{13} & a_{14} \\ a_{21} & a_{22} & a_{23} & a_{24} \\ a_{31} & a_{32} & a_{33} & a_{34} \\ a_{41} & a_{42} & a_{43} & a_{44} \end{pmatrix} \begin{pmatrix} x \\ y \\ z \\ t \end{pmatrix} \tag{6.19}$$

其中，$a_{\mu\nu}$是不依赖的(x,y,z,t)常数。

接下来看光速不变原理对时空坐标变换的要求。上一节定义了两个事件$P_1(x_1,y_1,z_1,t_1)$与$P_2(x_2,y_2,z_2,t_2)$的时间间Δt和空间隔$|\Delta \boldsymbol{x}|$，现在我们来定义这两个事件的时空间隔

$$\Delta S^2=(x_2-x_1)^2+(y_2-y_1)^2+(z_2-z_1)^2-c^2(t_2-t_1)^2 \tag{6.20}$$

（也有的作者定义$\Delta S^2=-c^2(t_2-t_1)^2-(x_2-x_1)^2-(y_2-y_1)^2-(z_2-z_1)^2$）。明显，如果这两个事件是真空中光速（以后默认光速为真空中光速）联系，比如光信号的发生和接收，时空间隔（以后简称间隔）$\Delta S^2=0$。光速不变，这两个事件在其他惯性系里也保持$\Delta S^2=0$。光信号联系着的两个事件，在不同的参照系中，它们的时空间隔是不变的，或者说是相等的，等于0。

如果两个事件之间不是通过光信号相互联系，那么它们的间隔在不同参照系统还相等吗？一般情况下，两事件的间隔不一定为零，可能是任意值，那么，不同的参照系中它们有什么关系呢？

通过的变换式，我们可得

$$\begin{aligned}\Delta S'^2 &= (x_2'-x_1')^2+(y_2'-y_1')^2+(z_2'-z_1')^2-c^2(t_2'-t_1')^2 \\ &= f(x_1,x_2,y_1,y_2,z_1,z_2,t_1,t_2)\end{aligned} \tag{6.21}$$

其中$f(x_1,x_2,y_1,y_2,z_1,z_2,t_1,t_2)$是$x_1,x_2,y_1,y_2,z_1,z_2,t_1,t_2$的二次式。当$\Delta S'^2$为零时，$f(x_1,x_2,y_1,y_2,z_1,z_2,t_1,t_2)=0$。当$\Delta S'^2$为零时，$\Delta S^2$也等于零，即

$$(x_2-x_1)^2+(y_2-y_1)^2+(z_2-z_1)^2-c^2(t_2-t_1)^2=0$$

这意味着$f(x_1,x_2,y_1,y_2,z_1,z_2,t_1,t_2)$与上式区别在于一个常数因子，即

$$\begin{aligned}&(x_2'-x_1')^2+(y_2'-y_1')^2+(z_2'-z_1')^2-c^2(t_2'-t_1')^2 \\ &=A\left[(x_2-x_1)^2+(y_2-y_1)^2+(z_2-z_1)^2-c^2(t_2-t_1)^2\right]\end{aligned} \tag{6.22}$$

A不应该与两个坐标系之间的相对运动速度的方向有关，否则与空间

的各向同性矛盾，因此 A 至多只能与 v 的大小有关。又因为参照系的等价，上式反过来也应有

$$(x_2-x_1)^2+(y_2-y_1)^2+(z_2-z_1)^2-c^2(t_2-t_1)^2$$
$$=A\left[(x_2'-x_1')^2+(y_2'-y_1')^2+(z_2'-z_1')^2-c^2(t_2'-t_1')^2\right] \tag{6.23}$$

A 不依赖 v 方向，只依赖 v 大小，而 Σ 和 Σ' 的相对速度大小是相同的，所以上面两式中的 A 是相同的。比较上两式就可以得到 $A^2=1$。若 $A=-1$，则有 $\Delta S'^2=-\Delta S^2$ 和 $\Delta S''^2=-\Delta S'^2$，从而有 $\Delta S''^2=\Delta S^2$，变换就不一致了。所以 $A=1$。这样我们有

$$(x_2-x_1)^2+(y_2-y_1)^2+(z_2-z_1)^2-c^2(t_2-t_1)^2$$
$$=(x_2'-x_1')^2+(y_2'-y_1')^2+(z_2'-z_1')^2-c^2(t_2'-t_1')^2 \tag{6.24}$$

即

$$\Delta S'^2=\Delta S^2 \tag{6.25}$$

这就是说，在不同的惯性系中两个事件的间隔有相同的值，这被称为间隔不变性。

利用线性变化和间隔不变性，我们可以推导出洛仑兹变换式。与前几节安排一样，两个惯性系 Σ 和 Σ'，Σ' 相对于 Σ 以匀速度 v 沿 x 方向运动，假定 $t=t'=0$ 时，Σ 和 Σ' 的坐标原点重合。这时候 y 和 z 是不变的，所以有

$$\begin{pmatrix} x' \\ y' \\ z' \\ t' \end{pmatrix}=\begin{pmatrix} a_{11} & 0 & 0 & a_{14} \\ 0 & 1 & 0 & 0 \\ 0 & 0 & 1 & 0 \\ a_{41} & 0 & 0 & a_{44} \end{pmatrix}\begin{pmatrix} x \\ y \\ z \\ t \end{pmatrix} \tag{6.26}$$

由间隔不变性，不同参照系中的同一事件 (x,y,z,t) 和 (x',y',z',t') 与原始事件 $(0,0,0,0)$ 的间隔是相等的，所以有

$$x'^2+y'^2+z'^2-c^2t'^2$$
$$=(a_{11}x+a_{14}t)^2+y^2+z^2-c^2(a_{41}x+a_{44}t)^2$$
$$=x^2+y^2+z^2-c^2t^2 \tag{6.27}$$

因上式对任意 (x,y,z,t) 都成立，比较上式两端系数，可得

$$\begin{cases} a_{11}^2-c^2a_{44}^2=1 \\ a_{14}^2-c^2a_{41}^2=-c^2 \\ -c^2a_{11}a_{14}+a_{41}a_{44}=0 \end{cases}$$

这里还有另一个关系，Σ'系的坐标原点O'在Σ'系中的坐标是$x'=0$，在Σ系中的坐标是$x=vt$，$x'=a_{11}x+a_{14}t=a_{11}vt+a_{14}t=0$。
可以解得

$$a_{11}=\gamma, a_{14}=-\gamma v, a_{41}=-\gamma\frac{v}{c^2}, a_{44}=\gamma$$

其中$\gamma=\dfrac{1}{\sqrt{1-(v^2/c^2)}}$。

洛伦兹变换即为

$$\begin{pmatrix} x' \\ y' \\ z' \\ t' \end{pmatrix}=\begin{pmatrix} \gamma & 0 & 0 & -\gamma v \\ 0 & 1 & 0 & 0 \\ 0 & 0 & 1 & 0 \\ -\gamma\frac{v}{c^2} & 0 & 0 & \gamma \end{pmatrix}\begin{pmatrix} x \\ y \\ z \\ t \end{pmatrix} \tag{6.28}$$

这就是上一节中洛伦兹变换的矩阵表达。

第四节　狭义相对论的时空理论

一、同时的相对性

两个事件在Σ系同地同时发生，那么这两个事件在所有参照系中都是同地同时发生，这两个事件事实上是同一个事件。两个同时异地事件呢？异地如何判断是否同时呢？如果两个事件同地发生，那么就可以使用安放在同一地点的一只时钟来判断。如果两个事件异地发生，就得使用两个时钟判断。这两个时钟分别安放在这两个地点。这两个时钟必须校准。一个方法就是在两地连线的中点发出光信号，两地接收到信号时将时钟置零。校准两地的时钟即为异地同时事件。

两个事件Σ系中分别为$P_1(x_1,t_1)$和$P_2(x_2,t_2)$（我们的Σ'系和Σ系的相对运动安排使得我们不用考虑y和z）。在Σ'分别为$P_1(x_1',t_1')$和$P_2(x_2',t_2')$，据洛仑兹变换

$$\Delta t' = t_2' - t_1' = \gamma\left(t_2 - \frac{x_2 v}{c^2}\right) - \gamma\left(t_1 - \frac{x_1 v}{c^2}\right)$$
$$= \gamma\left(t_2 - t_1 + \frac{x_1 v}{c^2} - \frac{x_2 v}{c^2}\right) \qquad (6.29)$$

两事件在 Σ 中同时，即 $t_2 - t_1 = 0$。上式化为

$$\Delta t' = t_2' - t_1' = -\gamma \frac{v}{c^2}(x_2 - x_1) \qquad (6.30)$$

可以看到，Σ 参照系中的同时事件在 Σ' 中不一定同时。$t_2' - t_1'$ 依赖于 $x_2 - x_1$ 的正负，也就是说这两个事件的前后顺序，在不同的惯性系会有不同的判断。异地事件的同时性与惯性系的选择有关，说明了同时的相对性。这一结论等价于：在某惯性系中相对静止的已校准的位于不同地点的时钟，在另一惯性系中一定是没有校准的。在不同的惯性系之间不可能有相同的时间标准。

我们可以想象异地同时事件一定没有因果关系，因为我们不支持超矩作用，没有任何作用可以不用时间在不同地点传递改变。既然两事件没有因果关系，他们发生的前后顺序就没有意义。那些事件之间会有因果关系呢？或者问，有因果关系的两个事件要满足什么要的要求？

二、相对论时空结构

两个事件因果关系与这两个事件的时空间隔有关系。两个事件的因果关系在不同参照系中应保持一致。任何参照系中作为原因的事件一定要发生在作为结果的事件之前。

我们考虑事件 $P(x, y, z, t)$ 与原始事件 $(0, 0, 0, 0)$ 的间隔

$$\Delta S^2 = x^2 + y^2 + z^2 - c^2 t^2$$
$$= r^2 - c^2 t^2 \qquad (6.31)$$

当 $\Delta S^2 = 0$ 时，意味着事件 P 与原始事件 $(0, 0, 0, 0)$ 可以用光波联系，我们将这种间隔称之为类光间隔；当 $\Delta S^2 > 0$ 时，意味着事件 P 与原始事件之间的距离比他们的时间乘以光速都大，称其为类空间隔。当 $\Delta S^2 < 0$ 时，事件 P 与原始事件可以用低于光速的作用来联系。这种分类是绝对的，不因参照系改变而改变。

可以用时空图来探讨狭义相对论的几何意义。在一张纸面上，我可以画出二维的分布，我也可以画出三维的分布，后者就需要读者的想象配合了。我们可以学医学影像里的一个办法，他们用很多份二维图的有序集合来描写一个三维分布，比如说患者的头部。这种办法有点像力学里学过的彭加莱截面方法。我们把三维的空间去掉一维，这样我们就只需要面对三维的情况了。如图 6-4-1 所示，我们用空间轴坐标 (x,y) 和时间轴坐标 ct 来构成时空坐标。

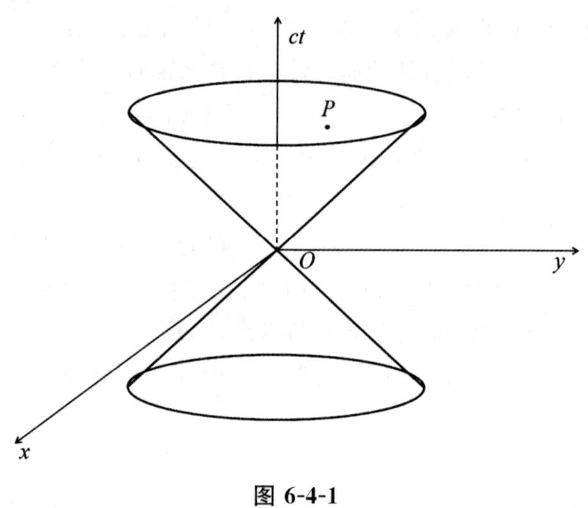

图 6-4-1

可以看到，$\Delta S^2=r^2-c^2t^2=0$ 在时空坐标系中确定了一个锥面，锥面上的事件和原始事件由光波联系，所以这个锥面被称为光锥。与原始事件间隔类空（$\Delta S^2>0$）的事件点在光锥外，该事件与原始事件的联系需要超过光速的作用。与原始事件间隔类时（$\Delta S^2<0$）的事件点在光锥内，该事件与原始事件的联系可以由低于光速的作用来实现。这个时空结构的几何是绝对的，不随着参照系改变而改变。也就是说，如果一个事件在光锥内，那么任何的参照系中它都还是在光锥内，这个可以证明，设一事件 $P(x,y,z,t)$，它与原始事件类时，且发生于原始事件之后，于是有 $x^2+y^2+z^2<c^2t^2, t>0$。Σ' 系中，

$$x^2+y^2+z^2<c^2t^2$$

$$\Rightarrow(\gamma x'+\gamma vt')^2+y'^2+z'^2<c^2\left(\gamma\frac{v}{c^2}x'+\gamma t'\right)^2$$

$$\Rightarrow\gamma^2x'^2+2\gamma^2x'vt'+\gamma^2v^2t'^2+y'^2+z'^2<\gamma^2\frac{v^2}{c^2}x'^2+2\gamma vx'\gamma t'+c^2\gamma^2t'^2$$

$$\Rightarrow\gamma^2x'^2-\gamma^2\frac{v^2}{c^2}x'^2+y'^2+z'^2<c^2\gamma^2t'^2-\gamma^2v^2t'^2$$

$$\Rightarrow x'^2+y'^2+z'^2<c^2t'^2$$

同样也可以证明，如果一个事件在光锥外，那么任何的参照系中它都还是在光锥外。

而且容易看出，$t>0$ 就可以得出 $t'>0$，这意味着如果一个事件在上光锥内，那么不管在任何参照系里它依然呆在上光锥内，原始事件与它可以用低于光速的作用联系，它一直发生在原始事件之后，从而得到一个名字叫“绝对未来”。同样，如果一个事件在下光锥内，它就会在所有的参照系中都呆在下光锥内，从而得到的名字叫“绝对过去”。只要事件 P_1 在任何参照系里都发生在事件 P_2 之前，就说事件 P_1 为事件 P_2 的“因”，事件 P_2 为事件 P_1 的“果”，我们可以把这句话作为“因果”的定义。

Σ' 系中两事件的时间间隔 $\Delta t'=t_2'-t_1'$ 可以由 Σ 系内同样这两个事件的参数 (x_1,t_1) 和 (x_2,t_2) 给出（为了简单起见，我们令两个事件在 Σ 系的 x 轴上，并且不写出 y 和 z）

$$\Delta t'=t_2'-t_1'=\frac{1}{\sqrt{1-(v^2/c^2)}}\left[(t_2-t_1)+(x_1-x_2)\frac{v}{c^2}\right] \tag{6.32}$$

如果 1 事件是因，2 事件为果，则有 $t_2-t_1>0$，且 $t_2'-t_1'>0$，由上式知应有条件

$$u\equiv\frac{|x_2-x_1|}{|t_2-t_1|}<\frac{c^2}{v} \tag{6.33}$$

u 是 1 事件和 2 事件的联系速度，上式有 $uv<c^2$，固定于相对运动参照系上的物体同样可以传递联系，u 和 v 地位相等，所以有

$$u<c,v<c \tag{6.34}$$

我们知道，真空中光速是物质运动的最大速度，所以这就保证了因果律的要求。

若两事件间隔类空，即 $\Delta S^2>0$ 可得

$$\Delta S^2=(x_2-x_1)^2-c^2(t_2-t_1)^2>0$$

即

$$|t_2-t_1|<\frac{1}{c}|x_2-x_1| \tag{6.35}$$

若 $t_2>t_1$，Σ' 相对 Σ 的速度 v 总能大到使得

$$|t_2-t_1|<\frac{v}{c^2}|x_2-x_1| \tag{6.36}$$

且 $v<c$，这样由式可得 $t'_2<t'_1$。这意味着类空事件的先后是相对的。类空事件间不可联系，所以没有因果关系，自然也不需要确定先后顺序。

三、运动时钟延缓

现在来讨论：在不同的惯性系中观察同一物质运动过程所经历的时间。设系中有一静止的时钟，Σ' 系内同一地点发生事件 $1(x'_1,t'_1)$，和事件 $2(x'_2,t'_2)$，他们的时间间隔为 $\Delta t'=t'_2-t'_1$，由洛仑兹变换，Σ 系内同样两个事件的时间间隔为

$$\Delta t=t_2-t_1=\frac{\Delta t'}{\sqrt{1-\frac{v^2}{c^2}}} \tag{6.37}$$

这表明，在不同的惯性系中，同样两个事件的时间间隔是不同的，在某一惯性系中为同地的两事件在该系的时间间隔为最短。随着物体一起运动的时钟所指示的时间，称为该物体的固有时，或原时、本征时，用 $\Delta\tau$ 表示，

$$\Delta\tau=\frac{\Delta t'}{\sqrt{1-\frac{v^2}{c^2}}} \tag{6.38}$$

可见，$\Delta\tau<\Delta t$，把相对论的这一运动学效应称为运动的时钟延缓。在日常生活中，$v\ll c$，$\Delta\tau\approx\Delta t$。只有在 $v\sim c$ 时，延缓效应才变得十分明显。还应该指出，由于两个惯性系是等价的，任何一个惯性系中的观察者按其各自的时间标准，都认为另一惯性系中的时钟比自己走得慢。时钟延缓是由时间、空间的基本性质决定的，而与时钟的具体结构和过程的具体机制无关。这一效应已被粒子物理中的大量实验所证实。

四、运动长度缩短

相对于物体固定的参考系测得的物体长度为物体的固有长度，用 l_0 表示。如图 6-4-2 所示，若物体沿 x 方向放置，并与 Σ' 系粘着，则在 Σ' 系中测得它的长度为 $l_0=x_2'-x_1'$，在 Σ 系测同一物体的长度，要求必须同时测它的两端的坐标 x_1, x_2。可得其长度为 $l=x_2-x_1$，由洛仑兹变换得

$$x_2'-x'=\frac{x_2-x_1}{\sqrt{1-\frac{v^2}{c^2}}} \tag{6.39}$$

即

$$l=l_0\sqrt{1-\frac{v^2}{c^2}} \tag{6.40}$$

运动物体的长度缩短了。物体的长度在不同的惯性系中测量的结果是不同的，即空间距离是相对的。相对论的这一运动学效应称为洛仑兹收缩。

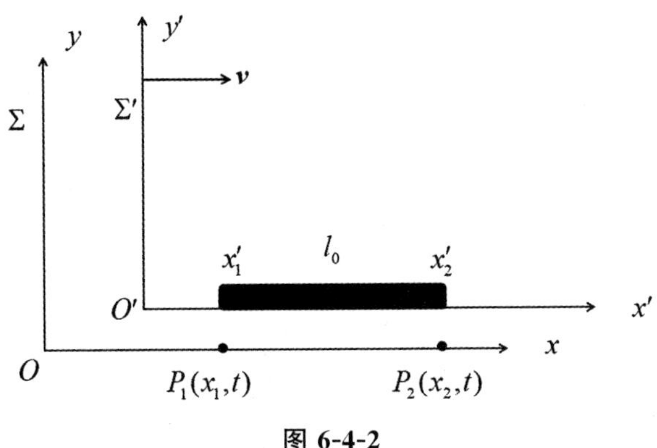

图 6-4-2

必须指出，物体只在运动方向上发生收缩，与运动方向垂直的方向上不发生收缩。

物体长度与惯性系的选择有关，这一事实说明在不同的惯性系之间不可能有统一的长度标准。洛仑兹收缩为一切运动物体所具有，是时空的客观性质所决定的，说明空间是相对的。根据洛仑兹收缩效应，运动

物体的体积也是一个相对的量，即有

$$V=V_0\sqrt{1-\frac{v^2}{c^2}} \tag{6.41}$$

其中，V_0 称为固有体积。可以预料，与体积有关的物理量也是相对的，例如电荷密度、质量密度等。

第五节　四维形式

在相对论中时间和空间不可分割，当参考系改变时，时空坐标互相变换，三维空间和一维时间构成一个统一体，即四维时空。因此有必要在四维时空的框架下建立相对论的四维形式。四维时空理论可用简洁的四维形式表述出来，利用这种形式可以很清楚地显示出一些物理量之间的内在联系，并且可以把相对性原理用非常明显的形式表达出来。

先对三维空间的转动性质作简要回顾，我们将三维空间坐标写为更统一的形式

$$(x_1,x_2,x_3)=(x,y,z)$$

三维空间坐标系转动下，坐标作如下线性变换

$$\begin{bmatrix} x_1' \\ x_2' \\ x_3' \end{bmatrix}=\begin{bmatrix} \alpha_{11} & \alpha_{12} & \alpha_{13} \\ \alpha_{21} & \alpha_{22} & \alpha_{23} \\ \alpha_{31} & \alpha_{32} & \alpha_{33} \end{bmatrix}\begin{bmatrix} x_1 \\ x_2 \\ x_3 \end{bmatrix} \tag{6.42}$$

变换系数 a_{ij} 依赖于转动轴和转动角，变换式也可简写为

$$x_i'=\sum_{j=1}^{3}a_{ij}x_j \quad (i=1,2,3) \tag{6.43}$$

利用爱因斯坦惯例，上式可写为简洁的形式(去掉求和号，相同角标意味着求和)

$$x_i'=\alpha_{ij}x_j \quad (i,j=1,2,3) \tag{6.44}$$

由于坐标系转动是两点之间的空间距离保持不变，故有

$$x_i'x_i'=x_ix_i=\text{不变量} \tag{6.45}$$

满足上式的坐标变换称为线性正交变换(保长变换)。

由上两式可以得到正交变换条件

$$a_{ij}x_ja_{ik}x_k=x_ix_i$$

$$\Rightarrow a_{ij}a_{ik}=\delta_{jk} \tag{6.46}$$

其中 δ_{jk} 被称为利用克罗内克符号

$$\delta_{ij}=\begin{cases}1,(i=j)\\0,(i\neq j)\end{cases} \tag{6.47}$$

将三维空间的线性正交变换推广到四维情况。我们把 x,y,z,t 看作四维空间的四个坐标。通常把第四个坐标写成 ict。这样，一个事件就可以用 (x,y,z,ict) 表示。在狭义相对论中，通常取

$$x_1=x,x_2=y,x_3=z,x_4=ict \tag{6.48}$$

这四个坐标构成一个四维空间。四维空间的每一个“点”都表示一个事件。构成过程的一连串事件可以用这个四维空间中的“曲线”来描述。四维空间的间隔不变式是

$$S^2=x^2+y^2+z^2-c^2t^2=x^2+y^2+z^2+(ict)^2=\text{不变量} \tag{6.49}$$

即

$$x'_\mu x'_\mu=x_\mu x_\mu=\text{不变量}\ \mu=1,2,3,4 \tag{6.50}$$

一般约定：用拉丁字母 $i,j,\cdots$ 等表示三维空间的指标 1,2,3，用希腊字母 $\mu,\nu,\cdots$ 等表示四维空间的指标 1,2,3,4。

现在可以把洛伦兹变换写成四维的矩阵方程形式

$$\begin{bmatrix}x'_1\\x'_2\\x'_3\\x'_4\end{bmatrix}=\begin{bmatrix}\gamma & 0 & 0 & \mathrm{i}\beta\gamma\\0 & 1 & 0 & 0\\0 & 0 & 1 & 0\\-\mathrm{i}\beta\gamma & 0 & 0 & \gamma\end{bmatrix}\begin{bmatrix}x_1\\x_2\\x_3\\x_4\end{bmatrix} \tag{6.51}$$

其中，$\beta=\dfrac{v}{c}$。上式也可以表示为

$$x'_\mu=\alpha_{\mu\nu}x_\nu \tag{6.52}$$

式中，$\alpha_{\mu\nu}$ 为洛伦兹变换系数，$[\alpha_{\mu\nu}]$ 为洛伦兹变换矩阵。正交变换条件则推广为

$$\alpha_{\mu\nu}\alpha_{\lambda\nu}=\delta_{\mu\lambda} \tag{6.53}$$

洛伦兹变换的逆变换可表示为

$$x_\mu=\alpha_{\nu\mu}x'_\nu=\alpha_{\mu\nu}^{-1}x'_\nu \tag{6.54}$$

其中，$\alpha_{\nu\mu}$ 为逆变换系数。由于洛伦兹变换为正交变换，洛伦兹变换矩阵 $[\alpha_{\mu\nu}]$ 和其逆变换矩阵 $[\alpha_{\nu\mu}]$ 的关系为

$$[\alpha_{\nu\mu}]=[\alpha_{\mu\nu}]^{-1}=[\alpha_{\mu\nu}]^{T} \tag{6.55}$$

逆变换矩阵为变换矩阵的转秩。

一、四维张量

时空是四维的,定义在四维空间的物理量可以分类。

(一)四维标量

若一个物理量用一个纯数表示,其值在洛伦兹变换下保持不变,则称此物理量为四维标量或不变量。即

$$\varphi'(x_1',x_2',x_3',x_4')=\varphi'(x_1,x_2,x_3,x_4) \tag{6.56}$$

如间隔 dS^2 为基本不变量,又如

$$d\tau^2=-\frac{dS^2}{c^2} \tag{6.57}$$

由于 dS^2 和 c 都是不变量,因此固有时也是不变量。

(二)四维矢量

若一个物理量 V 有 4 个分量 V_μ,惯性系之间变换时,遵循洛伦兹变换

$$V_\mu'=\alpha_{\mu\nu}V_\nu \tag{6.58}$$

这四个分量的集合就构成一个四维矢量。在某一惯性系中的四维矢量 V_μ 可表示为

$$V_\mu=(V_i,V_4) \tag{6.59}$$

其中 V_i 称为它的空间分量,V_4 称为时间分量。在洛伦兹变换之下,四维矢量 V_μ 的四个分量与四维时空的变换规律相同,即

$$\begin{bmatrix} V_1' \\ V_2' \\ V_3' \\ V_4' \end{bmatrix}=\begin{bmatrix} \gamma & 0 & 0 & i\beta\gamma \\ 0 & 1 & 0 & 0 \\ 0 & 0 & 1 & 0 \\ -i\beta\gamma & 0 & 0 & \gamma \end{bmatrix}\begin{bmatrix} V_1 \\ V_2 \\ V_3 \\ V_4 \end{bmatrix} \tag{6.60}$$

四维位置矢量定义为

$$x_\mu=(x,y,z,ict)=(\boldsymbol{r},ict) \tag{6.61}$$

四维位置矢量的微分可写为

$$dx_\mu=(dx,dy,dz,ic\,dt)=(d\boldsymbol{r},ic\,dt) \tag{6.62}$$

由 dx_μ 和固有时 $d\tau$ 可定义四维速度矢量

$$U_\mu=\frac{dx_\mu}{d\tau}=\left(\frac{d\boldsymbol{r}}{d\tau},ic\,\frac{dt}{d\tau}\right)=(\gamma u_i,ic\gamma) \tag{6.63}$$

四维速度的三个空间分量与三维速度 $\boldsymbol{u}=\frac{d\boldsymbol{r}}{dt}$ 的三个分量 u_i 相差一个系数 γ；四维速度的时间分量与光速联系。

(三)四维二阶张量

若一物理量有 16 个分量，在洛伦兹变换下的变换关系是

$$T'_{\mu\nu}=\alpha_{\mu\lambda}\alpha_{\nu\tau}T_{\lambda\tau} \tag{6.64}$$

若 $T_{\mu\nu}=T_{\nu\mu}$，则称此张量为对称张量，它有 10 个独立分量；若 $T_{\mu\nu}=-T_{\nu\mu}$，则称此张量为反对称张量，其对角项都为 0。反对称张量有 6 个独立分量。张量的对称性是其固有性质，与惯性系的选择无关。

当然会有更高阶四维张量，这里不再介绍。

二、四维矢量微分算符

微分算符

$$\frac{\partial}{\partial x_\mu}=\left(\frac{\partial}{\partial x_1},\frac{\partial}{\partial x_2},\frac{\partial}{\partial x_3},\frac{\partial}{\partial x_4}\right) \tag{6.65}$$

构成一个四维矢量。它的变换符合四维矢量的变换规律

$$\frac{\partial}{\partial x'_\mu}=\frac{\partial x_\nu}{\partial x'_\mu}\frac{\partial}{\partial x_\nu}=\alpha_{\mu\nu}\frac{\partial}{\partial x_\nu} \tag{6.66}$$

将其称为四维矢量微分算符。以下给出四维空间中梯度、散度和旋度的定义。

标量 φ 的四维梯度为一四维矢量

$$(\mathrm{grad}\ \varphi)_\mu=\frac{\partial\varphi}{\partial x_\mu} \tag{6.67}$$

四维矢量 A_μ 的散度为一标量

$$(\mathrm{div}\ A_\mu)=\frac{\partial A_\mu}{\partial x_\mu} \tag{6.68}$$

四维矢量的四维旋度为一个二阶反对称张量

$$(\mathrm{rot}\ A_{\mu})_{\nu}=\frac{\partial A_{\nu}}{\partial x_{\mu}}-\frac{\partial A_{\mu}}{\partial x_{\nu}} \tag{6.69}$$

此外,定义一个四维标量算符

$$\Diamond\equiv\frac{\partial}{\partial x_{\mu}}\frac{\partial}{\partial x_{\mu}}=\nabla^{2}-\frac{1}{c^{2}}\frac{\partial^{2}}{\partial t^{2}} \tag{6.70}$$

称为达朗贝尔算符。(我们这里使用$\Diamond$,有的书上采用$\Box^{2}$。)

三、物理规律的协变性

按照狭义相对论的相对性原理,物理定律在一切惯性系中应具有相同的形式,即在洛伦兹变换下物理方程的形式具有不变性。物理方程的这种在参考系变换下方程形式不变的性质称为协变性。相对性原理要求一切惯性参考系都是等价的。

一个物理方程是由某些相关的物理量构成的,而这些物理量在闵可夫斯基空间中可分别用各阶张量表示,在洛伦兹变换下有其各自确定的变换规律。构成一个物理方程中的各项必定是同阶张量,因此,各项在洛伦兹变换下有相同的变换关系,这就保证了物理方程的协变性。例如,Σ系中一物理方程表示为两个四维矢量相等 $F_{\mu}=G_{\mu}$,当 $\Sigma\rightarrow\Sigma'$ 系变换时,有

$$F'_{\mu}=a_{\mu\nu}F_{\nu}=a_{\mu\nu}G_{\nu}=G'_{\mu} \tag{6.71}$$

如果是两个二阶张量相等,$F_{\mu\nu}=G_{\mu\nu}$,当 $\Sigma\rightarrow\Sigma'$ 系变换时,有

$$\begin{aligned}&F_{\mu\nu}=G_{\mu\nu}\\ \Rightarrow &F'_{\mu\nu}=a_{\mu\lambda}a_{\nu\tau}F_{\lambda\tau}=a_{\mu\lambda}a_{\nu\tau}G_{\lambda\tau}=G'_{\mu\nu}\\ \Rightarrow &F'_{\mu\nu}=G'_{\mu\nu}\end{aligned} \tag{6.72}$$

在 Σ'系中这个方程仍保持相同形式 $F'_{\mu}=G'_{\mu}$。只要能够将物理方程表示为四维协变的张量方程,这个方程一定在洛伦兹变换下保持不变,即满足相对性原理,从而在任何惯性系中都成立。

第六节　电动力学的四维协变形式

相对性原理要求一切惯性参考系都是等价的。在不同惯性系中,物理规律应该可以表示为相同形式。如果表示物理规律的方程是协变

的话，它就满足相对性原理的要求。因此，用四维形式可以很方便地把相对性原理的要求表达出来。只要我们知道某方程中各物理量的变换性质，就可以看出它是否具有协变性。

电动力学基本规律在所有惯性系中都成立，并满足相对性原理。本节首先讨论电动力学中的四维协变量，然后将宏观电磁现象的普遍规律表示成为四维协变形式。

一、四维电流密度矢量和连续性方程的协变形式

电荷守恒定律可表示为连续性方程

$$\nabla\cdot\boldsymbol{J}+\frac{\partial\rho}{\partial t}=0 \tag{6.73}$$

上式可改写成

$$\frac{\partial J_1}{\partial x_1}+\frac{\partial J_2}{\partial x_2}+\frac{\partial J_3}{\partial x_3}+\frac{\partial(ic\rho)}{\partial x_4}=0 \tag{6.74}$$

引入四维电流密度矢量

$$J_\mu=(\boldsymbol{J},ic\rho) \tag{6.75}$$

连续性方程就可表示为

$$\frac{\partial J_\mu}{\partial x_\mu}=0 \tag{6.76}$$

J_μ 的空间分量为三维电流密度矢量 $\boldsymbol{J}$，其时间分量与电荷密度 ρ 相联系。$\boldsymbol{J}$ 和 ρ 构成了一个统一体——四维电流密度矢量，显示出这两物理量的统一性，这是由相对论时空统一性所决定的。这反映了 $\boldsymbol{J}$ 和 ρ 的内在联系，他们是统一物理量 J_μ 的不同分量，当参考系变换时，它们有确定的变换关系。

我们知道三维电流密度与三维速度有关系，即 $\boldsymbol{J}=\rho\boldsymbol{u}$ 。据此可以得到四维电流和四维速度矢量的关系为

$$\begin{aligned}J_\mu&=(\boldsymbol{J},ic\rho)\\&=(\rho\boldsymbol{u},ic\rho)\\&=\frac{\rho}{\gamma}(\gamma\boldsymbol{u},ic\gamma)\\&=\rho_0U_\mu\end{aligned} \tag{6.77}$$

其中，ρ_0 为静止电荷密度，即固有电荷密度。由于电荷 $\mathrm{d}Q=\rho\mathrm{d}V$ 为不

变量，而体积元 dV 为相对量，容易求得

$$\rho=\frac{\rho_0}{\sqrt{1-\beta^2}}=\gamma\rho_0 \tag{6.78}$$

因此，电荷密度为一相对量。四维电流密度矢量在洛伦兹变换下，按照四维矢量变换规律变换。

二、四维势和达朗贝尔方程的协变形式

电磁场的矢势 $\boldsymbol{A}$ 和标势 φ 满足达朗贝尔方程和洛伦兹条件

$$\left(\nabla^2-\frac{1}{c^2}\frac{\partial^2}{\partial t^2}\right)\boldsymbol{A}=-\mu_0\boldsymbol{J}$$

$$\left(\nabla^2-\frac{1}{c^2}\frac{\partial^2}{\partial t^2}\right)\varphi=-\frac{\rho}{\varepsilon_0}$$

$$\nabla\cdot\boldsymbol{A}+\frac{1}{c^2}\frac{\partial\varphi}{\partial t}=0 \tag{6.79}$$

利用前面定义的达朗贝尔算符，可以重写为

$$\Diamond A_i=-\mu_0 J_i$$

$$\Diamond\left(\frac{i}{c}\varphi\right)=-\mu_0(ic\rho)=-\mu_0 J_4$$

$$\frac{\partial A_i}{\partial x_i}+\frac{\partial\left(\frac{i}{c}\varphi\right)}{\partial x_4}=0 \tag{6.80}$$

若引入四维势矢量

$$A_\mu=\left(A_x,A_y,A_z,\frac{i}{c}\varphi\right)=\left(\boldsymbol{A},\frac{i}{c}\varphi\right) \tag{6.81}$$

即可得到达朗贝尔方程洛伦兹条件的四维协变形式

$$\Diamond A_\mu=-\mu_0 J_\mu$$

$$\frac{\partial A_\mu}{\partial x_\mu}=0 \tag{6.82}$$

根据以上的讨论可知，三维矢势 $\boldsymbol{A}$ 和标势 φ 在相对论中构成了统一的四维势矢量 A_μ。在洛伦兹变换下，A_μ 按四维矢量的变换规律进行变换，即

$$A_1'=\frac{A_1+i\beta A_4}{\sqrt{1-\beta^2}}$$

$$A_2' = A_2$$

$$A_3' = A_3$$

$$A_4' = \frac{A_4 - i\beta A_1}{\sqrt{1-\beta^2}} \tag{6.83}$$

或者写成

$$A_\mu' = a_{\mu\nu} A_\nu \tag{6.84}$$

三、电磁场张量和麦克斯韦方程组的协变形式

考虑电磁场量和势的关系

$$\boldsymbol{B} = \nabla \times \boldsymbol{A}$$

$$\boldsymbol{E} = -\nabla \varphi - \frac{\partial \boldsymbol{A}}{\partial t} \tag{6.85}$$

采用四维记号,则他们的分量方程可写成

$$\left.\begin{aligned} B_1 &= \frac{\partial A_3}{\partial x_2} - \frac{\partial A_2}{\partial x_3} \\ B_2 &= \frac{\partial A_1}{\partial x_3} - \frac{\partial A_3}{\partial x_1} \\ B_3 &= \frac{\partial A_2}{\partial x_1} - \frac{\partial A_1}{\partial x_2} \end{aligned}\right\} \Rightarrow B_i = \frac{\partial A_k}{\partial x_j} - \frac{\partial A_j}{\partial x_k} \tag{6.86}$$

$$\left.\begin{aligned} \frac{i}{c} E_1 &= \frac{\partial A_1}{\partial x_4} - \frac{\partial A_4}{\partial x_1} \\ \frac{i}{c} E_2 &= \frac{\partial A_2}{\partial x_4} - \frac{\partial A_4}{\partial x_2} \\ \frac{i}{c} E_3 &= \frac{\partial A_3}{\partial x_4} - \frac{\partial A_4}{\partial x_3} \end{aligned}\right\} \Rightarrow \frac{i}{c} E_i = \frac{\partial A_i}{\partial x_4} - \frac{\partial A_4}{\partial x_i} \tag{6.87}$$

引入四维二阶反对称张量

$$F_{\mu\nu} = \frac{\partial A_\nu}{\partial x_\mu} - \frac{\partial A_\mu}{\partial x_\nu} \tag{6.88}$$

称为电磁场张量。$F_{\mu\nu}$ 满足张量的变换关系,可以看出

$$\boldsymbol{B} = (F_{23}, F_{31}, F_{12})$$

$$\frac{i}{c} \boldsymbol{E} = (F_{41}, F_{42}, F_{43}) \tag{6.89}$$

根据 $F_{\mu\nu}$ 的反对称性，可将其 16 个分量全部确定出来，写成矩阵形式为

$$(F_{\mu\nu})=\begin{bmatrix} 0 & B_3 & -B_2 & -\frac{i}{c}E_1 \\ -B_3 & 0 & B_1 & -\frac{i}{c}E_2 \\ B_2 & -B_1 & 0 & -\frac{i}{c}E_3 \\ \frac{i}{c}E_1 & \frac{i}{c}E_2 & \frac{i}{c}E_3 & 0 \end{bmatrix} \tag{6.90}$$

$\boldsymbol{E}$ 和 $\boldsymbol{B}$ 在相对论时空中统一为一个整体——电磁场张量 $F_{\mu\nu}$，这反映了电磁场的统一性。$\boldsymbol{B}$ 是 $F_{\mu\nu}$ 的空间分量；$\boldsymbol{E}$ 是 $F_{\mu\nu}$ 的时间—空间混合分量，$F_{\mu\nu}$ 完全确定电磁场。

利用电磁场张量，可将麦克斯韦方程组写成四维协变形式。考虑 $\frac{\partial F_{\mu\nu}}{\partial x_\nu}$，

$$\begin{aligned}\frac{\partial F_{\mu\nu}}{\partial x_\nu}&=\frac{\partial}{\partial x_\nu}\left(\frac{\partial A_\nu}{\partial x_\mu}-\frac{\partial A_\mu}{\partial x_\nu}\right)\\&=\frac{\partial}{\partial x_\mu}\frac{\partial A_\nu}{\partial x_\nu}-\frac{\partial^2 A_\mu}{\partial x_\nu^2}\\&=-\Diamond A_\mu\\&=\mu_0 J_\mu\end{aligned}$$

得到的结果是

$$\frac{\partial F_{\mu\nu}}{\partial x_\nu}=\mu_0 J_\mu \tag{6.91}$$

此方程的空间部分($\mu=i$)和时间部分($\mu=4$)分别给出

$$\nabla\times\boldsymbol{B}=\mu_0\varepsilon_0\frac{\partial \boldsymbol{E}}{\partial t}+\mu_0\boldsymbol{J}$$

$$\nabla\cdot\boldsymbol{E}=\frac{\rho}{\varepsilon_0} \tag{6.92}$$

这时麦克斯韦方程组的两个方程，这两个方程通常称为第一对麦克斯韦方程。

根据 $F_{\mu\nu}$ 的定义，可直接证明 $\frac{\partial F_{\mu\nu}}{\partial x_\lambda}$ 的三个指标循环轮换相加得到方程

$$\frac{\partial F_{\mu\nu}}{\partial x_\lambda}+\frac{\partial F_{\nu\lambda}}{\partial x_\mu}+\frac{\partial F_{\lambda\mu}}{\partial x_\nu}$$
$$=\frac{\partial}{\partial x_\lambda}\left(\frac{\partial A_\nu}{\partial x_\mu}-\frac{\partial A_\mu}{\partial x_\nu}\right)+\frac{\partial}{\partial x_\mu}\left(\frac{\partial A_\lambda}{\partial x_\nu}-\frac{\partial A_\nu}{\partial x_\lambda}\right)+\frac{\partial}{\partial x_\nu}\left(\frac{\partial A_\mu}{\partial x_\lambda}-\frac{\partial A_\lambda}{\partial x_\mu}\right)$$
$$=0 \tag{6.93}$$

这是一个三阶完全反对称张量方程，它有 64 个分量方程。去掉其中的零恒等式（三个指标中，任意二个相等，则为恒等式），只剩下 $\mu\neq\nu\neq\lambda$ 的 24 个有意义的方程。再考虑到 μ、ν、λ 的一些排列代表同一个方程，这种情况有 20 个。只有 4 个独立方程。当 $(\mu,\nu,\lambda)=(1,2,3)$，以及 (μ,ν,λ) 分别等于 $(2,3,4)$、$(3,4,1)$ 和 $(4,1,2)$ 时，正好是麦克斯韦方程组中另外一对方程

$$\nabla\cdot\boldsymbol{B}=0$$
$$\nabla\times\boldsymbol{E}=-\frac{\partial\boldsymbol{B}}{\partial t} \tag{6.94}$$

这两个方程通常称为第二对麦克斯韦方程。式(6.93)式(6.91)就是麦克斯韦方程组的四维协变形式。他们在任何惯性系中都成立。

四、四维洛伦兹力

洛伦兹力密度的三维形式是

$$\boldsymbol{f}=\rho\boldsymbol{E}+\rho\boldsymbol{u}\times\boldsymbol{B}$$

利用电磁场张量，可将上式改写成

$$f_1=0+F_{12}J_2+F_{13}J_3+F_{14}J_4=F_{1\nu}J_\nu$$
$$f_2=F_{21}J_1+0+F_{23}J_3+F_{24}J_4=F_{2\nu}J_\nu$$
$$f_3=F_{31}J_1+F_{32}J_2+0+F_{34}J_4=F_{3\nu}J_\nu \tag{6.95}$$

将三维的洛伦兹力密度 $\boldsymbol{f}$ 推广为四维矢量 f_μ，从形式上可知

$$f_\mu=F_{\mu\nu}J_\nu=\rho_0F_{\mu\nu}U_\nu \tag{6.96}$$

$\mu=4$ 对应时间分量：

$$f_4=F_{4\nu}J_\nu=\frac{\mathrm{i}}{c}\boldsymbol{f}\cdot\boldsymbol{u} \tag{6.97}$$

这样力 $\boldsymbol{f}$ 和功率 $\boldsymbol{f}\cdot\boldsymbol{u}$ 一起构造成四维洛伦兹力密度矢量

$$f_\mu=\left(\boldsymbol{f},\frac{\mathrm{i}}{c}\boldsymbol{f}\cdot\boldsymbol{u}\right) \tag{6.98}$$

f_μ 满足四维矢量的变换关系。由四维洛伦兹力密度矢量 f_μ 可以

进一步定义四维洛伦兹力矢量

$$K_\mu = \int f_\mu \mathrm{d}V_0 = \int \gamma\, f_\mu \mathrm{d}V \tag{6.99}$$

其中,$\mathrm{d}V_0$ 是相对电荷静止的参考系中的固有体积元(不变量)。由 $\boldsymbol{F} = \int \boldsymbol{f}\mathrm{d}V$ 可以得到

$$K_\mu = qF_{\mu\nu}U_\nu = \gamma\left(\boldsymbol{F}, \frac{\mathrm{i}}{c}\boldsymbol{F}\cdot\boldsymbol{u}\right) \tag{6.100}$$

它的空间分量为

$$\boldsymbol{K} = \gamma\boldsymbol{F} = \gamma q(\boldsymbol{E} + \boldsymbol{u}\times\boldsymbol{B}) \tag{6.101}$$

第七节　电磁场的变换关系

电磁场完全由电磁场张量 $F_{\mu\nu}$ 来描述,在洛伦兹变换下其变换关系为

$$F'_{\mu\nu} = a_{\mu\lambda}a_{\nu\tau}F_{\lambda\tau} = a_{\mu\lambda}F_{\lambda\tau}\tilde{a}_{\tau\nu}$$

$$= \begin{bmatrix} \gamma & 0 & 0 & \mathrm{i}\beta\gamma \\ 0 & 1 & 0 & 0 \\ 0 & 0 & 1 & 0 \\ -\mathrm{i}\beta\gamma & 0 & 0 & \gamma \end{bmatrix} \begin{bmatrix} 0 & B_3 & -B_2 & -\dfrac{\mathrm{i}E_1}{c} \\ -B_3 & 0 & B_1 & -\dfrac{\mathrm{i}E_2}{c} \\ B_2 & -B_1 & 0 & \dfrac{-\mathrm{i}E_3}{c} \\ \dfrac{\mathrm{i}E_1}{c} & \dfrac{\mathrm{i}E_2}{c} & \dfrac{\mathrm{i}E_3}{c} & 0 \end{bmatrix} \begin{bmatrix} \gamma & 0 & 0 & -\mathrm{i}\beta\gamma \\ 0 & 1 & 0 & 0 \\ 0 & 0 & 1 & 0 \\ \mathrm{i}\beta\gamma & 0 & 0 & \gamma \end{bmatrix}$$

$$= \begin{bmatrix} 0 & \gamma\left(B_3 - \beta\dfrac{E_2}{c}\right) & -\gamma\left(B_2 + \beta\dfrac{E_3}{c}\right) & -\dfrac{\mathrm{i}E_1}{c} \\ -\gamma\left(B_3 - \beta\dfrac{E_2}{c}\right) & 0 & B_1 & \dfrac{-\mathrm{i}\gamma(E_2 - c\beta B_3)}{c} \\ \gamma\left(B_2 + \beta\dfrac{E_3}{c}\right) & -B_1 & 0 & \dfrac{-\mathrm{i}\gamma(E_3 + c\beta B_2)}{c} \\ \dfrac{\mathrm{i}E_1}{c} & \dfrac{\mathrm{i}\gamma(E_2 - c\beta B_3)}{c} & \dfrac{\mathrm{i}\gamma(E_3 + c\beta B_2)}{c} & 0 \end{bmatrix} \tag{6.102}$$

由此可以得到电磁场的变换关系

$$
\begin{aligned}
E_1' &= E_1 & B_1' &= B_1 \\
E_2' &= \gamma(E_2 - vB_3) & B_2' &= \gamma\left(B_2 + \frac{v}{c^2}E_3\right) \\
E_3' &= \gamma(E_3 + vB_2) & B_3' &= \gamma\left(B_3 - \frac{v}{c^2}E_2\right)
\end{aligned}
\tag{6.103}
$$

将上式中的 v 改成 $-v$，带撇与不带撇的场量互换，可以得到上式的逆变换。

$\boldsymbol{E}$ 构成电磁场张量，反映了电磁场的统一性，电磁场量的变换关系则反映了电磁场的相对性。当坐标系变换时，不是各自独立地，而是混合地变换。在一惯性系中纯粹是电场或磁场在另一惯性系中必定是电场和磁场的混合，不可能将某一惯性系中纯粹的静电场变换到另一惯性系中纯粹的静磁场。矢势和标势统一为四维矢量以及电场和磁场统一为四维张量，反映出电磁场的统一性和相对性。电场和磁场是一种物质的两个方面，在给定参考系中，电场和磁场表现出不同性质，但是当参考系变换时，他们可以互相转换。

当 $v \ll c$ ，从变换式可以得到非相对论电磁场变换式

$$
\begin{aligned}
\boldsymbol{E}' &= \boldsymbol{E} + \boldsymbol{v} \times \boldsymbol{B} \\
\boldsymbol{B}' &= \boldsymbol{B} - \frac{\boldsymbol{v} \times \boldsymbol{E}}{c^2}
\end{aligned}
\tag{6.104}
$$

现在我们再回到本章开始时的匀速运动带电粒子的电磁场情况。选取 Σ' 系与带电粒子 e 固结，则该粒子相对于 Σ' 系是静止的，Σ' 系中只有静电场而无磁场，观测结果为

$$
\boldsymbol{E}' = \frac{e\boldsymbol{x}'}{4\pi\varepsilon_0 r'^3}, \boldsymbol{B}' = 0 \tag{6.105}
$$

设 Σ 系为实验室参考系，Σ' 系随带电粒子 e 相对于 Σ 系沿 x 轴方向以速度 v 运动，则由电磁场的变换关系式的逆变换可以得到 Σ 系中的电磁场为

$$
\begin{aligned}
E_x &= \frac{ex'}{4\pi\varepsilon_0 r'^3} & B_x &= 0 \\
E_y &= \gamma \frac{ey'}{4\pi\varepsilon_0 r'^3} & B_y &= -\gamma \frac{v}{c^2}\frac{ez'}{4\pi\varepsilon_0 r'^3} \\
E_z &= \gamma \frac{ez'}{4\pi\varepsilon_0 r'^3} & B_z &= -\gamma \frac{v}{c^2}\frac{ey'}{4\pi\varepsilon_0 r'^3}
\end{aligned}
\tag{6.106}
$$

设在 $t=0$ 时，Σ 系的原点 O 与 Σ' 的原点 O' 重合。O 点与 O' 点到场点的距离分别为 r 和 r'，且在同一时刻观察各点上的场值。把上式用 Σ 系的距离表示出，将上式中的带撇量换成 Σ 系中不带撇的量，根据洛仑兹变换有

$$x'=\gamma x, y'=y, z'=z \tag{6.107}$$

故有

$$\begin{aligned} r' &= [x'^2+y'^2+z'^2]^{\frac{1}{2}} \\ &= \gamma[x^2+(1-\beta^2)(y^2+z^2)]^{\frac{1}{2}} \\ &= \gamma[(1-\beta^2)r^2+\beta^2 x^2]^{\frac{1}{2}} \\ &= \gamma\left[(1-\beta^2)r^2+\left(\frac{\boldsymbol{v}\cdot\boldsymbol{x}}{c}\right)^2\right]^{\frac{1}{2}} \end{aligned} \tag{6.108}$$

由此可得 Σ 系的电磁场为

$$\begin{aligned} \boldsymbol{E} &= (1-\beta^2)\frac{e\boldsymbol{x}}{4\pi\varepsilon_0\left[(1-\beta^2)r^2+\left(\frac{\boldsymbol{v}\cdot\boldsymbol{x}}{c}\right)^2\right]^{\frac{3}{2}}} \\ &= (1-\beta^2)\frac{e\boldsymbol{x}}{4\pi\varepsilon_0 r^3[(1-\beta^2\sin^2\theta]^{\frac{3}{2}}} \end{aligned}$$

$$\boldsymbol{B}=\frac{\boldsymbol{v}}{c^2}\times\boldsymbol{E} \tag{6.109}$$

式中，$\boldsymbol{x}=\boldsymbol{r}$，$\theta$ 为 $\boldsymbol{r}$ 与 $\boldsymbol{v}$ 的夹角。讨论：

(1)当 $v\sim c$ 时，场量与 θ 有关，所以场的分布不再是求对称的。在与 $\boldsymbol{v}$ 垂直方向 $\left(\theta=\frac{\pi}{2}\right)$ 上，场最强

$$\begin{aligned} \boldsymbol{E} &= (1-\beta^2)\frac{e\boldsymbol{x}}{4\pi\varepsilon_0 r^3[(1-\beta^2]^{\frac{3}{2}}} \\ &= \gamma\frac{e\boldsymbol{x}}{4\pi\varepsilon_0 r^3}=\gamma\boldsymbol{E}_0\gg\boldsymbol{E}_0 \end{aligned} \tag{6.110}$$

在与 $\boldsymbol{v}$ 平行方向($\theta=0$)上，场最弱

$$\boldsymbol{E}=(1-\beta^2)\frac{e\boldsymbol{x}}{4\pi\varepsilon_0 r^3}=\left(1-\frac{v^2}{c^2}\right)\boldsymbol{E}_0\ll\boldsymbol{E}_0 \tag{6.111}$$

因此，随着速度的增加，场向着垂直于速度方向的平面内集中。

(2)当 $v \ll c$ 时,可略去$\frac{v^2}{c^2}$项,得到

$$\boldsymbol{E}=\frac{\mathrm{e}\boldsymbol{x}}{4\pi\varepsilon_0 r^3}=\boldsymbol{E}_0$$

$$\boldsymbol{B}=\frac{\boldsymbol{v}}{c^2}\times\boldsymbol{E}_0=\frac{\mu_0 \mathrm{e}}{4\pi r^3}\boldsymbol{v}\times\boldsymbol{x} \tag{6.112}$$

这就和我们一开始给出的结果一致了。

一、电磁场的不变量

由电磁场张量可以构成两个基本不变量,其一:

$$\begin{aligned}F_{\mu\nu}^2&=F_{\mu\nu}F_{\mu\nu}\\&=2(F_{23}^2+F_{31}^2+F_{12}^2+F_{41}^2+F_{42}^2+F_{43}^2)\\&=2\left(B^2-\frac{E^2}{c^2}\right)\end{aligned} \tag{6.113}$$

其二:$F_{\mu\nu}$的行列式,

$$|F_{\mu\nu}|=-\frac{1}{c^2}(\boldsymbol{E}\cdot\boldsymbol{B}) \tag{6.114}$$

根据这两个不变量,可得到如下结论:

(1)真空中的平面波$\left(B=\frac{E}{c},\boldsymbol{E}\cdot\boldsymbol{B}=0\right)$,在任何惯性系中都为平面波;

(2)如在一个惯性系中只有电场(或磁场),则在另一惯性系中必定有互相垂直的电场和磁场。

二、四维波矢量和频率变换关系

单色平面波的相位与观察者所在的参考系无关,这一事实可由等相面方程反映出来。对于单色平面波

$$\begin{Bmatrix}\boldsymbol{E}\\\boldsymbol{B}\end{Bmatrix}=\begin{Bmatrix}\boldsymbol{E}_0\\\boldsymbol{B}_0\end{Bmatrix}\exp(\boldsymbol{k}\cdot\boldsymbol{x}-\omega t) \tag{6.115}$$

其相位

$$\boldsymbol{k}\cdot\boldsymbol{x}-\omega t=k_x x+k_y y+k_z z+\left(\frac{\mathrm{i}}{c}\omega\right)(\mathrm{i}ct) \tag{6.116}$$

是一个不变量。采用四维记号表示，则为

$$k_\mu x_\mu=\text{不变量} \tag{6.117}$$

可知

$$k_\mu=(k_x,k_x,k_x,\frac{\mathrm{i}}{c}\omega)=\left(\boldsymbol{k},\frac{\mathrm{i}}{c}\omega\right) \tag{6.118}$$

构成一个四维矢量，称为四维波矢量。其空间分量即为三维波矢量，时间分量则与频率相联系。它在洛仑兹变换下满足四维矢量的变换规律，即

$$k'_\mu=\alpha_{\mu\nu}k_\nu \tag{6.119}$$

即

$$\begin{aligned} k'_x&=\gamma(k_x-\frac{v}{c^2}\omega)\\ k'_y&=k_y\\ k'_z&=k_z\\ \omega'&=\gamma(\omega-vk_x) \end{aligned} \tag{6.120}$$

设 $\boldsymbol{k}$、$\boldsymbol{k}'$ 与 x 轴的夹角分别为 θ、θ'，则有

$$k_x=\frac{\omega}{c}\cos\theta,k'_x=\frac{\omega'}{c}\cos\theta' \tag{6.121}$$

可以解得

$$\begin{aligned} \omega'&=\omega\gamma\left(1-\frac{v}{c}\cos\theta\right)\\ \tan\theta'&=\frac{\sin\theta}{\gamma\left(\cos\theta-\frac{v}{c}\right)} \end{aligned} \tag{6.122}$$

这就是著名的多普勒效应和光行差公式。

若 Σ' 系为与光源相对静止的惯性系，则 $\omega'=\omega_0$，称为光的固有频率。当波源以速度 v 沿 x 轴正向运动时，波的频率变换关系式

$$\omega=\frac{\omega_0}{\gamma\left(1-\frac{v}{c}\cos\theta\right)} \tag{6.123}$$

式中，θ 为波行进方向与波源运动方向的夹角。当 $\theta=\frac{\pi}{2}$时，上式给出横

向多普勒效应的频率变换关系式

$$\omega=\omega_0\sqrt{1-\beta^2} \tag{6.124}$$

经典力学并不能得到这个关系。

第八节 相对论力学

经典力学在伽利略变换下是协变的,但在洛仑兹变换下不再具有协变性。因此它不是一个很准确的理论。相对论带来的时空观的变革,促使我们必须对牛顿形式的力学公式加以修改,使之符合狭义相对论中的相对性原理,这就需要将牛顿力学方程写成四维协变形式。新力学规律必须满足洛伦兹变换,而且在低速情况下能过渡为牛顿方程。为建立相对论的力学方程,需将力学中的有关物理量写成四维协变量。

一、四维速度

前面已经引入四维速度的概念

$$U_\mu=\gamma(\boldsymbol{u},\mathrm{i}c) \tag{6.125}$$

它是一个四维矢量。低速情况下,其空间分量就是三维速度,它是经典力学中相应概念的自然推广。

二、四维动量矢量

利用四维速度矢量可定义四维动量矢量

$$p_\mu=m_0U_\mu=m_0\gamma(\boldsymbol{u},\mathrm{i}c) \tag{6.126}$$

其空间和时间分量为

$$p_i=\frac{m_0u_i}{\sqrt{1-\dfrac{u^2}{c^2}}}$$

$$p_4=\frac{\mathrm{i}}{c}\frac{m_0c^2}{\sqrt{1-\dfrac{u^2}{c^2}}} \tag{6.127}$$

其中，m_0 为具有质量量纲的不变量，称为物体的“静止质量”。m_0c^2 也是不变量，它有能量的量纲，我们称其为物体的“静止能量”，用 W_0 表示。在相对论中，把

$$
p=\frac{m_0 \boldsymbol{u}}{\sqrt{1-\frac{u^2}{c^2}}}
$$

$$
W=\frac{m_0 c^2}{\sqrt{1-\frac{u^2}{c^2}}} \tag{6.128}
$$

分别称为物体的动量和总能量。因此 $p_4=\frac{\mathrm{i}W}{c}$。四维动量可表示为

$$
p_\mu=\left(\boldsymbol{p},\frac{\mathrm{i}}{c}W\right) \tag{6.129}
$$

在经典力学中，动量和能量是量度物质运动的两个平行概念，现在他们在相对论中统一起来了。四维动量自身不变量为

$$
p_\mu^2=m_0^2U_\mu^2=-m_0^2c^2 \tag{6.130}
$$

在洛仑兹变换下，四维动量按四维矢量的变换规律进行变换。

三、四维力和相对论力学方程

经典力学的牛顿方程应该修改为满足相对论协变性要求的方程。如果用固有时量度能量动量变化率，则 $\frac{\mathrm{d}p_\mu}{\mathrm{d}\tau}$ 为一个四维矢量。因此，如果外界对物体的作用可以用一个四维力矢量 K_μ 来描述，则力学基本方程可写为协变形式

$$
K_\mu=\frac{\mathrm{d}p_\mu}{\mathrm{d}\tau} \tag{6.131}
$$

这就是具有四维协变性的相对论动力学方程，其空间分量为

$$
\boldsymbol{K}=\frac{\mathrm{d}}{\mathrm{d}\tau}(\gamma m_0\boldsymbol{u})=\gamma\frac{\mathrm{d}}{\mathrm{d}t}(\gamma m_0\boldsymbol{u}) \tag{6.132}
$$

如果定义力为 $\boldsymbol{F}=\frac{\boldsymbol{K}}{\gamma}$，则上式就成为相对论条件下成立的三维动力学方程 $\boldsymbol{F}=\frac{\mathrm{d}\boldsymbol{p}}{\mathrm{d}t}$不难看出，在低速情况下，它可以过渡到经典的牛顿方程 $\boldsymbol{F}=m_0\frac{\mathrm{d}\boldsymbol{u}}{\mathrm{d}t}$。

把四维动量的自身不变量对原时微分，得

$$p_\mu \frac{\mathrm{d}p_\mu}{\mathrm{d}\tau}=p_\mu K_\mu=0$$

$$\Rightarrow p_4K_4=-(p_1K_1+p_2K_2+p_3K_3) \tag{6.133}$$

可知

$$K_4=\frac{\mathrm{i}}{c}\boldsymbol{K}\cdot\boldsymbol{u}=\frac{\mathrm{i}}{c}\gamma\boldsymbol{F}\cdot\boldsymbol{u} \tag{6.134}$$

因此，可将四维力定义为

$$K_\mu=\left(\boldsymbol{K},\frac{\mathrm{i}}{c}\boldsymbol{K}\cdot\boldsymbol{u}\right)=\gamma\left(\boldsymbol{F},\frac{\mathrm{i}}{c}\boldsymbol{F}\cdot\boldsymbol{u}\right) \tag{6.135}$$

它是经典力学中三维力的自然推广。由于

$$K_4=\frac{\mathrm{d}p_4}{\mathrm{d}\tau} \tag{6.136}$$

得到

$$\boldsymbol{F}\cdot\boldsymbol{u}=\frac{\mathrm{d}}{\mathrm{d}t}\left[\frac{m_0c^2}{\sqrt{1-\frac{u^2}{c^2}}}\right] \tag{6.137}$$

由于对物体所作的功率 $\boldsymbol{F}\cdot\boldsymbol{u}$ 应等于物体总能量的变化率，由此可推出物体的总能量为

$$W=\frac{m_0c^2}{\sqrt{1-\frac{u^2}{c^2}}} \tag{6.138}$$

因此在式(6.128)中我们称其为相对论总能量是合适的。于是式(6.137)可写为

$$\boldsymbol{F}\cdot\boldsymbol{u}=\frac{\mathrm{d}W}{\mathrm{d}t} \tag{6.139}$$

上式便是相对论力学的另一个基本方程。

由四维动量的自身不变量，可得

$$W^2=p^2c^2+m_0^2c^4 \tag{6.140}$$

此式是相对论中的能量—动量关系式。它是核物理和粒子物理中十分重要的基本关系式之一。从上式可知

$$W_0^2\gamma^2=p^2+W_0^2$$

$$\Rightarrow p^2=\frac{1}{c^2}\left[W_0^2(\gamma^2-1)\right]$$

$$\Rightarrow p^2 = \frac{1}{c^2} W_0^2 \gamma^2 \frac{u^2}{c^2}$$

$$= \gamma^2 m_0^2 u^2 \tag{6.141}$$

这和式(6.128)一致。

四、质量与速度关系和动能公式

在相对论中，许多关系式中出现的量 γm_0 用 m 表示

$$m = \frac{m_0}{\sqrt{1 - \frac{u^2}{c^2}}} \tag{6.142}$$

此式通常称为质速关系式。当 $u=0$ 时，$m=m_0$，因此 m_0 称为物体的静止质量；m 称为物体的运动质量或相对论质量。质速关系表明：物体的质量不是常量，它随速度的增大而增大，质量的大小也是相对的。按照牛顿力学，在一个恒力的作用下，物体的速度将直线地增加。这样物体速度就会超过光速。相对论下，在恒力的作用下，物体的速度应单调递增，但必须有界。力等于动量随时间的变化率，在恒力的作用下，动量的变化率一定，但速度的变化率越来越小，只能说明惯性质量在增加，且质量的变化率越来越大。有了相对论质量，式(6.128)中的相对论动量和能量就可以写为

$$\boldsymbol{p} = m\boldsymbol{u}$$

$$W = mc^2 \tag{6.143}$$

在相对论中，力等于动能随时间的变化率

$$\boldsymbol{F} \cdot \boldsymbol{u} = \frac{\mathrm{d}T}{\mathrm{d}t} \tag{6.144}$$

又根据 $\boldsymbol{F} \cdot \boldsymbol{u} = \frac{\mathrm{d}W}{\mathrm{d}t}$ 和 $W=mc^2$，有

$$\frac{\mathrm{d}T}{\mathrm{d}t} = c^2 \frac{\mathrm{d}m}{\mathrm{d}t} \tag{6.145}$$

积分，可得 $T=mc^2+A$，其中 A 为积分常数，考虑到 $u=0$ 时，$m=m_0$，$T=0$，可以确定积分常数为 $A=-m_0c^2$，所以

$$T = mc^2 - m_0c^2 = (\Delta m)c^2 \tag{6.146}$$

此式是物体的动能公式，表明物体的动能与因运动而增加的质量成正

比。容易证明，当 $u \ll c$ 时，物体的动能过渡到经典动能公式

$$T=(m-m_0)c^2=(\gamma-1)m_0c^2=\left(1+\frac{1}{2}\beta^2+\cdots\right)m_0c^2\approx\frac{1}{2}m_0u^2 \tag{6.147}$$

由此可见，物体的总能量可表示为

$$W=T+m_0c^2 \tag{6.148}$$

当物体静止时，$T=0$，物体所具有的能量为

$$W_0=m_0c^2 \tag{6.149}$$

称为物体的静止能量。因此式(6.148)又可写成

$$W=T+W_0 \tag{6.150}$$

在非相对论中，对能量附加一个常量是没有意义的。但是在相对论情形，我们必须进一步研究常数项 m_0c^2 的物理意义。这是因为 m_0c^2 项的出现是相对论协变性要求的结果，删去这项或者用其他常数代替这项都不符合相对论协变性的要求。从物理上看，自然界最基本的定律之一是能量守恒定律，只有当附加项 m_0c^2 可以转化为其他形式的能量时，这一项作为能量的一部分才有物理意义。由此我们可以推论，物体静止时具有能量 m_0c^2，在一定条件下，物体的静止能量可以转化为其他形式的能量。

五、质能关系式

物体的总能量和静能量分别为

$$W=mc^2,W_0=m_0c^2 \tag{6.151}$$

它反映了物体的能量(物体运动的量度)和质量(物体惯性的量度)之间的当量关系，这就是著名的质能关系式。它不仅适用于单个粒子，也同样适用于复合粒子(如原子核)、宏观物体或各种场。质能关系式是狭义相对论最重大的成就之一，在理论和实践上都有重大意义。它深刻揭示了质量和能量之间的对应关系。

复合粒子的质量不等于其组成部分的质量之和，两者之差

$$\Delta M=M_0-\sum_i m_{0i} \tag{6.152}$$

称为质量亏损(一般为负值)，而将相应的

$$\Delta W=(\Delta m)c^2 \tag{6.153}$$

称为结合能。ΔW 的数值越大，复合粒子越稳定。若 $\Delta W>0$，则复合粒子自发衰变。如果在某些过程（如核反应）中，复合粒子由平均结合能较小的状态过渡到平均结合能较大的状态，就会有一部分内能被释放到外界，这就是核能利用的理论依据。

在相对论中，能量和动量守恒定律都满足相对性原理。对于单个粒子，能量守恒和动量守恒在任何惯性系中成立。对于多粒子系统，如果粒子间不存在相互作用，则系统的总能量和总动量也是守恒的，满足相对性原理。如果粒子间存在相互作用，就要考虑到相互作用是通过场来传递的，必须在考虑场的能量和动量之后，对于粒子和场共同组成的体系，总能量和总动量的守恒定律方能成立。如果粒子间的相互作用是瞬间发生在空间一点的“点”事件（如粒子间的碰撞、衰变，光子的散射，电子对的产生和湮灭等），实验证明，总能量和总动量的守恒定律都能很好地成立。

现在讨论 π 介子自发衰变为 μ 子和中微子的过程 $\pi^{\pm}\rightarrow\mu^{\pm}+\nu$ 中衰变产物的总能量。设 π 介子在实验室参考系中是静止的，衰变前的动量为零，根据动量守恒可知，μ 子和中微子的动量的矢量和也为零，所以有

$$p_{\mu}^{2}=p_{\nu}^{2}=p^{2} \tag{6.154}$$

根据总能量守恒定律，有

$$m_{0\pi}c^{2}=W_{\mu}+W_{\nu} \tag{6.155}$$

代入能量动量关系式中，则有

$$\begin{aligned} W_{\mu}^{2}&=p^{2}c^{2}+m_{0\mu}^{2}c^{4}\\ W_{\nu}^{2}&=p^{2}c^{2}+m_{0\nu}^{2}c^{4} \end{aligned} \tag{6.156}$$

可以解得

$$\begin{aligned} W_{\mu}&=\frac{(m_{0\mu}^{2}+m_{0\pi}^{2}-m_{0\nu}^{2})}{2m_{0\pi}}c^{2}\\ W_{\nu}&=\frac{(m_{0\nu}^{2}+m_{0\pi}^{2}-m_{0\mu}^{2})}{2m_{0\pi}}c^{2} \end{aligned} \tag{6.157}$$

考虑到中微子的静质量 $m_{0\nu}\approx0$，最后得到衰变产物的总能量为

$$W_{\mu}=\frac{(m_{0\mu}^{2}+m_{0\pi}^{2})}{2m_{0\pi}}c^{2} \tag{6.158}$$

习题部分

第一章　电磁的普遍规律

选择题

1. 下面哪一个试验定律是描述稳恒电流激发磁场的规律的(　　)。

A. 库仑定律　　B. 比奥-沙伐尔定律

C. 电磁感应定律　　D. 布儒斯特定律

2. 下列哪一个方程不属于高斯定律(　　)。

A. $\oint_S \boldsymbol{E}\cdot \mathrm{d}\boldsymbol{S}=\dfrac{Q}{\varepsilon_0}$　　B. $\oint_S \boldsymbol{E}\cdot \mathrm{d}\boldsymbol{S}=\dfrac{1}{\varepsilon_0}\oint_V \rho\,\mathrm{d}V$

C. $\nabla\times\boldsymbol{E}=-\dfrac{\boldsymbol{B}}{\partial t}$　　D. $\nabla\cdot\boldsymbol{E}=\dfrac{\rho}{\varepsilon_0}$

3. $\nabla\dfrac{1}{r}=$(　　)。

A. 0　　B. $-\dfrac{\boldsymbol{r}}{r^3}$

C. $\dfrac{\boldsymbol{r}}{r}$　　D. $\boldsymbol{r}$

4. 在假定磁核不存在的情况下,稳恒电流磁场是(　　)。

A. 无源无旋场　　B. 有源无旋场

C. 有源有旋场　　D. 无源有旋场

5. 位移电流(　　)。

A. 是真实电流,按传导电流的规律激发磁场

B. 与传导电流一样,激发磁场和发出焦尔热

C. 与传导电流一起构成闭合环量，散度恒不为零

D. 实质是电场随时间的变化率

6. 恒定磁场的散度等于(　　)。

A. 磁荷密度　　B. 荷密度与磁导率之比

C. 矢量磁位　　D. 零

7. 下列哪一个方程不属于安培环路定理(　　)。

A. $\oint_L \boldsymbol{B} \cdot \mathrm{d}\boldsymbol{l} = \mu_0 I$　　B. $\oint_L \boldsymbol{B} \cdot \mathrm{d}\boldsymbol{l} = \mu_0 \oint_S \boldsymbol{j} \cdot \mathrm{d}\boldsymbol{S}$

C. $\nabla \times \boldsymbol{B} \cdot \mathrm{d}\boldsymbol{l} = \mu_0 \boldsymbol{j}$　　D. $\nabla \cdot \boldsymbol{B} = 0$

8. $\nabla r =$(　　)。

A. 0　　B. $-\frac{\boldsymbol{r}}{r^3}$

C. $\frac{\boldsymbol{r}}{r}$　　D. $\boldsymbol{r}$

9. 从麦克斯韦方程组可知变化磁场是(　　)。

A. 无源无旋场　　B. 有源无旋场

C. 有源有旋场　　D. 无源有旋场

10. 磁感应强度在介质分界面上(　　)。

A. 法线方向连续，切线方向不连续

B. 法线方向不连续，切线方向连续

C. 法线方向连续，切线方向连续

D. 法线方向不连续，切线方向不连续

11. 磁化电流体密度为(　　)。

A. $\nabla \times \boldsymbol{M}$　　B. $\nabla \cdot \boldsymbol{M}$

C. $\frac{\partial \boldsymbol{M}}{\partial t}$　　D. $\boldsymbol{n} \cdot (\boldsymbol{M}_2 - \boldsymbol{M}_1)$

12. 下面哪种情况不会在闭合回路中产生感应电动势？(　　)。

A. 通过导体回路的磁通量发生变化

B. 导体回路的面积发生变化

C. 通过导体回路的磁通量恒定

D. 穿过导体回路的磁感应强度发生变化

13. 高斯定理不成立，如果(　　)。

A. 存在磁单极

B. 导体为非等势体

C. 平方比律不精确成立

C. 光速为非普适常数

判断题

1. 电磁感应定律是描述稳恒电流激发磁场的规律的。(　　)

2. 在磁核不存在的情况下,稳恒电流磁场是无源有旋场。(　　)

3. 电场强度等于电位的散度的负值。(　　)

4. 两个无限大的接地导体平面组成一个 60°的二面角,在二面角中与两导体平面等距离放一个点电荷 Q,则它的像电荷的个数为 5 个。(　　)

5. 位移电流是真实电流,按传导电流的规律激发磁场。(　　)

6. 电场强度在介质分界面上法线方向连续,切线方向不连续。(　　)

7. 静电场中导体内部电场强度为零。(　　)

8. 电磁场可以独立于电荷电流之外而存在。(　　)

9. 两不同介质表面的面电荷密度同时使电场强度和电位移矢量不连续。(　　)

10. $\nabla\cdot\boldsymbol{B}=0$ 和$\nabla\times\boldsymbol{B}=\mu\boldsymbol{J}$ 对一般变化磁场和变化的电流均成立。(　　)

11. 磁场的散度$\nabla\cdot\boldsymbol{B}=0$ 和旋度$\nabla\times\boldsymbol{B}=\mu\boldsymbol{J}$ 对一般变化磁场和变化的电流均成立。(　　)

12. 电偶极矩只有在电荷分布对原点不对称时才不为零。(　　)

13. $\nabla\times\boldsymbol{E}=-\frac{\partial\boldsymbol{B}}{\partial t}$是高斯定律的微分形式。(　　)

14. 介质的电磁性质方程 $\boldsymbol{D}=\varepsilon\boldsymbol{E}$ 和 $\boldsymbol{B}=\mu\boldsymbol{H}$,反映介质的宏观电磁性质,对于任何介质都适用。(　　)

15. 电介质中,电位移矢量 $\boldsymbol{D}$ 的散度仅由自由电荷密度决定,而电场 $\boldsymbol{E}$ 的散度则由自由电荷密度和束缚电荷密度共同决定。(　　)

16. 无论稳恒电流磁场还是变化的磁场,磁感应强度 $\boldsymbol{B}$ 都是无源场。(　　)

17. $\nabla\times\boldsymbol{E}=-\frac{\partial\boldsymbol{B}}{\partial t}$是高斯定律。(　　)

填空题

1. 写出真空中的麦克斯韦方程的积分形式________，________，________，________。

2. 写出真空中的麦克斯韦方程的微分形式________，________，________，________。

3. 写出电荷守恒定律的数学表达式的积分形式为________。

4. 正方形四个顶角上各放点电荷 Q，则正方形中心处电场为________。

5. 写出电荷守恒定律的数学表达式的微分形式为________。

6. 电流的连续性方程为________。

7. 位移电流是由麦克斯韦首先引入的，其实质是________。

8. 变化的磁场产生电场的微分方程为________。

9. 已知 $\boldsymbol{A}$ 和 φ，则电场强度和磁感应强度可以分别写为________，________。

10. 将 $\dfrac{1}{|\boldsymbol{x}-\boldsymbol{x}'|}$ 在 $\boldsymbol{x}'=0$ 附近展开，写出展开式的前两项________，________。

11. 电磁感应现象的微分方程为________。

12. 导体中电容率 $\varepsilon'=\varepsilon+\mathrm{i}\dfrac{\sigma}{\omega}$ 为一复数，实部 ε 代表________电流的贡献，虚部 $\dfrac{\sigma}{\omega}$ 则是________的贡献。

13. 写出稳恒电流元激发的磁场的数学表达式________。

14. 写出磁场高斯定理的积分和微分形式________，________。

15. 介质中的麦克斯韦方程微分形式为________。

16. 写出介质中麦克斯韦方程组的积分形式________，________，________，________。

17. 已知真空中电场强度为 $\boldsymbol{E}$ 磁场强度为 $\boldsymbol{H}$，能流密度为________。

18. 电磁场在两种介质分界面上满足的边值关系________，________，________，________。

19. 已知介质的电极化强度为 $\boldsymbol{P}(\boldsymbol{x})=a\times r$，相应的束缚电荷密度为________。

20. 已知介质的磁化强度为 $\boldsymbol{M}(\boldsymbol{x})=f(r)\boldsymbol{r}$，相应的磁化电流密度________。

简答题

1. 写出麦克斯韦方程组并说明其所代表的物理意义。

2. 写出电磁场的边值关系并说明其所代表的物理意义。

3. 叙述位移电流的物理含义。

4. E,D,B,H 哪两个是基本量,为什么?

5. 解释位移电流并与传导电流比较。

6. 给出$\oint_s (\boldsymbol{E}\times\boldsymbol{H})\cdot \mathrm{d}\boldsymbol{s}+\int_V \boldsymbol{J}\cdot\boldsymbol{E}\mathrm{d}V=-\frac{\partial}{\partial t}\int_V\left(\frac{1}{2}\boldsymbol{E}\cdot\boldsymbol{D}+\frac{1}{2}\boldsymbol{H}\cdot\boldsymbol{B}\right)\mathrm{d}V$中各项的物理意义。

7. 写出电磁场张量。

8. 给出$\oint_s \boldsymbol{S}\cdot \mathrm{d}\boldsymbol{s}=-\frac{\partial}{\partial t}\iiint_V w\mathrm{d}V$ 的物理意义。

简算题

1. $\nabla\cdot\frac{\boldsymbol{r}}{r^3}(r\neq 0)$

2. $\nabla\times\frac{\boldsymbol{x}-\boldsymbol{x}'}{|\boldsymbol{x}-\boldsymbol{x}'|^3}$

3. $\nabla\times \mathrm{e}^{\mathrm{i}(\boldsymbol{p}\cdot\boldsymbol{r}-\omega t)}$

4. $\nabla\frac{1}{r^n}$

5. $\nabla\times\frac{\boldsymbol{r}}{r^3}(r\neq 0)$

6. $\nabla\cdot\boldsymbol{r}$

7. $\nabla\cdot \mathrm{e}^{\mathrm{i}(\boldsymbol{p}\cdot\boldsymbol{r}-\omega t)}$,$\boldsymbol{p}$ 为一常矢量

计算证明题

1. 证明:(1)当两种绝缘介质的分界面上不带面自由电荷时,电场线的曲折满足$\frac{\tan\theta_2}{\tan\theta_1}=\frac{\varepsilon_2}{\varepsilon_1}$。其中,$\varepsilon_1$ 和 ε_2 分别为两种介质的介电常数,θ_1 和 θ_2 分别为界面两侧电场线与法线的夹角。

(2)当两种导电介质内流有恒定电流时,分界面上电场线的曲折满

足$\frac{\tan\theta_2}{\tan\theta_1}=\frac{\sigma_2}{\sigma_1}$。其中,$\sigma_1$ 和 σ_2 分别为两种介质的电导率。

2. 电流均匀地流过宽为 $2a$ 的无穷长平面导体薄板,电流强度为 I,通过板的中线并与板面垂直的平面上有一点 P,P 到板的垂直距离为 x,设板厚可略去不计,求 P 点的磁感应强度。

3. 半径为 R_1 的金属球外有一层半径为 R_2 的均匀介质层。设电介质的介电常数为 ε_0,金属球带电荷量为 Q,求:

(1)介质层内、外的场强分布;

(2)介质层内、外的电位分布;

(3)金属球的电位。

4. 由麦克斯韦方程推导出自由空间中的电场强度及磁感应强度满足的波动方程。

第二章　静电场

选择题

1. 像法的理论依据为(　　)。

A. 电荷守恒　　　　B. 库仑定律

C. 唯一性定理　　　　C. 高斯定理

2. 电场强度在介质分界面上(　　)。

A. 法线方向连续,切线方向不连续

B. 法线方向不连续,切线方向连续

C. 法线方向连续,切线方向连续

D. 法线方向不连续,切线方向不连续

3. 电场强度沿闭合曲线 L 的环量等于(　　)。

A. $\int_V (\nabla\cdot \boldsymbol{E})\mathrm{d}V$　　　　B. $\int_S (\nabla\times \boldsymbol{E})\cdot \mathrm{d}\boldsymbol{S}$

C. $\int_V (\nabla\times \boldsymbol{E})\cdot \mathrm{d}V$　　　　D. $\int_S (\nabla\cdot \boldsymbol{E})\mathrm{d}S$

4. 两个无限大的接地导体平面组成一个 60°的二面角,在二面角中与两导体平面等距离放一个点电荷 Q,则它的像电荷的个数为(　　)。

A. 3　　　　B. 5

C. 7　　　　D. 无限大

5. 两个无限大的接地导体平面组成一个 90°的二面角,在二面角中与两导体平面等距离放一个点电荷 Q,则它的像电荷的个数为(　　)。

A. 3　　　　B. 5

C. 7　　　　D. 无限多

6. 两个无限大的接地导体平面组成一个 45°的二面角,在二面角中与两导体平面等距离放一个点电荷 Q,则它的像电荷的个数为(　　)。

A. 3　　　　B. 5

C. 7　　　　D. 无限大

7. 静电场在自由空间中是(　　)。

A. 有散无旋场　　B. 无旋无散场

C. 有旋无散场　　D. 有旋有散场

8. 恒定电场的源是(　　)。

A. 静止的电荷　　B. 恒定电流

C. 时变的电荷　　D. 时变电流

9. 电场强度和电位的关系是(　　)。

A. 电场强度等于电位的梯度

B. 电场强度等于电位的散度的负值

C. 电场强度等于电位的梯度的负值

D. 电场强度等于电位的散度。

10. 下面关于静电场中导体的描述不正确的是(　　)。

A. 导体处于平衡状态

B. 导体内部电场处处为零

C. 电荷分布在导体内部

D. 导体表面的电场垂直于导体表面

11. 分离变量法的实质是________(　　)。

A. 利用高斯积分面求定解

B. 利用电荷分布求定解

C. 利用平面镜像求定解

D. 将偏微分方程转换为常微分方程,再利用边界条件求定解

12. 正方形四个顶角上各放点电荷 Q,则正方形中心处(　　)。

A. 电势为零,电场为零

B. 电势为零,电场不为零

C. 电势不为零,电场为零

D. 电势不为零,电场不为零

判断题

1. 镜像法的理论依据为高斯定理。(　　)

2. 电偶极矩只有在电荷分布对原点不对称时才不为零。(　　)

3. 两不同介质表面的面电荷密度同时使电场强度和电位移矢量不连续。(　　)

4. 镜像法的理论依据为电荷守恒。(　　)

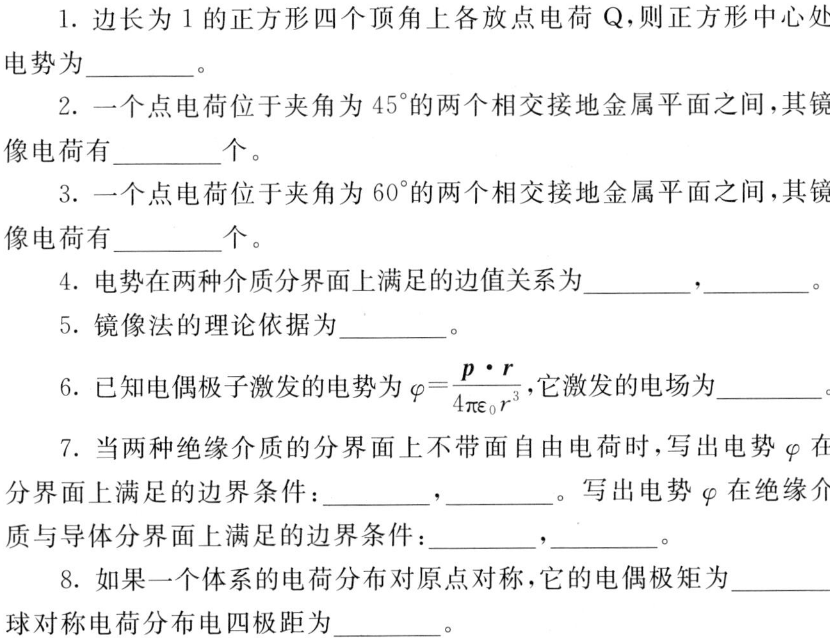

填空题

1. 边长为 1 的正方形四个顶角上各放点电荷 Q,则正方形中心处电势为________。

2. 一个点电荷位于夹角为 45°的两个相交接地金属平面之间,其镜像电荷有________个。

3. 一个点电荷位于夹角为 60°的两个相交接地金属平面之间,其镜像电荷有________个。

4. 电势在两种介质分界面上满足的边值关系为________,________。

5. 镜像法的理论依据为________。

6. 已知电偶极子激发的电势为 $\varphi=\frac{\boldsymbol{p}\cdot\boldsymbol{r}}{4\pi\varepsilon_0 r^3}$,它激发的电场为________。

7. 当两种绝缘介质的分界面上不带面自由电荷时,写出电势 φ 在分界面上满足的边界条件:________,________。写出电势 φ 在绝缘介质与导体分界面上满足的边界条件:________,________。

8. 如果一个体系的电荷分布对原点对称,它的电偶极矩为________球对称电荷分布电四极距为________。

9. 两种介质分界面的表面自由电荷为 σ_f 写出电势满足的边界条件________,________。

10. 写出电荷分布 $\rho(\boldsymbol{x},t)$所激发的标势________。

简答题

1. 叙述静电场解得唯一性定理。

2. 写出电四极矩及其产生的电势的表达式。

3. 写出电偶极矩及其产生的电势的表达式。

4. 介绍解静态场边值问题的镜像法。

5. 说明静电场可以用标势描述的原因,给出相应的微分方程和边值关系。

简算题

1. $\nabla(\boldsymbol{p}\cdot\boldsymbol{r})$,式中,$\boldsymbol{p}$ 为一常矢量。

2. $\nabla\left(\frac{\boldsymbol{p}\cdot\boldsymbol{r}}{r^3}\right)$,式中,$\boldsymbol{p}$ 为一常矢量。

计算证明题

1. 求均匀电场$\boldsymbol{E}_0$的电势。

2. 求电场$c\dfrac{\boldsymbol{r}}{r^3}$的电势，$c$为一常数。

3. 电势在两个介质(分别为介质1和介质2)的交界面上应满足

$$\varphi_1=\varphi_2$$

$$\varepsilon_2\frac{\partial\varphi_2}{\partial n}-\varepsilon_1\frac{\partial\varphi_1}{\partial n}=-\sigma_f$$

电场和点位移矢量在两个介质(分别为介质1和介质2)的交界面上应满足

$$\boldsymbol{n}\cdot(\boldsymbol{D}_2-\boldsymbol{D}_1)=\sigma_f$$

$$\boldsymbol{n}\times(\boldsymbol{E}_2-\boldsymbol{E}_1)=0$$

叙述它们之间的关系并给出必要的推导过程。

4. 半径为R_0、介电常数为ε的均匀介质球放在均匀电场E_0中，求球内外的电势分布。

5. 半径为R_0、的接地导体球放在均匀电场E_0中，求球内外的电势分布。

6. 将一半径为R_0的导体球接有电池(使球与地保持电势差Φ_0)，并放在均匀外电场中，试用分离变量法求空间各点的电势。

7. 均匀介质球(电容率为ε_1)放置在均匀外电场$\boldsymbol{E}_0$中，求空间各点的电势，并求出球内电场强度。

8. 半径为R_0的接地导体球置于均匀外电场$\boldsymbol{E}_0$中，求电势和导体上的电荷面密度。

9. 真空中有一半径为R_0的接地导体球，距球心为$a(a>R_0)$处有一点电荷Q，求空间的电势。

10. 已知静电场标势为$\varphi=\dfrac{1}{r^2}$，求电场$\boldsymbol{E}$。

11. 真空中有一半径为R_0的导体球，导体球不接地而带电荷Q_0，距球心为$a(a>R_0)$处有一点电荷Q，求球外电势。

12. 空间导体球壳的内外半径为R_1和R_2，球中心置一偶极子$\boldsymbol{p}$，球壳上带电Q，求空间各点电势和电荷分布。

13. 均匀介质球(电容率为ε_0)中心置一自由电偶极子$\boldsymbol{p}_f$，球外充满

了另一种电容率为 ε_2 的介质，求空间各点的电势和极化电荷分布。

14. 有一点电荷 q 位于两个互相垂直的接地导体平面所围成的直角空间内，它到两个平面的距离为 a 和 b，求空间电势。

15. 已知某静电场标势为 $\varphi=\frac{1}{r^3}$，求电场 $\boldsymbol{E}$。

16. 已知静电场标势为 $\varphi=\frac{C}{r}$（C 为常数），求电场 $\boldsymbol{E}$。

第三章　静磁场

选择题

1. 下列矢势哪一个不表示沿 z 轴方向的均匀磁场 B(　　)。

A. $\boldsymbol{A}=Bx\boldsymbol{e}_y$　　B. $\boldsymbol{A}=\frac{1}{2}Br\boldsymbol{e}_\varphi$

C. $\boldsymbol{A}=-By\boldsymbol{e}_x$　　D. $\boldsymbol{A}=\frac{1}{2}B(x\boldsymbol{e}_y+y\boldsymbol{e}_x)$

2. 区域内任意一点 $\boldsymbol{r}$ 处的静磁场可用磁标势描述,只当(　　)。

A. 区域内各处电流密度为零

B. $\boldsymbol{H}$ 对区域内的任意闭合路径积分为零

C. 电流密度守恒

D. $\boldsymbol{r}$ 处的电流密度为零

填空题

1. 电流分布 $\boldsymbol{j}(\boldsymbol{x},\boldsymbol{t})$所激发的矢势为________。

2. 矢势 $\boldsymbol{A}$ 的物理意义:________。

3. 矢势 $\boldsymbol{A}$ 在静磁场中沿任意闭合回路的环量等于通过以此闭合回路为边界的任意曲面的________。

简答题

1. 静电场中电场强度、电位移矢量、自由电荷密度、极化电荷密度、极化强度和标势之间有关系$\nabla\times\boldsymbol{E}=0$、$\nabla\cdot\boldsymbol{E}=(\rho_f+\rho_p)/\varepsilon_0$、$\rho_p=-\nabla\cdot\boldsymbol{P}$、$\boldsymbol{D}=\varepsilon_0\boldsymbol{E}+\boldsymbol{P}$、$\boldsymbol{E}=-\nabla\varphi$ 和$\nabla^2\varphi=-(\rho_f+\rho_p)/\varepsilon_0$。写出可以定义磁标势时对应的磁场强度、磁感应强、磁荷密度、磁化强度和磁标势之间关系的公式。

计算证明题

1. 已知矢势$\boldsymbol{A}_1=(yx,x/2,0)$，

(1)求 $\boldsymbol{B}$；

(2)标量场 $\varphi=-\dfrac{yz^2}{2}$，求证$\nabla^2\varphi=-\nabla\cdot\boldsymbol{A}_1$；

(3)根据(2)中的关系，求$\boldsymbol{A}_2$ 满足$\nabla\cdot\boldsymbol{A}_2=0$ 且$\nabla\times\boldsymbol{A}_2=\boldsymbol{B}$。

2. 已知静磁场失势为 $\mathbf{A}=x^2y\boldsymbol{e}_x+y^2z\boldsymbol{e}_y+4xyz\boldsymbol{e}_z$，求磁场 $\boldsymbol{B}$。

3. 已知静磁场矢势为 $\mathbf{A}=-By\boldsymbol{e}_x$，求磁场 $\boldsymbol{B}$。

4. 已知静磁场失势为 $\mathbf{A}=Bx\boldsymbol{e}_y$，求磁场 $\boldsymbol{B}$。

5. 已知静磁场失势为 $\mathbf{A}=xz\boldsymbol{e}_y+xyz\boldsymbol{e}_z$，求磁场 $\boldsymbol{B}$。

6. 已知磁偶极子激发的磁标势为 $\varphi_m=\dfrac{\boldsymbol{m}\cdot\boldsymbol{r}}{4\pi r^3}$，求它激发的磁场。

第四章　电磁波的传播

选择题

1. 平面电磁波的相速度(　　)。

A. 在任何介质中都相同　　B. 与平面波的频率无关

C. 等于真空中的光速　　D. 上述说法都不对

2. TM 波的特点是(　　)。

A. 传播方向上不存在电场分量

B. 传播方向上存在磁场分量

C. 传播方向上不存在磁场分量

D. 在与传播方向垂直的方向上不存在磁场分量

3. 矩形波导管内有 TM_{11} 波,则下列哪一个不一定会有(　　)。

A. TE_{11}　　B. TE_{10}

C. TE_{01}　　D. TE_{20}

4. 下列哪种说法正确(　　)。

A. 电磁波一定是横波

B. 电磁波的电场和磁场一定正交

C. 电磁波总是低于或等于光速传播的

D. 电磁波的电场能量一定等于磁场能量

5. 波导中的主模是(　　)的模式。

A. 截止频率最大　　B. 波导波长最大

C. 截止波长最大　　D. 截止波长最小

6. 稳恒电流或低频交流电时,电磁能是(　　)。

A. 通过导体中的电子向负载传递的

B. 在导线中传递

C. 通过电磁场向负载传递的

D. 现在理论还不能确定

判断题

1. 在真空中，各种频率的电磁波均以相同的速度传播。（　　）

2. TM 波的特点是传播方向上不存在电场分量。（　　）

3. 矩形波导管内有 TM_{11} 波，则 TE_{20} 不一定会有。（　　）

4. 波导内电磁波的电场和磁场能同时为横波。（　　）

5. 电磁波在两个不同介质界面上反射、折射问题的基础是电磁场在两个不同介质界面上的边值关系。（　　）

6. 在均匀介质中传播的单色平面电磁波的电场和磁场的振幅比为电磁波的传播速度。（　　）

7. 在真空中，各种频率的电磁波均以相同的速度传播。（　　）

8. 平面电磁波的相速度与平面电磁波的频率无关。（　　）

9. 亥姆霍兹方程的解代表电磁波场强在空间中的分布情况，是电磁波的基本方程，它在任何情况下都成立。（　　）

填空题

1. TM 波的特点是传播方向上不存在________。

2. TE 波的特点是传播方向上不存在________。

3. 谐振腔和波导管内的电磁场只能存在或者传播一定的频率的电磁波是由谐振腔和波导管的________决定的。

4. ________首先预言了电磁波的存在，并指出________就是一种电磁波。

5. 导体中亥姆霍兹方程中 $k=\omega\sqrt{\mu\varepsilon'}$ 为一复数，从而可写为 $k=\beta+i\alpha$ 的形式，实部 β 描述波的传播的相位关系，虚部 α 则描叙________的________。

6. 写出时谐电磁波的电场和磁场分别满足的亥姆霍兹方程________，________。

7. 真空中平面电磁波的电场强度和磁感应强度的振幅之比为______。

8. 频率为 ω 的定态电磁波在电导率为 σ 的导体介质表面的穿透深度为________。

9. 在矩形波导管(a,b)内，且 $a>b$，能够传播 TE_{10} 型波的最长波长为________。能够传播 TM 型波的最低波模为________。

简答题

1. 试述单色平面电磁波的特征。

2. 解释截止频率

3. 写出均匀介质中时谐电磁波电场的复数表述形式、亥姆霍兹方程、平面波解及其相速。

4. 解释下列物理概念：TE 波、TM 波、截止频率、主波。

计算证明题

1. 请推导真空中电磁场波动方程。

2. 试证明矩形波导管内不存在 TM_{m0} 或 TM_{0n} 波。

3. 频率为 3×10^9 Hz 的电磁波，在 7 cm×4 cm 矩形波导中能以什么波模存在。$\left(\text{可能用到的计算公式}\sqrt{\left(\frac{1}{7}\right)^2+\left(\frac{1}{4}\right)^2}=0.287\ 938\right)$

4. 一矩形波导的截面为 $a=6$，$b=3$，电磁波在真空中的波长为 5，当它进入此波导时，可能传播哪些类型的电磁波。

5. 证明真空中的平面电磁波具有下列性质：

(a)横波；

(b)$\boldsymbol{E}$，$\boldsymbol{B}$，$\boldsymbol{k}$ 组成右手螺旋关系。

第五章　电磁波的辐射

选择题

1. 下列那个无助于提高短天线辐射功率（　　）。

A. 增大天线线度　　　　B. 减小波长

C. 提高振荡频率　　　　D. 增大波长

判断题

1. 推迟势的重要意义在于它反映了电磁作用具有一定的传播速度。（　　）

填空题

1. 推迟势的重要意义在于它反映了________。

2. 位于坐标原点的随时间变化的点电荷 $q(t)$ 在 $\boldsymbol{r}$ 处激发的推迟势为________。

3. 位于坐标原点的随时间变化的点电荷 $q(t)$ 在 $\boldsymbol{r}$ 处激发的推迟势为________。

4. 写出一般情况下磁感应强度、电场强度由标势 φ 和矢势 $\boldsymbol{A}$ 决定的表达式________，________。

5. 均匀带电量为 Q 的介质球，半径为 a，它的电偶极矩和电四极矩分别为________。

简答题

1. 写出推迟势矢势公式并简述其物理意义。

2. 解释下列物理概念：规范、规范变化、规范变化不变性、洛仑兹规范。

3. 写出洛伦兹规范下的电磁场势服从的方程，并解释其物理意义。

简算题

1. 已知静磁场矢势为 $\boldsymbol{A}=x^2y\boldsymbol{e}_x+y^2z\boldsymbol{e}_y+z\boldsymbol{e}_z$，求磁场 $\boldsymbol{B}$。

2. 已知电磁场矢势为 $\boldsymbol{A}=\boldsymbol{A}_0\mathrm{e}^{\mathrm{i}(\boldsymbol{k}\cdot\boldsymbol{x}-\omega t)}$，标势为 $\varphi=\varphi_0\mathrm{e}^{\mathrm{i}(\boldsymbol{k}\cdot\boldsymbol{x}-\omega t)}$，其中 $\boldsymbol{A}_0$ 和 φ_0 分别为常矢量和常标量，求场强 $\boldsymbol{E}$ 和 $\boldsymbol{B}$。

计算证明题

1. 请推导一定频率下的电磁波满足的亥姆霍兹方程。

2. 由真空中麦克斯韦方程推导达朗贝尔方程(洛伦兹规范下矢势和标势满足的基本方程)。

第六章　狭义相对论

选择题

1. 从相对论理论可知在不同的参照系中，两个事件的(　　)。

A. 空间间隔不变　　B. 时间间隔不变

C. 时空间隔不变　　D. 以上说法都不对

判断题

1. 物理的协变性，是指描述物理运动规律的方程中每一项，在参考系变换下按同类方式变换，结果保持方程形式不变。(　　)

2. 运动尺度缩短与物体内部结构无关，是时空的基本属性决定的。(　　)

填空题

1. 四维势矢量为________。

2. 惯性系 Σ' 相对于 Σ 以速度 v 运动，选取 x 和 x' 沿运动方向，x 和 x' 的相对论时空变换公式为 $x'=$________。

3. 写出四维势矢量的第四个分量________。

4. 伽利略变换为

$$x'=x-vt$$
$$y'=y$$
$$z'=z$$
$$t'=t$$

对应的洛伦兹变换为________。

5. 四维动量为________。

6. 伽利略变换公式为________。

7. 两参照系沿着 x 轴以 v 速度匀速直线运动对应的洛伦兹变换为________。

简答题

1. 写出洛伦兹变换。

2. 用洛伦兹变换说明：在一惯性系中的同时异地事件，在另一惯性系中一定是不同时的。

3. 试述狭义相对论的基本原理。

4. 用洛伦兹变换说明：在一惯性系中的同时异地事件，在另一惯性系中一定是不同时的。

5. 由变换的线性关系和间隔不变性导出相对论时空坐标变换公式(洛伦兹变换式)。

6. 说明电磁场四维势矢量和电磁场张量的构成及意义。

7. 简单叙述类光间隔、类时间隔和类空间隔。

计算证明题

1. 在坐标系 Σ 中，有两个物体都以速度 u 沿 x 轴运动，在 Σ 系看来，它们一直保持距离 l 不变，今有一观察者以速度 v 沿 x 轴运动，他看到这两个物体的距离是多少？

2. 由洛伦兹变换推导对应的速度变换公式

3. 质量为 M 的静止粒子衰变为两个粒子 m_1 和 m_2，求粒子 m_1 的动量和能量。

4. (1)设 E 和 $\boldsymbol{p}$ 是粒子体系在实验室参考系 Σ 系中的总能量和总动量(其动量与 x 方向夹角为 θ)。证明在另一参考系 Σ′系(相对 Σ 系以速度 v 沿 x 轴运动)中的粒子体系总能量和总动量满足：

$$p_x=\gamma(p_x-\beta E/c)$$

$$E'=\gamma(E-\beta c p_x)$$

$$tg\theta'=\frac{\sin\theta}{\gamma(\cos\theta-\beta E/cp)}$$

(2)某光源发出的光束在两个惯性系中与 x 夹角分别为 θ 和 θ' 证明

$$\cos\theta'=\frac{\cos\theta-\beta}{1-\beta\cos\theta}$$

$$\sin\theta'=\frac{\sin\theta}{(1-\beta\cos\theta)\gamma}$$

(3)考虑在 Σ 系立体角 $d\Omega = d\cos\theta d\varphi$ 的光束，证明在变换到另一惯性系 Σ'系时，立体角变为

$$d\Omega' = \frac{d\Omega}{\gamma^2 (1-\beta\cos\theta)^2}$$

5. 已知某粒子 m 衰变成两个质量为 m_1 和 m_2，动量为 p_1 和 p_2（两者方向夹角 θ）的两个粒子，求该粒子的质量 m。

答案部分

第一章　电磁的普遍规律

习题答案

选择题

BCBDD　DDCDA　ACC

判断题

FTFTF　FTTFF　FTFFT　TF

填空题

1. 略。2. 略。3. 略。

4. 0。

5. $\nabla\cdot\boldsymbol{J}=-\frac{\partial\rho}{\partial t}$。

6. $\nabla\cdot\boldsymbol{j}+\frac{\partial\rho}{\partial t}=0$。

7. 电场的变化率。

8. $\nabla\times\boldsymbol{E}=-\frac{\partial\boldsymbol{B}}{\partial t}$。

9. $\boldsymbol{E}=-\nabla\phi-\frac{\partial\boldsymbol{A}}{\partial t}$,$\nabla\times\boldsymbol{A}=\boldsymbol{B}$。

10. $\frac{1}{R}$,$-x'\cdot\nabla\frac{1}{R}$。

11. $\nabla\times\boldsymbol{E}=-\frac{\partial\boldsymbol{B}}{\partial t}$。

12. 位移　传导电流。

13. $\boldsymbol{B}=\frac{\mu_0}{4\pi}\int_V \frac{\boldsymbol{j}(\boldsymbol{x}')\times\boldsymbol{r}}{r^3}\mathrm{d}V'$。

14. $\oint_S \boldsymbol{B}\cdot\mathrm{d}\boldsymbol{S}=0, \nabla\cdot\boldsymbol{B}=0$。

15. 略。

16. 略。

17. $\boldsymbol{S}=\boldsymbol{E}\times\boldsymbol{H}$。

18. 略。

19. 0。

20. 0。

简答题

略。

简算题

1. $\nabla\cdot\frac{\boldsymbol{r}}{r^3}=\nabla\cdot(\mathrm{r}^{-3}\boldsymbol{r})=r^{-3}\nabla\cdot\boldsymbol{r}+(\nabla \mathrm{r}^{-3})\cdot\boldsymbol{r}=\frac{3}{r^3}-\frac{3\boldsymbol{r}\cdot\boldsymbol{r}}{r^5}=0$

2. $\nabla\times\frac{\boldsymbol{x}-\boldsymbol{x}'}{|\boldsymbol{x}-\boldsymbol{x}'|^3}=\nabla\times(r^{-3}\boldsymbol{r})=r^{-3}\nabla\times\boldsymbol{r}+\nabla r^{-3}\times\boldsymbol{r}$

$$=r^{-3}\nabla\times\boldsymbol{r}-3r^{-4}\nabla r\times\boldsymbol{r}=r^{-3}\nabla\times\boldsymbol{r}-\frac{3}{r^5}\boldsymbol{r}\times\boldsymbol{r}=0$$

3. $\mathrm{i}\boldsymbol{p}\times\mathrm{e}^{\mathrm{i}(\boldsymbol{p}\cdot\boldsymbol{r}-\omega t)}$

4. $\nabla\frac{1}{r^n}=\nabla(r^{-n})=-n\ \frac{1}{r^{n+1}}\nabla r=-n\ \frac{\boldsymbol{r}}{r^{n+2}}$

5. 同 2。

6. $\nabla\cdot\boldsymbol{r}=\left(\hat{i}\ \frac{\partial}{\partial x}+\hat{j}\ \frac{\partial}{\partial y}+\hat{k}\ \frac{\partial}{\partial z}\right)\cdot(\hat{i}x+\hat{j}y+\hat{k}z)=1+1+1=3$

7. $\mathrm{i}\boldsymbol{p}\cdot\mathrm{e}^{\mathrm{i}(\boldsymbol{p}\cdot\boldsymbol{r}-\omega t)}$。

计算证明题

1.(1)由 $\boldsymbol{E}$ 的切向分量连续，得

$$E_1\sin\theta_1=E_2\sin\theta_2$$

交界面处无自由电荷，所以 $\boldsymbol{D}$ 的法向分量连续，即

$$D_1\cos\theta_1 = D_2\cos\theta_2$$
$$\Rightarrow \varepsilon_1 E_1\cos\theta_1 = \varepsilon_2 E_2\cos\theta_2$$

两式相除，得

$$\frac{\tan\theta_2}{\tan\theta_1} = \frac{\varepsilon_2}{\varepsilon_1}$$

(2)当两种电介质内流有恒定电流时

$$\boldsymbol{J}_1 = \sigma_1\boldsymbol{E}_1, \boldsymbol{J}_2 = \sigma_2\boldsymbol{E}_2$$

由 $\boldsymbol{J}$ 的法向分量连续，得

$$\sigma_1 E_1\cos\theta_1 = \sigma_2 E_2\cos\theta_2$$

与第一个式子相除得

$$\frac{\tan\theta_2}{\tan\theta_1} = \frac{\sigma_2}{\sigma_1}$$

2. 电流均匀地流过宽为 $2a$ 的无穷长平面导体薄板，电流强度为 I，通过板的中线并与板面垂直的平面上有一点 P，P 到板的垂直距离为 x，设板厚可略去不计，求 P 点的磁感应强度。将无限长平面导体分成宽度为 $\mathrm{d}y$ 的无限长小细条，每条电流为 $I = I_0\mathrm{d}y/2a$，有

$$\mathrm{d}B = I_0\mathrm{d}y/4a(x^2+y^2)^{1/2}$$

积分得

$$B = 2I_0(tg^{-1}a/x)/4a$$

3. (1)介质层内、外的场强分布：

$$\boldsymbol{E} = \frac{Q\boldsymbol{r}}{4\pi\varepsilon\varepsilon_0 r^3}, R_1 < r < R_2$$

$$\boldsymbol{E} = \frac{Q\boldsymbol{r}}{4\pi\varepsilon_0 r^3}, R_2 < r$$

(2)介质层内、外的电位分布：

$$U = \frac{Q}{4\pi\varepsilon\varepsilon_0}\left(\frac{1}{r} + \frac{\varepsilon - 1}{R}\right), R_1 < r < R_2$$

$$U = \frac{Q}{4\pi\varepsilon_0 r}, R_2 < r$$

(3)金属球的电位

$$U = \frac{Q}{4\pi\varepsilon\varepsilon_0}\left(\frac{1}{R_1} + \frac{\varepsilon - 1}{R_2}\right)$$

4. 略。

第二章 静电场

习题答案

选择题

CBBBA CBACC DC

判断题

FTTT

填空题

1. $\frac{\sqrt{2}}{\pi\varepsilon_0}q$。

2. 7。

3. 5。

4. $\varphi_1=\varphi_2,\varepsilon_1\frac{\partial\varphi_1}{\partial n}=\varepsilon_2\frac{\partial\varphi_2}{\partial n}$。

5. 解的唯一性定理。

6. $\frac{1}{4\pi\varepsilon_0}\left(\frac{3(\boldsymbol{p}\cdot\boldsymbol{r})\boldsymbol{r}}{r^5}-\frac{\boldsymbol{p}}{r^3}\right)$。

7. $\varphi_1=\varphi_2,\varepsilon_1\frac{\partial\varphi_1}{\partial n}=\varepsilon_2\frac{\partial\varphi_2}{\partial n},\varphi=const,\varepsilon\frac{\partial\varphi}{\partial n}=-\sigma$。

8. 0,0。

9. $\varphi_1=\varphi_2,\varepsilon_1\frac{\partial\varphi_1}{\partial n}=\varepsilon_2\frac{\partial\varphi_2}{\partial n}=-\sigma_f$。

10. $\varphi(\boldsymbol{x},t)=\int\frac{\rho(\boldsymbol{x}',t-r/c)}{4\pi\varepsilon_0 r}\mathrm{d}V'$。

简答题

略

简算题

1. $\nabla(\boldsymbol{p}\cdot\boldsymbol{r})=\left(\boldsymbol{i}\frac{\partial}{\partial x}+\boldsymbol{j}\frac{\partial}{\partial y}+\boldsymbol{k}\frac{\partial}{\partial z}\right)[p_x(x-x')+p_y(y-y')+p_z(z-z')]$

$=\boldsymbol{i}p_x+\boldsymbol{j}p_y+\boldsymbol{k}p_z=\boldsymbol{p}$。

2. $\nabla\left(\frac{\boldsymbol{p}\cdot\boldsymbol{r}}{r^3}\right)=\frac{1}{r^3}\nabla(\boldsymbol{p}\cdot\boldsymbol{r})+(\boldsymbol{p}\cdot\boldsymbol{r})\nabla\frac{1}{r^3}=\frac{\boldsymbol{p}}{r^3}-\frac{3\boldsymbol{r}}{r^5}(\boldsymbol{p}\cdot\boldsymbol{r})$。

计算证明题

1. 略。

2. 选取空间中任意一点为原点，设该点的电势为 φ_0。由 $\varphi(P_1)-\varphi(P_2)=\int_{P_1}^{P_2}\boldsymbol{E}\cdot\mathrm{d}\boldsymbol{l}$ 可得

$$\begin{aligned}\varphi(P)&=\varphi_\infty-c\int_0^P\frac{\boldsymbol{r}}{r^3}\cdot\mathrm{d}\boldsymbol{l}\\&=\varphi_\infty-c\int_\infty^r\frac{1}{r^2}\mathrm{d}r\\&=c\,\frac{1}{r}\end{aligned}$$

3. 略。

4. 略。

5. 略。

6. $\varphi=\phi\begin{cases}\phi_0-E_0R\cos\theta+R_0(\Phi_0-\phi_0)/R+E_0R_0^3\cos\theta/R^2 & (R>R_0)\\ \Phi_0 & (R\leqslant R_0)\end{cases}$

7. 略。

8. 略。

9. 略。

10. $\boldsymbol{E}=-\nabla\phi=-\left(-\frac{2x}{r^4},\cdots,\cdots\right)=\frac{2\boldsymbol{r}}{r^4}$。

11. $\varphi=\frac{1}{4\pi\varepsilon_0}\left[\frac{Q}{r}-\frac{R_0Q}{ar'}+\frac{Q_0+R_0Q/a}{R}\right]$。

12. 电视和电荷分布为：

$$\varphi_1=\frac{Q}{4\pi\varepsilon_0 R},(R>R_2)$$

$$\varphi_2=\frac{Q}{4\pi\varepsilon_0}\left[\frac{\boldsymbol{p}\cdot\boldsymbol{R}}{R^3}+\frac{Q}{R_2}-\frac{\boldsymbol{p}\cdot\boldsymbol{R}}{R_1^3}\right],(R<R_1)$$

。

$$\sigma_2=\frac{Q}{4\pi R_2^2},(R=R_2)$$

$$\sigma_1=\frac{3p}{4\pi R_1^3}\cos\theta,(R=R_1)$$

13. $\varphi_1=\frac{Q}{4\pi\varepsilon_0 R},(R>R_2)$

$$\varphi_2=\frac{Q}{4\pi\varepsilon_0}\left[\frac{\boldsymbol{p}\cdot\boldsymbol{R}}{R^3}+\frac{Q}{R_2}-\frac{\boldsymbol{p}\cdot\boldsymbol{R}}{R_1^3}\right],(R<R_1)$$

$$\sigma_2=\frac{Q}{4\pi R_2^2},(R=R_2)$$

$$\sigma_1=\frac{3p}{4\pi R_1^3}\cos\theta,(R=R_1)。$$

14. 设两导体平面为 $y=0$ 和 $z=0$，导体电势为零，点电荷 q 位于 $(0,a,b)$，求解区域为 $y>0,z>0$ 的空间。定解条件为 $\nabla^2\varphi=-q\delta(x,y-a,z-b)/\varepsilon_0$，$y=0,z=0$ 处，$\varphi=0$；$R\to\infty,\varphi\to0$。要满足全部条件，需要设置三个像电荷，$(0,+a,-b)$ 处置 $-q$，$(0,-a,-b)$ 处置 $+q$，$(0,-a,+b)$ 处置 $-q$，于是求解区域内任一点的电势为

$$\varphi=\frac{q}{4\pi\varepsilon_0}\left[\frac{1}{\sqrt{x^2+(y-a)^2+(z-b)^2}}-\frac{1}{\sqrt{x^2+(y-a)^2+(z+b)^2}}+\frac{1}{\sqrt{x^2+(y+a)^2+(z+b)^2}}-\frac{1}{\sqrt{x^2+(y+a)^2+(z-b)^2}}\right]$$

15. $\boldsymbol{E}=-\nabla\varphi=-\left(\frac{3x}{r^5},\cdots,\cdots\right)=-\frac{3\boldsymbol{r}}{r^5}$。

16. $\boldsymbol{E}=-\nabla\varphi=-C\left(-\frac{x}{r^3},\cdots,\cdots\right)=C\frac{\boldsymbol{r}}{r^3}$。

第三章　静磁场

习题答案

选择题

DB

填空题

1. $\boldsymbol{A}(\boldsymbol{x},t)=\dfrac{\mu_0}{4\pi}\displaystyle\int_V\dfrac{\boldsymbol{j}\left(\boldsymbol{x}',t-\dfrac{r}{c}\right)}{r}\mathrm{d}V'$。

2. 任一闭合回路的环量代表通过由该回路为界的任一曲面的磁通量。

3. 磁通量。

简答题

1. $\nabla\times\boldsymbol{H}=0$、$\nabla\cdot\boldsymbol{H}=\rho_m/\mu_0$、$\rho_m=-\mu_0\ \nabla\cdot\boldsymbol{M}$、$\boldsymbol{B}=\mu_0\boldsymbol{H}+\mu_0\boldsymbol{M}$、$\boldsymbol{H}=-\nabla\varphi_m$、$\nabla^2\varphi_m=-\rho_m/\mu_0$。

计算证明题

1. (1)$\boldsymbol{B}=(-1,0,-x)$

(2)$\nabla^2\varphi=-\nabla\cdot\boldsymbol{A}_1=-y$

(3)$\boldsymbol{A}_2=\boldsymbol{A}_1+\nabla\varphi=\boldsymbol{A}_1+\left(-yx,-\dfrac{x^2}{2},0\right)=\left(0,z+\dfrac{-x^2}{2},3\right)$

2. $\boldsymbol{B}=\nabla\times\boldsymbol{A}=(4xz-y^2)\boldsymbol{e}_x-4yz\boldsymbol{e}_y-x^2\boldsymbol{e}_z$。

3. $\boldsymbol{B}=\nabla\times\boldsymbol{A}=B\boldsymbol{e}_z$。

4. $B\boldsymbol{e}_z$。

5. $\boldsymbol{B}=\nabla\times\boldsymbol{A}=(xz-x)\boldsymbol{e}_x-yz\,\boldsymbol{e}_y+z\,\boldsymbol{e}_z$。

6. $\dfrac{3\mu_0\boldsymbol{m}\cdot\boldsymbol{r}}{4\pi r^5}\boldsymbol{r}-\dfrac{\mu_0\boldsymbol{m}}{4\pi r^3}$。

第四章　电磁波的传播

习题答案

选择题

DCDCC C

判断题

TFTFT TTFF

填空题

1. 磁场。
2. 磁场。
3. 边界。
4. 麦克斯韦,光波。
5. 振幅,衰减。
6. $\nabla^2 \boldsymbol{E}+k^2\boldsymbol{E}=0$,$\nabla^2 \boldsymbol{B}+k^2\boldsymbol{B}=0$。
7. c。
8. $\sqrt{\dfrac{2}{\omega\mu\sigma}}$。
9. $2a$,TM_{11}。

简答题

略。

计算证明题

1. 略。
2. 略。
3. 只有 10 模式从而 TE_{10} 波。
4. TE_{11},TM_{11},TE_{20},TE_{01},TE_{10}。
5. 略。

第五章　电磁波的辐射

习题答案

选择题

D

判断题

T

填空题

1. 电磁作用具有一定的传播速度。

2. $\varphi=\dfrac{q(t-r/c)}{4\pi\varepsilon_0 r}$。

3. 反映了电磁作用具有一定的传播速度。

4. $\boldsymbol{E}=-\nabla\varphi-\dfrac{\partial\boldsymbol{A}}{\partial t}$，$\boldsymbol{B}=\nabla\times\boldsymbol{A}$。

5. 0，0。

简答题

略。

简算题

1. $\boldsymbol{B}=\nabla\times\boldsymbol{A}=(-y^2)\boldsymbol{e}_x-x^2\ \boldsymbol{e}_z$

   $\boldsymbol{B}=\nabla\times\boldsymbol{A}=i\boldsymbol{k}\times\boldsymbol{A}$

2. $\boldsymbol{E}=-\nabla\varphi-\dfrac{\partial\boldsymbol{A}}{\partial t}=-\mathrm{i}\boldsymbol{k}\varphi+\mathrm{i}\omega\boldsymbol{A}$

计算证明题

略。

第六章　狭义相对论

习题答案

选择题

C

判断题

TT

填空题

1. $\left(\boldsymbol{A},\frac{\mathrm{i}}{c}\varphi\right)$。

2. $x'=\frac{x-vt}{\sqrt{1-v^2/c^2}}$。

3. $\frac{\mathrm{i}}{c}\varphi$。

4. 略。

5. $\left(m\boldsymbol{v},\frac{\mathrm{i}}{c}W\right)$。

6. 略。

7. 略。

简答题

略

计算证明题

1. 根据题意,取固着于观察者上的参考系为 Σ' 系,又取固着于 A、B 两物体的参考系为 Σ'' 系.在 Σ 中,AB 以速度 $\boldsymbol{u}$ 沿 x 轴运动,相距为 l;在 Σ'' 系中,AB 静止相距为 l_0,有:$l=l_0\sqrt{1-u^2/c^2}$。所以 $l_0=l/\sqrt{1-u^2/c^2}$。又 Σ' 系相对于 Σ 以速度 $\boldsymbol{v}$ 沿 x 轴运动,Σ'' 系相对于 Σ

系以速度 $\boldsymbol{u}$ 沿 x 轴运动，由速度合成公式 Σ''系相对于 Σ'系以速度 $v'=\dfrac{u-v}{1-uv/c^2}$沿 x'轴运动，所以，在 Σ'系中看到两物体相距

$$l'=l_0\sqrt{1-v'^2/c^2}=\frac{l\sqrt{1-v^2/c^2}}{1-uv/c^2}$$

2. 略。

3. 由动量能量守恒定律

$$\boldsymbol{P}_1+\boldsymbol{P}_2=0$$

$$\Rightarrow|\boldsymbol{p}_1|=|\boldsymbol{p}_2|=\boldsymbol{p},$$

$$W=W_1+W_2=M_0c^2$$

$$\because W_1=\sqrt{p_1^2c^2+m_1^2c^4}$$

$$W_2=\sqrt{p_2^2c^2+m_2^2c^4}$$

可得

$$p_1=\frac{c}{2M}\sqrt{[M^2-(m_1+m_2)^2][M^2-(m_1-m_2)^2]}$$

$$E_1=\frac{c^2}{2M}(M^2-m_1^2-m_2^2)$$

4. 略。

5. 由能量动量守恒：设衰变前静质量 m_0，运动速度为 v，由

$$\gamma_0m_0c^2=\gamma_1m_1c^2+\gamma_2m_2c^2$$

$$\boldsymbol{p}_1+\boldsymbol{p}_2=m_0v\gamma_0$$

可得到

$$\sqrt{p_1^2+p_2^2-p_1p_2\cos\theta}=(m_1r_1+m_2r_2)v$$

注意到

$$W_1'=\sqrt{R^2c^2+m_1^2c^4}$$

$$W_2'=\sqrt{R^2c^2+m_2^2c^4}$$

可以得到

$$\begin{aligned}m_0{}^2&=m_1^2+m_2^2+\frac{2W_1'W_2'}{c^4}-\frac{2}{c^2}p_1p_2\cos\theta\\&=m_1^2+m_2^2+\frac{2}{c_2}\left[\sqrt{(m_1^2c^4+p_1^2)(m_2{}^2c^4+p_2^2)}-p_1p_2\cos\theta\right]\end{aligned}$$

附录 A　常用的矢量分析公式

微分矢量算符∇可将场论中的梯度、散度和旋度分别表示为：$\mathrm{grad}u=\nabla u$、$\mathrm{div}\boldsymbol{A}=\nabla\cdot\boldsymbol{A}$ 和 $\mathrm{rot}\boldsymbol{A}=\nabla\times\boldsymbol{A}$。

几点注意：

①∇算符是一个矢量性微分算符，它在运算中具有矢量性和微分双重性质。

②算符∇作用在一个数性函数或矢函数上时，其方式仅有三种：∇u、$\nabla\cdot\boldsymbol{A}$ 和$\nabla\times\boldsymbol{A}$。即在“$\nabla$”之后必有数函数，在“$\nabla\cdot$”与“$\nabla\times$”与“$\nabla\times$”之后必为矢函数，其他的情形，如$\nabla\boldsymbol{A}$、$\nabla\cdot u$、$\nabla\times u$ 等均无意义。

③可定义如下形式的算符：

$$\boldsymbol{A}\cdot\nabla=(A_x,A_y,A_z)\cdot\left(\frac{\partial}{\partial x},\frac{\partial}{\partial y},\frac{\partial}{\partial z}\right)=A_x\frac{\partial}{\partial x}+A_y\frac{\partial}{\partial y}+A_z\frac{\partial}{\partial z}$$

当它作用到数函数上

$$(\boldsymbol{A}\cdot\nabla)\boldsymbol{B}=A_x\frac{\partial}{\partial x}B+A_y\frac{\partial}{\partial y}B+A_z\frac{\partial}{\partial z}B$$

明显，$\boldsymbol{A}\cdot\nabla$和$\nabla\cdot\boldsymbol{A}$ 明显不同。

常用公式

以下公式中 u 和 v 为数函数，$\boldsymbol{A}$ 和 $\boldsymbol{B}$ 为矢函数，$\boldsymbol{r}=x\boldsymbol{i}+y\boldsymbol{j}+z\boldsymbol{k}$，$r=|\boldsymbol{r}|$，$c$ 为任意常数，$\boldsymbol{C}$ 为任意常矢量。简单证明过程在本节后面附上，读者大致了解证明思路即可。

有些公式看起来“显而易见”，自然建议读者在使用到它们时候顺便把它们记住，使用时更为方便；有些公式看起来不是那么“理所当然”但是会在正文中经常使用，所以建议读者也记住它们。

有些公式很繁杂而且只是偶尔使用，这些就不做要求了，我用方框把它们框起来。

1. $\nabla(cu)=c\,\nabla u$。

2. $\nabla\cdot(c\boldsymbol{A})=c\,\nabla\cdot\boldsymbol{A}$。

3. $\nabla\times(c\boldsymbol{A})=c\,\nabla\times\boldsymbol{A}$。

4. $\nabla(u\pm v)=\nabla u\pm\nabla v$。

5. $\nabla\cdot(\boldsymbol{A}\pm\boldsymbol{B})=\nabla\cdot\boldsymbol{A}\pm\nabla\cdot\boldsymbol{B}$。

6. $\nabla\times(\boldsymbol{A}\pm\boldsymbol{B})=\nabla\times\boldsymbol{A}\pm\nabla\times\boldsymbol{B}$。

7. $\nabla\cdot(u\boldsymbol{C})=\nabla u\cdot\boldsymbol{C}$。

8. $\nabla\times(u\boldsymbol{C})=\nabla u\times\boldsymbol{C}$。

9. $\nabla(uv)=u\,\nabla v+v\,\nabla u$。

10. $\nabla\cdot(u\boldsymbol{A})=u\,\nabla\cdot\boldsymbol{A}+\nabla u\cdot\boldsymbol{A}$。

11. $\nabla\times(u\boldsymbol{A})=u\,\nabla\times\boldsymbol{A}+\nabla u\times\boldsymbol{A}$。

12. $\boxed{\nabla(\boldsymbol{A}\cdot\boldsymbol{B})=\boldsymbol{A}\times(\nabla\times\boldsymbol{B})+(\boldsymbol{A}\cdot\nabla)\boldsymbol{B}+\boldsymbol{B}\times(\nabla\times\boldsymbol{A})+(\boldsymbol{B}\cdot\nabla)\boldsymbol{A}}$。

13. $\nabla\cdot(\nabla u)=\nabla^2 u$。

14. $\boxed{\nabla\times(\boldsymbol{A}\times\boldsymbol{B})=(\boldsymbol{B}\cdot\nabla)\boldsymbol{A}-(\boldsymbol{A}\cdot\nabla)\boldsymbol{B}-\boldsymbol{B}(\nabla\cdot\boldsymbol{A})+\boldsymbol{A}(\nabla\cdot\boldsymbol{B})}$。

15. $\nabla\cdot(\boldsymbol{A}\times\boldsymbol{B})=\boldsymbol{B}\cdot(\nabla\times\boldsymbol{A})-\boldsymbol{A}\cdot(\nabla\times\boldsymbol{B})$。

16. $\nabla\times(\nabla u)=0$。

17. $\nabla\cdot(\nabla\times\boldsymbol{A})=0$。

18. $\nabla\times(\nabla\times\boldsymbol{A})=\nabla(\nabla\cdot\boldsymbol{A})-\nabla^2\boldsymbol{A}$。

常用公式推导

1. $\nabla(cu)=c\,\nabla u$。

$$\begin{aligned}\nabla cu&=\left(\hat{i}\frac{\partial}{\partial x}+\hat{j}\frac{\partial}{\partial y}+\hat{k}\frac{\partial}{\partial z}\right)cu=\hat{i}\frac{\partial}{\partial x}(cu)+\hat{j}\frac{\partial}{\partial y}(cu)+\hat{k}\frac{\partial}{\partial z}(cu)\\&=c\left(\hat{i}\frac{\partial u}{\partial x}+\hat{j}\frac{\partial u}{\partial y}+\hat{k}\frac{\partial u}{\partial z}\right)=c\left(\hat{i}\frac{\partial}{\partial x}+\hat{j}\frac{\partial}{\partial y}+\hat{k}\frac{\partial}{\partial z}\right)u=c\,\nabla u\end{aligned}$$

2. $\nabla\cdot(c\vec{A})=c\,\nabla\cdot\vec{A}$。

$$\begin{aligned}\nabla\cdot c\vec{A}&=\left(\hat{i}\frac{\partial}{\partial x}+\hat{j}\frac{\partial}{\partial y}+\hat{k}\frac{\partial}{\partial z}\right)(\hat{i}cA_x+\hat{j}cA_y+\hat{k}cA_z)\\&=\frac{\partial}{\partial x}(cA_x)+\frac{\partial}{\partial x}(cA_y)+\frac{\partial}{\partial x}(cA_z)=c\left(\frac{\partial A_x}{\partial x}+\frac{\partial A_y}{\partial y}+\frac{\partial A_z}{\partial z}\right)=c\,\nabla\cdot\vec{A}\end{aligned}$$

3. $\nabla\times(c\vec{A})=c\,\nabla\times\vec{A}$。

$$\nabla\times(c\vec{A})=\begin{vmatrix} i & j & k \\ \dfrac{\partial}{\partial x} & \dfrac{\partial}{\partial y} & \dfrac{\partial}{\partial z} \\ cA_x & cA_y & cA_z \end{vmatrix}=\left[\frac{\partial}{\partial y}(cA_z)-\frac{\partial}{\partial z}(cA_y)\right]\hat{i}+$$

$$\left[\frac{\partial}{\partial z}(cA_x)-\frac{\partial}{\partial x}(cA_z)\right]\hat{j}+\left[\frac{\partial}{\partial x}(cA_y)-\frac{\partial}{\partial y}(cA_x)\right]\hat{k}$$

$$=c\left[\left(\frac{\partial A_z}{\partial y}-\frac{\partial A_y}{\partial z}\right)\hat{i}+\left(\frac{\partial A_x}{\partial z}-\frac{\partial A_z}{\partial x}\right)\hat{j}+\left(\frac{\partial A_y}{\partial x}-\frac{\partial A_x}{\partial y}\right)\hat{k}\right]=c\,\nabla\times\vec{A}$$

4. $\nabla(u\pm v)=\nabla u\pm\nabla v$。

$$\nabla(u\pm v)=\left(\hat{i}\,\frac{\partial}{\partial x}+\hat{j}\,\frac{\partial}{\partial y}+\hat{k}\,\frac{\partial}{\partial z}\right)(u\pm v)$$

$$=\left(\hat{i}\,\frac{\partial}{\partial x}+\hat{j}\,\frac{\partial}{\partial y}+\hat{k}\,\frac{\partial}{\partial z}\right)u\pm\left(\hat{i}\,\frac{\partial}{\partial x}+\hat{j}\,\frac{\partial}{\partial y}+\hat{k}\,\frac{\partial}{\partial z}\right)v=\nabla u\pm\nabla v$$

5. $\nabla\cdot(\vec{A}\pm\vec{B})=\nabla\cdot\vec{A}\pm\nabla\cdot\vec{B}$。

$$\nabla\cdot(\vec{A}\pm\vec{B})\hat{=}\left(\hat{i}\,\frac{\partial}{\partial x}+\hat{j}\,\frac{\partial}{\partial y}+\hat{k}\,\frac{\partial}{\partial z}\right)\left[\hat{i}(A_x\pm B_x)+\hat{j}(A_y\pm B_y)+\hat{k}(A_z\pm B_z)\right]$$

$$=\frac{\partial}{\partial x}(A_x\pm B_x)+\frac{\partial}{\partial y}(A_y\pm B_y)+\frac{\partial}{\partial z}(A_z\pm B_z)$$

$$=\left(\frac{\partial A_x}{\partial x}+\frac{\partial A_y}{\partial y}+\frac{\partial A_z}{\partial z}\right)\pm\left(\frac{\partial B_x}{\partial x}+\frac{\partial B_y}{\partial y}+\frac{\partial B_z}{\partial z}\right)=\nabla\cdot\vec{A}\pm\nabla\cdot\vec{B}$$

6. $\nabla\times(\vec{A}\pm\vec{B})=\nabla\times\vec{A}\pm\nabla\times\vec{B}$。

$$\nabla\times(\vec{A}\pm\vec{B})=\begin{vmatrix} \hat{i} & \hat{j} & \hat{k} \\ \dfrac{\partial}{\partial x} & \dfrac{\partial}{\partial y} & \dfrac{\partial}{\partial z} \\ A_x\pm B_x & A_y\pm B_y & A_z\pm B_z \end{vmatrix}$$

$$=\left[\frac{\partial}{\partial y}(A_z\pm B_z)-\frac{\partial}{\partial z}(A_y\pm B_y)\right]\hat{i}$$

$$+\left[\frac{\partial}{\partial z}(A_x\pm B_x)-\frac{\partial}{\partial x}(A_z\pm B_z)\right]\hat{j}$$

$$+\left[\frac{\partial}{\partial x}(A_y\pm B_y)-\frac{\partial}{\partial y}(A_x\pm B_x)\right]\hat{k}$$

$$=\left[\left(\frac{\partial A_z}{\partial y}-\frac{\partial A_y}{\partial z}\right)\hat{i}+\left(\frac{\partial A_x}{\partial z}-\frac{\partial A_z}{\partial x}\right)\hat{j}+\left(\frac{\partial A_y}{\partial x}-\frac{\partial A_x}{\partial y}\right)\hat{k}\right]$$

$$\pm\left[\left(\frac{\partial B_z}{\partial y}-\frac{\partial B_y}{\partial z}\right)\hat{i}+\left(\frac{\partial B_x}{\partial z}-\frac{\partial B_z}{\partial x}\right)\hat{j}+\left(\frac{\partial B_y}{\partial x}-\frac{\partial B_x}{\partial y}\right)\hat{k}\right]$$

$$=\nabla\times\vec{A}\pm\nabla\times\vec{B}$$

7. $\nabla\cdot(u\vec{c})=\nabla u\cdot\vec{c}$（$\vec{c}$ 为任意常矢）

$$\nabla\cdot(u\vec{c})=\left(\hat{i}\frac{\partial}{\partial x}+\hat{j}\frac{\partial}{\partial y}+\hat{k}\frac{\partial}{\partial z}\right)\cdot(\hat{i}uc_x+\hat{j}uc_y+\hat{k}uc_z)$$

$$=\frac{\partial}{\partial x}(uc_x)+\frac{\partial}{\partial y}(uc_y)+\frac{\partial}{\partial z}(uc_z)$$

由于 $\vec{c}$ 为常矢，则 c_x,c_y,c_z 均为常数。

上式$=c_x\frac{\partial u}{\partial x}+c_y\frac{\partial u}{\partial y}+c_z\frac{\partial u}{\partial z}=\left(\hat{i}\frac{\partial u}{\partial x}+\hat{j}\frac{\partial u}{\partial y}+\hat{k}\frac{\partial u}{\partial z}\right)\cdot(\hat{i}c_x+\hat{j}c_y+\hat{k}c_z)$

$$=\nabla u\cdot\vec{c}$$

8. $\nabla\times(u\vec{c})=\nabla u\times\vec{c}$（$\vec{c}$ 为任意常矢）。

$$\nabla\times(u\vec{c})=\begin{vmatrix}\hat{i} & \hat{j} & \hat{k}\\ \frac{\partial}{\partial x} & \frac{\partial}{\partial y} & \frac{\partial}{\partial z}\\ uc_x & uc_y & uc_z\end{vmatrix}=\left[\frac{\partial}{\partial y}(uc_z)-\frac{\partial}{\partial z}(uc_y)\right]\hat{i}$$

$$+\left[\frac{\partial}{\partial z}(uc_x)-\frac{\partial}{\partial x}(uc_z)\right]\hat{j}+\left[\frac{\partial}{\partial x}(uc_y)-\frac{\partial}{\partial y}(uc_x)\right]\hat{k}$$

由于 $\vec{c}$ 为任意常矢，则 c_x,c_y,c_z 为常数。

可得上式$=\left(c_z\frac{\partial u}{\partial y}-c_y\frac{\partial u}{\partial z}\right)\hat{i}+\left(c_x\frac{\partial u}{\partial z}-c_z\frac{\partial u}{\partial x}\right)\hat{j}+\left(c_y\frac{\partial u}{\partial x}-c_x\frac{\partial u}{\partial y}\right)\hat{k}$

$$=\begin{vmatrix}\hat{i} & \hat{j} & \hat{k}\\ \frac{\partial u}{\partial x} & \frac{\partial u}{\partial y} & \frac{\partial u}{\partial z}\\ c_x & c_y & c_z\end{vmatrix}=\left(\hat{i}\frac{\partial u}{\partial x}+\hat{j}\frac{\partial u}{\partial y}+\hat{k}\frac{\partial u}{\partial z}\right)\times(\hat{i}c_x+\hat{j}c_y+\hat{k}c_z)=\nabla u\times\vec{c}$$

9. $\nabla(uv)=u\,\nabla v+v\,\nabla u$

$$\nabla(uv)=\left(\hat{i}\frac{\partial}{\partial x}+\hat{j}\frac{\partial}{\partial y}+\hat{k}\frac{\partial}{\partial z}\right)uv=\hat{i}\frac{\partial}{\partial x}(uv)+\hat{j}\frac{\partial}{\partial y}(uv)+\hat{k}\frac{\partial}{\partial z}(uv)$$

$$=\left(u\frac{\partial v}{\partial x}+v\frac{\partial u}{\partial x}\right)\hat{i}+\left(u\frac{\partial v}{\partial y}+v\frac{\partial u}{\partial y}\right)\hat{j}+\left(u\frac{\partial v}{\partial z}+v\frac{\partial u}{\partial z}\right)\hat{k}$$

$$=u\left(\hat{i}\frac{\partial v}{\partial x}+\hat{j}\frac{\partial v}{\partial y}+\hat{k}\frac{\partial v}{\partial z}\right)+v\left(\hat{i}\frac{\partial u}{\partial x}+\hat{j}\frac{\partial u}{\partial y}+\hat{k}\frac{\partial u}{\partial z}\right)=u\,\nabla v+v\,\nabla u$$

说明：算符$\nabla=\hat{i}\frac{\partial}{\partial x}+\hat{j}\frac{\partial}{\partial y}+\hat{k}\frac{\partial}{\partial z}$实际上是三个数性微分算符$\frac{\partial}{\partial x}$，$\frac{\partial}{\partial y}$，$\frac{\partial}{\partial z}$的线性组合，而这些数性微分算符是服从乘积的微分法则的。就

是当它们作用在两个函数的乘积时，每次只对其中一个因子运算，而把另一个看成常数。因此作为数性微分算符的组合∇，在其微分的性质中，也服从乘积的微分法则。

则有：$\nabla(uv)=u_c\nabla v+v_c\nabla u=u\nabla v+v\nabla u$

说明：∇算符是矢量微分算符。

$\nabla=\hat{i}\dfrac{\partial}{\partial x}+\hat{j}\dfrac{\partial}{\partial y}+\hat{k}\dfrac{\partial}{\partial z}$；$\hat{i},\hat{j},\hat{k}$ 体现它的矢量性；$\dfrac{\partial}{\partial x},\dfrac{\partial}{\partial y},\dfrac{\partial}{\partial z}$体现它的微分性。

包含∇在内的三矢量混合积运算：$\vec{a}\cdot(b\times\vec{c})=b\cdot(\vec{c}\times\vec{a})=\vec{c}\cdot(\vec{a}\cdot\vec{b})$和二重矢量公式 $\vec{a}\times(\vec{b}\times\vec{c})=(\vec{a}\cdot\vec{c})\vec{b}-(\vec{a}\cdot\vec{b})\vec{c}$ 这若干个公式可以有几种其他形式的写法，如 $a(b\cdot c)$可替换为 $a(c\cdot b)$；$(b\cdot c)a$；$(c\cdot b)a$。

$\dfrac{\partial}{\partial x},\dfrac{\partial}{\partial y},\dfrac{\partial}{\partial z}$这些数性微分算符服从乘积的微分法则，即当它们作用在两个函数的乘积时，每次只对其中的一个因子进行作用，而把另一个因子看成是常数。另外$\nabla\cdot\vec{c}=0$；$\nabla\times\vec{c}=0$（其中 $\vec{c}$ 为常矢）。因此在应用包含∇算符的三重混合积公式和二重矢量公式时，应想方设法将其中的常矢放在∇算符的前面，将变矢放在∇算符的后面。

比如：$\nabla\times(\vec{A}_c\times\vec{B})=(\nabla\cdot\vec{B})\vec{A}_c-(\vec{A}_c\cdot\nabla)\vec{B}\neq(\nabla\cdot\vec{B})\vec{A}_c-(\nabla\cdot\vec{A}_c)\vec{B}$；由此也可以看出 $\vec{A}_c\cdot\nabla\neq\nabla\cdot\vec{A}_c$；$\vec{A}_c\cdot\nabla=A_{cx}\dfrac{\partial}{\partial x}+A_{cy}\dfrac{\partial}{\partial y}+A_{cz}\dfrac{\partial}{\partial z}$；而$\nabla\cdot\vec{A}_c=0$。

10. $\nabla\cdot(u\vec{A})=u\nabla\cdot\vec{A}+\nabla u\cdot\vec{A}$

方法一：

$$
\begin{aligned}
\nabla\cdot(u\vec{A})&=\left(\hat{i}\frac{\partial}{\partial x}+\hat{j}\frac{\partial}{\partial y}+\hat{k}\frac{\partial}{\partial z}\right)\cdot(uA_x\hat{i}+uA_y\hat{j}+uA_z\hat{k})\\
&=\frac{\partial}{\partial x}(uA_x)+\frac{\partial}{\partial y}(uA_y)+\frac{\partial}{\partial z}(uA_z)\\
&=u\left(\frac{\partial A_x}{\partial x}+\frac{\partial A_y}{\partial y}+\frac{\partial A_z}{\partial z}\right)+\left(A_x\frac{\partial u}{\partial x}+A_y\frac{\partial u}{\partial y}+A_z\frac{\partial u}{\partial z}\right)\\
&=u\left(\hat{i}\frac{\partial}{\partial x}+\hat{j}\frac{\partial}{\partial y}+\hat{k}\frac{\partial}{\partial z}\right)\cdot(A_x\hat{i}+A_y\hat{j}+A_z\hat{k})\\
&\quad+\left(\hat{i}\frac{\partial u}{\partial x}+\hat{j}\frac{\partial u}{\partial y}+\hat{k}\frac{\partial u}{\partial z}\right)\cdot(A_x\hat{i}+A_y\hat{j}+A_z\hat{k})
\end{aligned}
$$

$$=u\ \nabla\cdot\vec{A}+\nabla u\cdot\vec{A}$$

方法二：

$$\nabla\cdot(u\vec{A})=\nabla\cdot(u_c\vec{A})+\nabla\cdot(u\vec{A}_c)=u\ \nabla\cdot\vec{A}+\nabla u\cdot\vec{A}$$

11. $\nabla\times(u\vec{A})=u\ \nabla\times\vec{A}+\nabla u\times\vec{A}$

方法一：

$$\nabla\times(u\vec{A})=\begin{vmatrix}\hat{i}&\hat{j}&\hat{k}\\ \dfrac{\partial}{\partial x}&\dfrac{\partial}{\partial y}&\dfrac{\partial}{\partial z}\\ uA_x&uA_y&uA_z\end{vmatrix}=\left[\frac{\partial}{\partial y}(uA_z)-\frac{\partial}{\partial z}(uA_y)\right]\hat{i}$$

$$+\left[\frac{\partial}{\partial z}(uA_x)-\frac{\partial}{\partial x}(uA_z)\right]\hat{j}+\left[\frac{\partial}{\partial x}(uA_y)-\frac{\partial}{\partial y}(uA_x)\right]\hat{k}$$

$$=u\left[\left(\frac{\partial A_z}{\partial y}-\frac{\partial A_y}{\partial z}\right)\hat{i}+\left(\frac{\partial A_x}{\partial z}-\frac{\partial A_z}{\partial x}\right)\hat{j}+\left(\frac{\partial A_y}{\partial x}-\frac{\partial A_x}{\partial y}\right)\hat{k}\right]$$

$$+\left[\left(A_z\frac{\partial u}{\partial y}-A_y\frac{\partial u}{\partial z}\right)\hat{i}+\left(A_x\frac{\partial u}{\partial z}-A_z\frac{\partial u}{\partial x}\right)\hat{j}+\left(A_y\frac{\partial u}{\partial x}-A_x\frac{\partial u}{\partial y}\right)\hat{k}\right]$$

$$=u\begin{vmatrix}\hat{i}&\hat{j}&\hat{k}\\ \dfrac{\partial}{\partial x}&\dfrac{\partial}{\partial y}&\dfrac{\partial}{\partial z}\\ A_x&A_y&A_z\end{vmatrix}+\begin{vmatrix}\hat{i}&\hat{j}&\hat{k}\\ \dfrac{\partial u}{\partial x}&\dfrac{\partial u}{\partial y}&\dfrac{\partial u}{\partial z}\\ A_x&A_y&A_z\end{vmatrix}=u\ \nabla\times\vec{A}+\nabla u\times\vec{A}$$

方法二：

$$\nabla\times(u\vec{A})=\nabla\times(u_c\vec{A})+\nabla\times(u\vec{A}_c)=u_c\ \nabla\times\vec{A}+\nabla u\times\vec{A}_c$$

$$=u\ \nabla\times\vec{A}+\nabla u\times\vec{A}$$

12. $\nabla(\vec{A}\cdot\vec{B})=\vec{A}\times(\nabla\times\vec{B})+(\vec{A}\cdot\nabla)\vec{B}+\vec{B}\times(\nabla\times\vec{A})+(\vec{B}\cdot\nabla)\vec{A}$

$$\nabla(\vec{A}\cdot\vec{B})=\nabla(\vec{A}_c\cdot\vec{B})+\nabla(\vec{A}\cdot\vec{B}_c)$$

利用公式 $\vec{a}\times(\vec{b}\times\vec{c})=\vec{b}(\vec{a}\cdot\vec{c})-(\vec{a}\cdot\vec{b})\vec{c}\Rightarrow\vec{b}(\vec{a}\cdot\vec{c})=\vec{a}\times(\vec{b}\times\vec{c})+(\vec{a}\cdot\vec{b})\vec{c}$

则有 $\nabla(\vec{A}_c\cdot\vec{B})=\vec{A}_c\times(\nabla\times\vec{B})+(\vec{A}_c\cdot\nabla)\vec{B}=\vec{A}\times(\nabla\times\vec{B})+(\vec{A}\cdot\nabla)\vec{B}$

$$\nabla(\vec{A}\cdot\vec{B}_c)=\nabla(\vec{B}_c\cdot\vec{A})=\vec{B}_c\times(\nabla\times\vec{A})+(\vec{B}_c\cdot\nabla)\vec{A}$$

$$=\vec{B}\times(\nabla\times\vec{A})+(\vec{B}\cdot\nabla)\vec{A}$$

则 $\nabla(\vec{A}\cdot\vec{B})=\vec{A}\times(\nabla\times\vec{B})+(\vec{A}\cdot\nabla)\vec{B}+\vec{B}\times(\nabla\times\vec{A})+(\vec{B}\cdot\nabla)\vec{A}$

13. $\nabla\cdot(\nabla u)=\nabla^2 u$

$$\nabla\cdot(\nabla u)=\left(\hat{i}\frac{\partial}{\partial x}+\hat{j}\frac{\partial}{\partial y}+\hat{k}\frac{\partial}{\partial z}\right)\cdot\left(\hat{i}\frac{\partial u}{\partial x}+\hat{j}\frac{\partial u}{\partial y}+\hat{k}\frac{\partial u}{\partial z}\right)$$

$$=\frac{\partial}{\partial x}\left(\frac{\partial u}{\partial x}\right)+\frac{\partial}{\partial y}\left(\frac{\partial u}{\partial y}\right)+\frac{\partial}{\partial z}\left(\frac{\partial u}{\partial z}\right)=\frac{\partial^2 u}{\partial x^2}+\frac{\partial^2 u}{\partial y^2}+\frac{\partial^2 u}{\partial z^2}$$

$$=\left(\frac{\partial^2}{\partial x^2}+\frac{\partial^2}{\partial y^2}+\frac{\partial^2}{\partial z^2}\right)u=\nabla^2 u$$

14. $\nabla\times(\vec{A}\times\vec{B})=(\vec{B}\cdot\nabla)\vec{A}-(\vec{A}\cdot\nabla)\vec{B}-\vec{B}(\nabla\cdot\vec{A})+\vec{A}(\nabla\cdot\vec{B})$

$$\nabla\times(\vec{A}\times\vec{B})=\nabla\times(\vec{A}_c\times\vec{B})+\nabla\times(\vec{A}\times\vec{B}_c)$$

有数学公式：$\vec{a}\times(\vec{b}\times\vec{c})=\vec{b}(\vec{a}\cdot\vec{c})-(\vec{a}\cdot\vec{b})\vec{c}$

则$\nabla\times(\vec{A}_c\times\vec{B})=\vec{A}_c(\nabla\cdot\vec{B})-(\vec{A}_c\cdot\nabla)\vec{B}$；$\nabla\times(\vec{A}\times\vec{B}_c)$

$$=\vec{A}(\vec{B}_c\cdot\nabla)-(\nabla\cdot\vec{A})\vec{B}_c$$

故：$\nabla\times(\vec{A}\times\vec{B})=\vec{A}_c(\nabla\cdot\vec{B})-(\vec{A}_c\cdot\nabla)\vec{B}+\vec{A}(\vec{B}_c\cdot\nabla)-(\nabla\cdot\vec{A})\vec{B}_c$

$$=(\vec{B}\cdot\nabla)\vec{A}-(\vec{A}\cdot\nabla)\vec{B}-\vec{B}(\nabla\cdot\vec{A})+\vec{A}(\nabla\cdot\vec{B})$$

15. $\nabla\cdot(\vec{A}\times\vec{B})=\vec{B}\cdot(\nabla\times\vec{A})-\vec{A}\cdot(\nabla\times\vec{B})$

$$\nabla\cdot(\vec{A}\times\vec{B})=\nabla\cdot(\vec{A}_c\times\vec{B})+\nabla\cdot(\vec{A}\times\vec{B}_c)$$

由混合积的循环关系：$\vec{a}\cdot(\vec{b}\times\vec{c})=\vec{b}\cdot(\vec{c}\times\vec{a})=\vec{c}\cdot(\vec{a}\times\vec{b})$

则$\nabla\cdot(\vec{A}_c\times\vec{B})=\vec{A}_c\cdot(\vec{B}\times\nabla)$；$\nabla\cdot(\vec{A}\times\vec{B}_c)=\vec{B}_c\cdot(\nabla\times\vec{A})$

则$\nabla\cdot(\vec{A}\times\vec{B})=\vec{A}_c\cdot(\vec{B}\times\nabla)+\vec{B}_c\cdot(\nabla\times\vec{A})$

$$=\vec{B}_c\cdot(\nabla\times\vec{A})-\vec{A}_c\cdot(\nabla\times\vec{B})$$

$$=\vec{B}\cdot(\nabla\times\vec{A})-\vec{A}\cdot(\nabla\times\vec{B})$$

16. $\nabla\times(\nabla u)=0$

$$\nabla\times(\nabla u)\begin{vmatrix}\hat{i} & \hat{j} & \hat{k}\\ \frac{\partial}{\partial x} & \frac{\partial}{\partial y} & \frac{\partial}{\partial z}\\ \frac{\partial u}{\partial x} & \frac{\partial u}{\partial y} & \frac{\partial}{\partial z}\end{vmatrix}=\left[\frac{\partial}{\partial y}\left(\frac{\partial u}{\partial z}\right)-\frac{\partial}{\partial z}\left(\frac{\partial u}{\partial y}\right)\right]\hat{i}$$

$$+\left[\frac{\partial}{\partial z}\left(\frac{\partial u}{\partial x}\right)-\frac{\partial}{\partial x}\left(\frac{\partial u}{\partial z}\right)\right]\hat{j}+\left[\frac{\partial}{\partial x}\left(\frac{\partial u}{\partial y}\right)-\frac{\partial}{\partial y}\left(\frac{\partial u}{\partial x}\right)\right]\hat{k}$$

$$=\left(\frac{\partial^2}{\partial y\partial z}-\frac{\partial^2}{\partial z\partial y}\right)u\hat{i}+\left(\frac{\partial^2}{\partial z\partial x}-\frac{\partial^2}{\partial x\partial z}\right)\hat{u}+\left(\frac{\partial^2}{\partial x\partial y}-\frac{\partial^2}{\partial y\partial x}\right)u\hat{k}=0$$

17. $\nabla\cdot(\nabla\times\vec{A})=0$

$$\nabla\times\vec{A}=\begin{vmatrix}\hat{i} & \hat{j} & \hat{k}\\ \frac{\partial}{\partial x} & \frac{\partial}{\partial y} & \frac{\partial}{\partial z}\\ A_x & A_y & A_z\end{vmatrix}=\left(\frac{\partial A_z}{\partial y}-\frac{\partial A_y}{\partial z}\right)\hat{i}+\left(\frac{\partial A_x}{\partial z}-\frac{\partial A_z}{\partial x}\right)\hat{j}+\left(\frac{\partial A_y}{\partial x}-\frac{\partial A_x}{\partial y}\right)\hat{k}$$

$$\nabla\cdot(\nabla\times\vec{A})=\left(\hat{i}\frac{\partial}{\partial x}+\hat{j}\frac{\partial}{\partial y}+\hat{k}\frac{\partial}{\partial z}\right)\cdot$$

$$\left[\left(\frac{\partial A_z}{\partial y}-\frac{\partial A_y}{\partial z}\right)\hat{i}+\left(\frac{\partial A_x}{\partial z}-\frac{\partial A_z}{\partial x}\right)\hat{j}+\left(\frac{\partial A_y}{\partial x}-\frac{\partial A_x}{\partial y}\right)\hat{k}\right]$$

$$=\frac{\partial}{\partial x}\left(\frac{\partial A_z}{\partial y}-\frac{\partial A_y}{\partial z}\right)+\frac{\partial}{\partial y}\left(\frac{\partial A_x}{\partial z}-\frac{\partial A_z}{\partial x}\right)+\frac{\partial}{\partial z}\left(\frac{\partial A_y}{\partial x}-\frac{\partial A_x}{\partial y}\right)$$

$$=\left(\frac{\partial^2}{\partial y\partial z}-\frac{\partial^2}{\partial z\partial y}\right)A_x+\left(\frac{\partial^2}{\partial z\partial x}-\frac{\partial^2}{\partial x\partial z}\right)A_y+\left(\frac{\partial^2}{\partial x\partial y}-\frac{\partial^2}{\partial y\partial x}\right)A_z$$

$$=0$$

18. $\nabla\times(\nabla\times\vec{A})=\nabla(\nabla\cdot\vec{A})-\nabla^2\vec{A}$

利用数学公式：$\vec{a}\times(\vec{b}\times\vec{c})=(\vec{a}\cdot\vec{c})\vec{b}-(\vec{a}\cdot\vec{b})\vec{c}$

则有：$\nabla\times(\nabla\times\vec{A})=\nabla(\nabla\cdot\vec{A})-\nabla^2\vec{A}$

19. $\nabla r=\frac{\vec{r}}{r}$（已知：$\vec{r}=x\hat{i}+y\hat{j}+z\hat{k}$；$r=|\vec{r}|$）

由于：$r=|\vec{r}|=\sqrt{x^2+y^2+z^2}$；则：$\nabla r=\left(\hat{i}\frac{\partial}{\partial x}+\hat{j}\frac{\partial}{\partial y}+\hat{k}\frac{\partial}{\partial z}\right)\sqrt{x^2+y^2+z^2}$

$$\frac{\partial r}{\partial x}=\frac{\partial}{\partial x}\sqrt{x^2+y^2+z^2}=\frac{2x}{2\sqrt{x^2+y^2+z^2}}=\frac{x}{r}$$

同理：$\frac{\partial r}{\partial y}=\frac{y}{r}$；$\frac{\partial r}{\partial z}=\frac{z}{r}$；

则：$\nabla r=\frac{1}{r}(x\hat{i}+y\hat{j}+z\hat{k})=\frac{\vec{r}}{r}$

20. $\nabla\cdot\vec{r}=3$

$$\nabla\cdot\vec{r}=\left(\hat{i}\frac{\partial}{\partial x}+\hat{j}\frac{\partial}{\partial y}+\hat{k}\frac{\partial}{\partial z}\right)\cdot(x\hat{i}+y\hat{j}+z\hat{k})=\frac{\partial x}{\partial x}+\frac{\partial y}{\partial y}+\frac{\partial z}{\partial z}=3$$

21. $\nabla\times\vec{r}=0$

$$\nabla\times\vec{r}=\begin{vmatrix}\hat{i}&\hat{j}&\hat{k}\\\frac{\partial}{\partial x}&\frac{\partial}{\partial y}&\frac{\partial}{\partial z}\\x&y&z\end{vmatrix}=\left(\frac{\partial z}{\partial y}-\frac{\partial y}{\partial z}\right)\hat{i}+\left(\frac{\partial x}{\partial z}-\frac{\partial z}{\partial x}\right)\hat{j}+\left(\frac{\partial y}{\partial x}-\frac{\partial x}{\partial y}\right)\hat{k}=0$$

22. $\nabla f(u)=f'(u)\nabla u$

$$\nabla f(u)=\left(\hat{i}\frac{\partial}{\partial x}+\hat{j}\frac{\partial}{\partial y}+\hat{k}\frac{\partial}{\partial z}\right)f(u)=\hat{i}\frac{\partial f(u)}{\partial x}+\hat{j}\frac{\partial f(u)}{\partial y}+\hat{k}\frac{\partial f(u)}{\partial z}$$

$$=\hat{i}\frac{\partial f(u)}{\partial u}\frac{\partial u}{\partial x}+\hat{j}\frac{\partial f(u)}{\partial u}\frac{\partial u}{\partial y}+\hat{k}\frac{\partial f(u)}{\partial u}\frac{\partial u}{\partial z}=\frac{\partial f(u)}{\partial u}\left(\hat{i}\frac{\partial}{\partial x}+\hat{j}\frac{\partial}{\partial y}+\hat{k}\frac{\partial}{\partial z}\right)$$

$$=f'(u)\left(\hat{i}\frac{\partial}{\partial x}+\hat{j}\frac{\partial}{\partial y}+\hat{k}\frac{\partial}{\partial z}\right)u=f'(u)\nabla u$$

23. $\nabla f(r)=f'(r)\frac{\vec{r}}{r}$

$$\nabla f(r)=f'(r)\nabla r$$

由于

$$\nabla r=\left(\hat{i}\frac{\partial}{\partial x}+\hat{j}\frac{\partial}{\partial y}+\hat{\mathrm{k}}\frac{\partial}{\partial \mathrm{z}}\right)\sqrt{x^2+y^2+z^2}=\frac{\vec{r}}{r};$$

则

$$\nabla f(r)=f'(r)\frac{\vec{r}}{r}.$$

24. $\nabla\times[f(r)\vec{r}]=0$

$$\nabla\times[f(\boldsymbol{x})\vec{r}]=f(r)\nabla\times\vec{r}+\nabla f(r)\times\vec{r}=f(r)\nabla\times\vec{r}+f'(r)\frac{\vec{r}}{r}\times\vec{r}$$

由$\nabla\times\vec{r}=0$;$\vec{r}\times\vec{r}=0$;则:$\nabla\times[f(r)\vec{r}]=0$